再生混凝土及其构件耐久性

吴瑾 赵杏 著

清华大学出版社

北京

内 容 简 介

本书主要介绍再生混凝土及构件耐久性方面的最新研究成果,内容包括碳化环境下再生混凝土性能、冻融环境下再生混凝土及构件性能、氯盐环境下再生混凝土及构件性能、疲劳荷载下再生混凝土梁抗弯性能。本书适于高等院校土木工程专业师生以及工程技术人员参考使用。

图书在版编目(CIP)数据

再生混凝土及其构件耐久性/吴瑾,赵杏著.—北京:清华大学出版社,2022.8
ISBN 978-7-302-59490-1

Ⅰ.①再… Ⅱ.①吴… ②赵… Ⅲ.①再生混凝土-研究 Ⅳ.①TU528.59

中国版本图书馆 CIP 数据核字(2021)第 231649 号

责任编辑:刘一琳 王 华
封面设计:陈国熙
责任校对:赵丽敏
责任印制:宋 林

出版发行:清华大学出版社
    网 址:http://www.tup.com.cn,http://www.wqbook.com
    地 址:北京清华大学学研大厦 A 座   **邮 编:**100084
    社 总 机:010-83470000   **邮 购:**010-62786544
    投稿与读者服务:010-62776969,c-service@tup.tsinghua.edu.cn
    质量反馈:010-62772015,zhiliang@tup.tsinghua.edu.cn
印 装 者:小森印刷霸州有限公司
经 销:全国新华书店
开 本:185mm×260mm   **印 张:**15   **字 数:**364 千字
版 次:2022 年 8 月第 1 版   **印 次:**2022 年 8 月第 1 次印刷
定 价:88.00 元

产品编号:091112-01

前言
PREFACE

随着建筑、交通、水利等基础设施的建设,作为土木工程基础材料的混凝土消耗量越来越大。我国资源短缺,经济发展越来越受到资源和环境的制约。基础设施建设的快速发展导致砂石需求量快速增加,需要大量开山采石和掘地淘砂,生态环境遭到了严重破坏。目前我国有些地区由于优质天然骨料大量开采几近枯竭,须从外地运输,提高了基础设施建设的成本。与此同时,排放的建筑固体废弃物数量日益增加。每年城市拆迁、道路改造等产生了大量的废弃混凝土。随着我国经济建设步伐的进一步加快,废弃混凝土的数量还将逐年递增。

如何恰当处理数量巨大的废弃混凝土已成为学术界的热点问题,保护环境和自然资源是可持续发展战略的重点。对废旧混凝土进行再生循环利用,可使混凝土的使用及处理符合可持续发展的要求。将废旧混凝土破碎、分级,代替天然骨料(石子)配制混凝土称为再生骨料混凝土(recycled aggregate concrete,RAC,简称再生混凝土)技术。推广应用再生混凝土技术将成为解决废旧混凝土处理和建筑资源短缺问题的最有效措施之一。技术的应用既可以减少天然集料的使用,具有很大的经济效益,又可以缓解因废旧混凝土造成环境污染的程度,极大提高社会环境效益。

国内外在再生混凝土及再生混凝土构件、结构性能方面开展了大量研究工作,并取得了许多研究成果,目前国内已颁布了《混凝土用再生粗骨料》(GB/T 25177—2010)、《再生混凝土结构技术标准》(JGJ/T 443—2018)、《再生骨料混凝土耐久性控制技术规程》(CECS 385:2014)等。本书作者在国家高技术研究发展计划("863"计划)重点项目"再生混凝土和新型钢结构关键技术研究与应用"(2009AA0323)、国家重点研发计划"村镇建筑废弃物再生骨料混凝土及其制备复合墙板的研究"(2018YFD1101001-2)等项目支持下,开展了再生混凝土耐久性研究。

本书主要介绍再生混凝土及构件耐久性方面的最新研究成果,内容包括:碳化后再生混凝土本构关系、荷载对再生混凝土碳化的影响,冻融环境下再生混凝土性能、冻融环境下再生混凝土与钢筋黏结性能、冻融环境下再生混凝土构件性能,氯离子在再生混凝土中扩散性能、氯盐环境下再生混凝土梁性能、氯盐环境下再生混凝土板性能、氯盐环境下再生混凝土柱性能,疲劳荷载下再生混凝土梁抗弯性能、疲劳荷载下锈蚀钢筋再生混凝土梁抗弯性能等。

本书由南京航空航天大学吴瑾教授和赵杏博士合著,博士研究生苏天、邹正浩,硕士研究生郭兴陈、徐贾、王东东、景宪航、岳安屹、王文剑、王蒙涛等学位论文的研究成果是本书内容的重要组成部分。清华大学出版社编辑为本书的出版付出了辛勤的劳动,本书作者对他们表示衷心的感谢!

　　由于作者水平有限,本书一定存在不妥或错误之处,作者尚祈专家、学者不吝赐教指正!

吴瑾　赵杏

2022 年 1 月于南京航空航天大学

目 录
CONTENTS

第1章

绪　　论

1.1　再生混凝土发展背景

随着建筑业的蓬勃发展,混凝土作为主要的建筑材料得到了广泛的应用。预计到2050年,全球混凝土的需求量将增长到每年约180亿t[1]。由于混凝土结构具有一定的设计使用年限,在改扩建过程中均会产生大量的废弃混凝土[2]。另外,旧建筑物以及道路的拆除、地震等自然灾害造成的混凝土建筑物倒塌等均会产生大量的废弃混凝土[3]。据统计,欧洲各国、美国和日本每年产生超过9亿t的建筑拆除废物[4]。我国每年也产生大量的建筑垃圾,其中废弃混凝土约占建筑垃圾的34%[5]。在我国,对于95%以上建筑垃圾的处理方法是将其运输到郊外进行堆放或者填埋(图1-1),这不仅占用大量土地资源,还会引起一系列的环境问题[6-7]。以我国香港为例,2011年最终收集到垃圾填埋场的城市固体废物达到了13 458t/d,其中约25%为建筑废物。由此可见,建筑垃圾给这座紧凑型城市宝贵的垃圾填埋场带来了巨大的压力。据统计,每年政府用于处理建筑废物填埋的费用超过2亿港元,并以每天3500m³的速度占用垃圾填埋场[8]。

随着人们环保意识的逐渐增强,作为建筑垃圾主要组成部分的废弃混凝土对环境的影响越来越引起人们的注意[9-12]。此外,混凝土由砂、石等骨料组成,因此对天然砂石的开采量十分巨大,作为不可再生资源的天然砂石趋于枯竭,混凝土需求量增大与骨料危机之间的矛盾日益突出[13-15]。为实现社会的可持续发展和环境的有效保护,急切需要一种新的方式对建筑垃圾进行合理的处理。再生混凝土(RAC)技术就是针对这些问题而提出的,它不仅可以解决传统处理方式存在的缺点,还可以实现资源的可持续利用,从而取得较好的经济、社会及环境效益[16]。

再生混凝土技术是将破碎后的再生骨料作为粗骨料或者细骨料用以生产新混凝土的技术[17-22]。再生混凝土是一种可持续发展的绿色混凝土,在解决废弃混凝土处理问题的同时,有效降低了对天然砂石资源的开采量,也有利于改善环境污染问题[23-31]。同济大学肖建庄教授进行了统计,若将废旧混凝土进行再利用,不仅每年可以为上海节约上亿元的城市垃圾处理费用,还能大大改善上海市的环境污染问题。可见,再生混凝土符合绿色发展的基本要求:节约自然资源及能源、保护环境、可持续发展。

图 1-1　施工中产生的建筑垃圾

1.2　再生混凝土耐久性的研究

1.2.1　再生混凝土碳化

再生混凝土作为一种绿色新型建筑材料,人们越来越关注再生混凝土的耐久性能。再生混凝土结构自浇筑成型开始就会在空气中 CO_2 的作用下,像普通混凝土一样逐渐发生碳化,再生混凝土化学组分和孔隙结构会产生变化,其力学和变形性能也会发生改变。牛海成等[32]系统研究了再生粗骨料(recycled coarse aggregate,RCA)的类型及其掺量对再生混凝土抗碳化性能的影响。在经过一定的碳化时间后,相对于未碳化混凝土,碳化后混凝土的立方体抗压强度明显升高;相对于天然骨料混凝土(natural aggregate concrete,NAC,又称普通混凝土),经过相同碳化龄期的再生混凝土的碳化深度较大,说明再生混凝土的抗碳化性能较弱;再生粗骨料对天然粗骨料(natural coarse aggregate,NCA)的替换,会对碳化后混凝土的抗压承载力产生不利的影响。陆盛武等[33]探究了陶瓷再生混凝土力学性能随碳化龄期的变化规律。试验结果表明,随着碳化龄期的增加,陶瓷再生混凝土的抗压强度和劈裂抗拉强度均逐渐增强。然而陶瓷再生混凝土的抗折强度随着龄期的增加而降低,主要由于在碳化反应中,$Ca(OH)_2$ 与 CO_2 反应的产物中除了 $CaCO_3$ 外,还有许多水分;由于大量水分的产生,混凝土碳化层会产生碳化收缩,并导致混凝土内部产生压力,而混凝土表面碳化层产生拉应力;当拉应力足够大时,混凝土就会发生开裂,从而在碳化层产生裂缝,导致再生混凝土的抗折强度减弱。

再生骨料与天然骨料之间的差异性,会对混凝土的抗碳化性能产生影响。其中再生粗骨料方面,一般结论可以归纳为:在其他影响因素不变的前提下,再生混凝土的抗碳化性能随着再生粗骨料取代率的增加而逐渐降低。肖建庄[2]研究发现:矿物掺和料可以细化混凝土内部孔隙,改善再生骨料与新水泥浆体的界面,但与此同时粉煤灰的二次水化反应也会降低混凝土内部 $Ca(OH)_2$ 的含量,增大碳化速率。故再生混凝土中掺加矿物掺和料有正、负两方面作用,不同的掺和料取代率会对再生混凝土抗碳化能力产生不同的影响效果。孙浩等[34]对再生混凝土的抗气渗性能和抗碳化性能进行研究,并对是否加入掺和料以及加入掺和料种类的不同对再生混凝土抗气渗性能、抗碳化性能的影响进行分析比较。通过在再生骨料取代率为 40% 或 60% 的混凝土中分别加入 30% 矿渣和 10% 的钢渣,使得再生粗骨料的孔隙率较高,再生混凝土内部浆体界面更多,抗碳化性能相比于普通混凝土的差一些;加入矿物掺和料可降低再生混凝土中的硬化浆体孔隙率,提高抗气渗性和抗碳化性能;矿物掺和料的种类对再生混凝土抗气渗性的改善效果从优到劣依次是:矿渣、粉煤灰、钢渣。而且矿物掺和料的掺量不宜过大;再生混凝土的抗气渗性与抗碳化性能之间有一定的相关性。雷斌和肖建庄[35]为了探索应力水平对碳化深度的影响,结合实际工程的情况,设计了弯曲受拉装置(再生混凝土在试验过程中同时受拉力、弯矩作用)。在弯曲受拉装置中的螺杆和混凝土试件的中部纯弯段贴应变片,施加荷载后,以混凝土产生的拉应力为准,从而控制所施加的外力,施加的外力分别为:$0.6f_t$、$0.8f_t$、$1.0f_t$、$1.2f_t$(f_t 为试件混凝土的抗拉强度),通过试验总结出拉应力状态下再生混凝土的碳化速率会增大且当应力水平为 $1.2f_t$ 时,相较于无应力状态下的再生混凝土,碳化速度会增大 60%,原因在于拉应力状态下再生混凝土内部产生较多的微裂缝,使得碳化反应速率加快。耿欧等[36]分析了再生粗骨料取代率等因素对再生混凝土碳化深度的影响,在利用正交试验的基础上,得出随着再生粗骨料取代率的增加,再生混凝土抗碳化性能逐渐降低,并对试验数据进行回归分析,拟合得到碳化深度与再生粗骨料取代率、碳化时间的关系式。元成方等[37]通过正交试验,研究再生骨料取代率等因素对再生混凝土抗碳化性能的影响。再生骨料的孔隙率大于天然骨料的,且再生骨料在破碎过程中表面存在微裂纹等,这些因素会导致混凝土的抗碳化性能、结构密实度降低,使得再生骨料取代率与混凝土的抗碳化能力成反比。在再生细骨料的研究方面,Sim 和 Park[38]研究发现:当再生细骨料的取代率超过 60% 时,混凝土强度降低得较为明显。而当混凝土中完全使用再生细骨料时,养护 28d 之后,再生混凝土的强度相比于同条件下的普通混凝土强度大约会降低 33%。Geng 和 Sun[39]对再生细骨料粒径、使用量等方面进行探究。研究表明,由于小粒径的再生细骨料表面有更多的旧水泥浆,所以伴随着小粒径再生细骨料的减少,再生细骨料混凝土的碳化深度会增加。再生细骨料的高吸水性会导致参加水泥水化反应的水减少,致使孔隙率增加,CO_2 更容易侵入再生混凝土中。再生骨料颗粒的大小对 CO_2 的吸收率有一定影响。Thiery 等[40]也得出了相类似的结论,通过研究再生混凝土骨料的最大 CO_2 吸收水平和水泥浆体骨料的 CO_2 吸收率,发现骨料颗粒大小、水灰比、水分含量都对 CO_2 的吸收率有一定的影响,并且如果骨料的粒径小于 2mm,液态水饱和度低于 0.4 时,CO_2 的吸收率将会提高。刘星伟等[41]通过研究再生细骨料的种类、再生骨料取代率等方面对再生混凝土碳化的影响,进行了试验分析。试验分别采用简单破碎再生细骨料和颗粒整形再生细骨料两种,再生骨料取代率分别为 0、40%、70%、100%,试验后期的碳化试验则按照《普通混凝土长期性能和耐久性能试验方法标准》

(GB/T 50082—2009)[42]实施。结果表明,随着再生骨料取代率的提高,颗粒整形的再生细骨料混凝土的抗碳化性能比普通混凝土的抗碳化性能差一些,但却优于同取代率下的简单破碎再生细骨料混凝土。

Silva 等[43]研究表明,一次加二次破碎的骨料的碳化深度要低于仅经过一次破碎的再生骨料。其原因可能是二次破碎过程通常可产生一个更趋向于球形的聚集体,从而能更好地填实混凝土,减少孔隙率,降低碳化深度。除此之外,发现再生骨料含量越多,碳化深度越深。当再生骨料取代率为 100％时,碳化深度约是普通混凝土的 2 倍[44]。此外,Silva 等[45]还通过研究潜在的调节因素对再生混凝土抗碳化性能的影响,提出基于混凝土 28d 抗压强度、矿渣含量、环境中的 CO_2 含量、骨料吸水率等因素作用下的一般碳化模型,分别对再生混凝土骨料、再生砖石骨料、再生混合骨料进行多元线性回归,预测出了当湿度小于 70％时,再生混凝土的加速碳化系数的表达式。

Zhang 等[46]发现碳化后碎石再生骨料、卵石再生骨料的抗压强度都略高于未碳化的碎石、卵石再生骨料。碳化后的碎石骨料再生混凝土和卵石骨料再生混凝土强度接近,可能是由于碳化会显著增强较差的附着原始水泥砂浆的再生骨料特性。混凝土碳化反应在碳化后的第一个 20min 内迅速发生,小粒径再生骨料的碳化反应速度比大粒径再生骨料的碳化反应速度快。碳化过程也会增加混凝土密实度、吸附砂浆表面密实度,降低再生骨料的吸水率,所以碳化后的再生骨料的物理、力理特性与自然骨料相近。Zhu 等[47]试验研究了在混凝土中同时将天然粗骨料和天然细骨料置换成再生粗骨料和再生细骨料之后,对再生混凝土耐久性的影响。试验中再生粗骨料的取代率分别为 0、30％、60％和 90％,而再生细骨料的取代率分别为 0、10％、20％和 30％。同时,加入粉煤灰等矿物掺和料后发现:再生粗骨料与再生细骨料同时使用,能够让再生混凝土拥有较好的耐久性能,并且以再生粗骨料取代率为 60％、再生细骨料置换率为 20％时最佳。

再生混凝土的抗碳化性能随着水灰比的增大而减小;水胶比越大,再生混凝土的碳化深度越大。袁娟等[48]考虑了水灰比等多因素对再生混凝土碳化的影响,并利用有限元对再生混凝土的碳化进行了数值模拟;证实了在水灰比相同的情况下,再生混凝土的抗碳化性能略低于普通混凝土。黄莹等[49]配置了水灰比分别为 0.45、0.55、0.65,普通混凝土和再生骨料取代率分别为 30％、50％、70％、100％的再生混凝土。配置完成后再进行碳化试验,测试碳化 3d、7d、14d、28d、56d 后的碳化深度,再与普通混凝土进行比较。试验表明,水灰比越大,再生混凝土的碳化深度也相应增加。普通混凝土比再生混凝土更容易受水灰比的影响,尤其是在水化初期,这一点更为明显。同时还提出,水灰比和再生骨料的掺量对再生混凝土抗碳化性能的影响是相互的。黄秀亮等[50]主要研究了水灰比对再生混凝土抗碳化性能的影响,并进行了再生混凝土和普通混凝土抗碳化性能的比较。所浇筑的试块进行碳化时,仅留 1 个面暴露在外,其余 5 个面用热石蜡密封,达到碳化龄期后,测量碳化深度。也得到了水灰比越大,再生混凝土碳化深度越大的结论。Otsuki 等[51]通过试验表明:其他影响因素不变的情况下,随着水灰比的增大,再生混凝土的碳化深度增加。在同一水灰比下,再生混凝土的碳化深度略大于普通混凝土。Xiao[27]指出:当水灰比大于 0.5 以后,碳化深度的增长速度明显加快。这是由于水灰比越大,混凝土的密实度越差,CO_2 的扩散速度越快,碳化深度也会越大。孙亚丽[52]对再生粗骨料取代率为 50％的再生混凝土和普通混凝土进行了试配,试配水灰比分别为 0.40、0.45、0.50、0.55、0.60。试验表明:在外界条件完全一样的情况下,再生混凝土的碳化深度大于普通混凝土的,且无论是再生混凝土还是普通混凝土,碳化深度均随着水灰比的降低而减小。水灰比为 0.60 的再生混凝土的碳化深度相较于普通混凝土要深 39%～55%。Rasheeduzzafar 和 Khan[53] 经过试验发现,再生混凝土的抗气渗性低于同水灰比条件下的普通混凝土的,但若将再生混凝土的水灰比降低 0.05～0.1 时,其渗透性与普通混凝土基本相同。

1.2.2 再生混凝土冻融

国内外学者对再生混凝土的抗冻性能进行了很多研究,并与普通混凝土进行对比。大多数学者认为再生混凝土的抗冻性能劣于普通混凝土的。Roumiana 等[54] 对再生混凝土的抗冻性能进行了研究,认为再生骨料在遭受冻融时会将水排到周围的水泥砂浆中,从而导致较为严重的冻融破坏。因此,再生混凝土的抗冻性能较差,不建议用于严寒的环境中。只有当水灰比小于 0.55 时,才可用于中等寒冷地区。Cheng 等[55] 通过快速冻融循环试验对再生混凝土的抗冻性能进行了研究,分析了再生骨料用量对其抗冻性能的影响。结果表明,随着再生骨料用量的增加,再生混凝土的抗冻性能逐渐下降。Zhu 等[56] 发现,再生骨料较高的吸水率严重影响再生混凝土的抗冻耐久性,经历冻融循环后再生混凝土的抗压强度、质量损失以及相对动弹性模量的下降程度均大于普通混凝土的,且随着再生骨料取代率的增加而不断增大。李新明[57] 对不同再生骨料取代率(30%、70%以及 100%)的再生混凝土试件在清水以及浓度为 3.5% 的 NaCl 溶液中的抗冻性能进行了试验研究,并与普通混凝土进行对比。试验结果表明,无论是在清水中还是在浓度为 3.5% 的 NaCl 溶液中,当水灰比相同时,再生混凝土的抗冻性能明显劣于普通混凝土的,其中再生骨料取代率为 30% 的混凝土试件的抗冻性能最差。

也有一些学者认为,再生混凝土的抗冻性能与普通混凝土的抗冻性能相当,甚至优于普通混凝土的抗冻性能。Yildirim 等[58] 通过试验发现,经历 300 次冻融循环后,再生混凝土的抗冻性能与普通混凝土的抗冻性能相当,特别是对于在 50% 饱和度下含有 50% 再生骨料的混凝土。曹万林等[59] 指出,当再生骨料取代率低于 50%,且细骨料采用普通砂所制备的再生混凝土,经历冻融循环后的基本力学性能与普通混凝土试件较为相似。范玉辉[60] 对不同再生骨料取代率(33%和 100%)的再生混凝土试件进行了抗冻性能试验,并与普通混凝土进行了对比。结果表明,当再生骨料取代率为 33% 时,其抗冻性能最优,与普通混凝土较为相似。

对于如何提高再生混凝土的抗冻性能,国内外学者也进行了相应研究,并取得了一些成果。Zhu 等[56] 通过研究发现,降低水灰比的方法可以提高再生混凝土的抗冻性能。Richardson 等[61] 在使用再生骨料前对其进行了筛分和洗涤,使其级配曲线与普通混凝土相似,并对其进行了浸泡处理。然后,对再生混凝土的抗冻性能与普通混凝土的抗冻性能进行对比。试验结果表明,再生混凝土的抗冻性能优于普通混凝土,产生这种情况的原因可能是在使用前对骨料进行清洗降低了细粒的含量,留下质量较好的骨料,使再生混凝土具有较高的抗压强度,从而提高了其抗冻性能。陈德玉等[62] 的试验结果表明,加入硅灰或引气剂之后可显著改善再生混凝土的抗冻性能。张雷顺等[63] 指出,加入引气剂之后可使再生混凝土的抗冻性能达到甚至优于普通混凝土。覃银辉等[64] 研究表明,可以通过掺加防冻剂的方法提高再生混凝土的抗冻性能。另外,降低水灰比也可以提高再生混凝土的抗冻性能。

Gokce 等[65]通过试验研究指出,采用从掺加引气剂的原始混凝土中获取的再生粗骨料制备再生混凝土时,其抗冻性能较好,冻融循环后不会出现严重的开裂迹象,裂缝的发展速度甚至低于普通混凝土;但当采用从未掺加引气剂的原始混凝土中获取的再生粗骨料制备再生混凝土时,其抗冻性能较差,即便采用降低再生骨料附着砂浆含量以及降低再生粗骨料用量等方法,均不能对其抗冻性能有所改善。王欣然[66]对用于制备再生骨料的原始混凝土是否掺加引气剂对再生混凝土抗冻性能的影响进行了试验研究,并与普通混凝土进行了对比。试验结果表明,使用引气再生骨料制备再生混凝土可明显改善其抗冻性能,当所用再生骨料的原始混凝土的含气量为 5%～7%时,所制备的再生混凝土具有与普通混凝土相当的抗冻性能;而使用未掺加引气剂的再生骨料时,即便制备再生混凝土过程中加入引气剂,也不能明显提高其抗冻性能。Liu 等[67]认为,掺加引气剂的再生混凝土的抗冻性能与再生骨料有着密切的关系,只有当再生骨料的原始混凝土具有较高抗冻性能(如高强度混凝土或引气混凝土)时,所制备的再生混凝土的抗冻性能才较好。而当再生骨料的原始混凝土的抗冻性能较差时,所制备的再生混凝土的抗冻性能也较差。这是由于冻融循环过程严重损害了再生混凝土内部的原始黏结砂浆,从而加剧了裂缝的产生。

1.2.3　再生混凝土抗氯离子渗透

Zaharieva 等[68]、肖开涛[69-70]、Kou 等[71]、Arlindo 等[72]、Olorunsogo 等[73]、Otsuki 等[74]、张李黎等[75]研究了同配合比下再生混凝土与普通混凝土抗氯离子渗透性能。结果表明,相对同配合比的普通混凝土,再生混凝土的抗渗性能较低;若天然骨料全部被再生骨料取代,其抗渗性能将大大降低。这可能是再生粗骨料在破碎过程中内部产生大量微裂缝,并且表面还包裹着大量的水泥砂浆,增加了混凝土内部孔隙率,促进了氯离子在混凝土中的渗透,从而导致再生混凝土抗氯离子渗透性能低于普通混凝土。Limbachiya 等[76]试验结果表明,随着再生粗骨料取代率的增加,再生混凝土的抗渗性能逐渐降低。当再生粗骨料取代率小于 30%时,再生混凝土抗渗性能降低幅度不大;当再生粗骨料取代率进一步增加时,再生混凝土抗渗性能明显降低。而张大长等[77]发现,随着再生粗骨料取代率的增加,再生混凝土的氯离子扩散系数呈现出先减小后增加的趋势。当再生粗骨料取代率约为 50%时再生混凝土氯离子扩散系数最小即抗氯离子渗透性能最好,且仅当再生粗骨料取代率达到 100%时,再生混凝土的扩散系数明显大于普通混凝土的,其他取代率下再生混凝土的氯离子扩散系数与普通混凝土的相近甚至远低于普通混凝土的。该试验结果表明,再生混凝土可以与普通混凝土一样应用于实际工程中。Evangelista 等[78]、Zaharieva 等[79]研究了水灰比对再生混凝土抗渗性能的影响,试验结果表明增大水灰比,再生混凝土抗氯离子渗透性能降低。陈云钢[80]和 Ann 等[81]通过试验发现,在再生混凝土中掺加适量矿物掺和料或外加剂等可以明显提高再生混凝土的抗渗性能,有些情况下甚至可以超过普通混凝土的抗渗性能。这是由于添加的矿物掺和料或外加剂等填补了再生骨料内部的微裂纹以及骨料与骨料之间的间隙,阻碍了氯离子在再生混凝土中的渗透,提高了再生混凝土的抗氯离子渗透性能。

1.3　本书主要内容

本书主要介绍再生混凝土及构件耐久性方面的最新研究成果,内容包括:碳化后再生混凝土本构关系、荷载对再生混凝土碳化的影响、冻融环境下再生混凝土性能、冻融环境下再生混凝土与钢筋黏结性能、冻融环境下再生混凝土构件性能，氯离子在再生混凝土中扩散性能、氯盐环境下再生混凝土梁性能、氯盐环境下再生混凝土板性能、氯盐环境下再生混凝土柱性能，疲劳荷载下再生混凝土梁抗弯性能、疲劳荷载下锈蚀钢筋再生混凝土梁抗弯性能等。

参考文献

[1] AREZOUMANDI M，DRURY J，VOLZ J S，et al. Effect of recycled concrete aggregate replacement level on shear strength of reinforced concrete beams[J]. ACI Materials Journal，2015，112（4）：559-568.

[2] 肖建庄. 再生混凝土[M]. 北京：中国建筑工业出版社，2008.

[3] POON C S，SHUI Z H，LAM L，et al. Influence of moisture states of natural and recycled aggregates on the slump and compressive strength of concrete[J]. Cement & Concrete Research，2004，34（1）：31-36.

[4] SADATI S，AREZOUMANDI M，KHAYAT K H，et al. Shear performance of reinforced concrete beams incorporating recycled concrete aggregate and high-volume fly ash[J]. Journal of Cleaner Production，2016，115（3）：284-293.

[5] 杜婷，李惠强，覃亚伟，等. 再生混凝土未来发展的探讨[J]. 混凝土，2002（4）：49-50.

[6] LU W，TAM V W Y. Construction waste management policies and their effectiveness in Hong Kong：A longitudinal review[J]. Renewable & Sustainable Energy Reviews，2013，23（8）：214-223.

[7] TABSH S W，ABDELFATAH A S. Influence of recycled concrete aggregates on strength properties of concrete[J]. Construction & Building Materials，2009，23（2）：1163-1167.

[8] POON C S，YU A T W，NG L H. On-site sorting of construction and demolition waste in Hong Kong[J]. Resources Conservation & Recycling，2001，32（2）：157-172.

[9] WANG J，YUAN H，KANG X，et al. Critical success factors for on-site sorting of construction waste：A china study[J]. Resources Conservation & Recycling，2010，54（11）：931-936.

[10] PAOLA V S，MERCEDES R M，CÉSAR P A，et al. European legislation and implementation measures in the management of construction and demolition waste[J]. Open Construction & Building Technology Journal，2011，5（2）：156-161.

[11] SHI C，LI Y，ZHANG J，et al. Performance enhancement of recycled concrete aggregate-A review[J]. Journal of Cleaner Production，2016，112（1）：466-472.

[12] EGUCHI K，TERANISHI K，NAKAGOME A，et al. Application of recycled coarse aggregate by mixture to concrete construction[J]. Construction and Building Materials，2007，21（7）：1542-1551.

[13] KULATUNGA U，HAIGH R，AMARATUNGA D，et al. Attitudes and perceptions of construction workforce on construction waste in Sri Lanka[J]. Management of Environmental Quality，2006，17（1）：57-72.

[14] WANG J，YUAN H，KANG X，et al. Critical success factors for on-site sorting of construction waste：A china study[J]. Resources Conservation & Recycling，2010，54（11）：931-936.

[15] LU W，YUAN H. A framework for understanding waste management studies in construction[J]. Waste Management，2011，31（6）：1252-1260.

[16] WU J，JING X，WANG Z. Uni-axial compressive stress-strain relation of recycled coarse aggregate concrete after freezing and thawing cycles[J]. Construction & Building Materials，2017，134（3）：210-219.

[17] 肖建庄，李佳彬，兰阳. 再生混凝土技术研究最新进展与评述[J]. 混凝土，2003（10）：17-20.

[18] WAGIH A M, EL-KARMOTY H Z, EBID M, et al. Recycled construction and demolition concrete waste as aggregate for structural concrete[J]. HBRC Journal, 2013, 9(3): 193-200.

[19] RAO A, JHA K N, MISRA S. Use of aggregates from recycled construction and demolition waste in concrete[J]. Resources Conservation & Recycling, 2007, 50(1): 71-81.

[20] GUO H, SHI C, GUAN X, et al. Durability of recycled aggregate concrete: A review[J]. Cement and Concrete Composites, 2018, 89(5): 251-259.

[21] XUAN D, ZHAN B, POON C S. Assessment of mechanical properties of concrete incorporating carbonated recycled concrete aggregates[J]. Cement and Concrete Composites, 2016, 65(1): 67-74.

[22] NORITAKA M, TOMOYUKI S, KUNIO Y. Bond splitting strength of high-quality recycled coarse aggregate concrete beams[J]. Journal of Asian Architecture and Building Engineering, 2007, 6 (2): 331-337.

[23] AREZOUMANDI M, VOLZ J S, KHAYAT K H. An experimental study on flexural strength of reinforced concrete beams with 100% recycled concrete aggregate[J]. Construction & Building Materials, 2015, 88(2): 154-162.

[24] RAHAL K N, ALREFAEI Y T. Shear strength of longitudinally reinforced recycled aggregate concrete beams[J]. Engineering Structures, 2017, 145(8): 273-282.

[25] MARIE I, QUIASRAWI H. Closed-loop recycling of recycled concrete aggregates[J]. Journal of Cleaner Production, 2012, 37(4): 243-248.

[26] CARDOSO R, RUI V S, BRITO J D, et al. Use of recycled aggregates from construction and demolition waste in geotechnical applications: A literature review[J]. Waste Management, 2016, 49(3): 131-145.

[27] XIAO J, LI W, FAN Y, et al. An overview of study on recycled aggregate concrete in China (1996—2011)[J]. Construction & Building Materials, 2012, 31(6): 364-383.

[28] XIAO J, LU D, YING J. Durability of recycled aggregate concrete: An overview[J]. Journal of Advanced Concrete Technology, 2013, 11(12): 347-359.

[29] XIAO J, LI J, ZHANG C. On relationships between the mechanical properties of recycled aggregate concrete: An overview[J]. Materials and Structures, 2006, 39(6): 655-664.

[30] XIAO J, LI J, ZHANG C. Mechanical properties of recycled aggregate concrete under uniaxial loading[J]. Cement and Concrete Research, 2005, 35(6): 1187-1194.

[31] OMARY S, GHORBEL E, WARDEH G. Relationships between recycled concrete aggregates characteristics and recycled aggregates concretes properties[J]. Construction and Building Materials, 2016, 108(4): 163-174.

[32] 牛海成,范玉辉,张向冈,等.再生混凝土抗碳化性能试验研究[J].硅酸盐通报, 2018, 37(1): 59-66.

[33] 陆盛武,曾志兴,万超.陶瓷粗骨料再生混凝土碳化后力学性能研究[J].混凝土, 2014(8): 49-51.

[34] 孙浩,王培铭,孙家瑛.再生混凝土抗气渗性及抗碳化性能研究[J].建筑材料学报, 2006, 9(1): 86-91.

[35] 雷斌,肖建庄.再生混凝土抗碳化性能的研究[J].建筑材料学报,2008,11(5): 605-611.

[36] 耿欧,张鑫,张铖铠.再生混凝土碳化深度预测模型[J].中国矿业大学学报,2015,44(1): 54-58.

[37] 元成方,罗峥,丁铁锋,等.再生骨料混凝土碳化性能正交试验研究[J].武汉理工大学学报,2010, 32(21): 9-12.

[38] SIM J, PARK C. Compressive strength and resistance to chloride ion penetration and carbonation of recycled aggregate concrete with varying amount of fly ash and fine recycled aggregate[J]. Waste management, 2011, 31(11): 2352-2360.

[39] GENG J, SUN J. Characteristics of the carbonation resistance of recycled fine aggregate concrete[J].

Construction and Building Materials，2013，49(1)：814-820.

[40]　THIERY M，DANGLA P，BELIN P，et al. Carbonation kinetics of a bed of recycled concrete aggregates：A laboratory study on model materials[J]. Cement and Concrete Research，2013，46(4)：50-65.

[41]　刘星伟,李秋义,李艳美,等.再生细骨料混凝土碳化性能的试验研究[J].青岛理工大学学报,2009,30(4)：159-161.

[42]　中华人民共和国住房和城乡建设部.普通混凝土长期性能和耐久性能试验方法标准：GB 50082—2009[S].北京：中国建筑工业出版社,2009.

[43]　SILVA R V，NEVES R，BRITO J D，et al. Carbonation behaviour of recycled aggregate concrete [J]. Cement & Concrete Composites，2015，62：22-32.

[44]　PEDRO D，BRITO J D，EVANGELISTA L. Influence of the use of recycled concrete aggregates from different sources on structural concrete[J]. Construction & Building Materials，2014，71：141-151.

[45]　SILVA R V，SILVA A，NEVES R，et al. Statistical modeling of carbonation in concrete incorporating recycled aggregates[J]. Journal of Materials in Civil Engineering，2015,62：22-32.

[46]　ZHANG J，SHI C，LI Y，et al. Performance enhancement of recycled concrete aggregates through carbonation[J]. Journal of Materials in Civil Engineering，2015,27(11)：1-7.

[47]　ZHU P H，WANG X J，FENG J C. Durable performance of recycled concrete using coarse and fine recycled concrete aggregates in air environment[J]. Advanced Materials Research，2011，261-263：446-449.

[48]　袁娟,郭樟根,彭阳,等.再生混凝土抗碳化性能试验研究[J].建筑技术开发,2014(4)：60-63.

[49]　黄莹,邓志恒,许辉.再生混凝土碳化性能试验研究[J].新型建筑材料,2012(9)：19-21.

[50]　黄秀亮,王成刚,柳炳康.再生混凝土抗碳化性能研究[J].合肥工业大学学报(自然科学版),2013,36(11)：1343-1346.

[51]　OTSUKI N，MIYAZATO S，YODSUDJAI W. Influence of recycled aggregate on interfacial transition zone，strength，chloride penetration and carbonation of concrete[J]. Journal of Materials in Civil Engineering，2003，15(5)：443-451.

[52]　孙亚И.水灰比对再生混凝土碳化和护筋能力影响研究[J].新型建筑材料,2013(6)：20-22.

[53]　RASHEEDUZZAFAR，KHAN A. Recycled concrete：A Source for new aggregate[J]. Cement Concrete & Aggregates，1984,6 (1)：17-27.

[54]　ROUMIANA Z，FRANCOIS B，ERIC W. Frost resistance of recycled aggregate concrete[J]. Cement & Concrete Research，2004，34(10)：1927-1932.

[55]　CHENG Y，SHANG X，ZHANG Y. Experimental research on durability of recycled aggregate concrete under freeze-thaw cycles[J]. Journal of Physics Conference Series，2017，870(1)：1-4.

[56]　ZHU H B，LI X. Experiment on freezing and thawing durability characteristics of recycled aggregate concrete[J]. Key Engineering Materials，2009，400-402(10)：447-452.

[57]　李新明.冻融后再生混凝土与钢筋粘结性能试验研究[D].青岛：青岛理工大学,2015.

[58]　YILDIRIM S T，MEYER C，HERFELLNER S. Effects of internal curing on the strength，drying shrinkage and freeze-thaw resistance of concrete containing recycled concrete aggregates [J]. Construction & Building Materials，2015，91(8)：288-296.

[59]　曹万林,梁梦彬,董宏英,等.再生混凝土冻融后基本力学性能试验研究[J].自然灾害学报,2012,21(3)：184-190.

[60]　范玉辉.冻融循环对抗冻再生骨料混凝土力学性能影响试验研究[D].哈尔滨：哈尔滨工业大学,2009.

[61]　RICHARDSON A，COVENTRY K，BACON J. Freeze/thaw durability of concrete with recycled

demolition aggregate compared to virgin aggregate concrete[J]. Journal of Cleaner Production, 2011, 19(2-3): 272-277.

[62] 陈德玉, 刘来宝, 严云, 等. 不同因素对再生骨料混凝土抗冻性的影响[J]. 武汉理工大学学报, 2011, 13(5): 54-58.

[63] 张雷顺, 王娟, 黄秋风, 等. 再生混凝土抗冻耐久性试验研究[J]. 工业建筑, 2005, 35(9): 64-66.

[64] 覃银辉, 邓寿昌, 张学兵, 等. 再生混凝土的抗冻性能研究[J]. 混凝土, 2005(12): 49-52.

[65] GOKCE A, NAGATAKI S, SAEKI T, et al. Freezing and thawing resistance of air-entrained concrete incorporating recycled coarse aggregate: The role of air content in demolished concrete[J]. Cement & Concrete Research, 2004, 34(5): 799-806.

[66] 王欣然. 含气量对再生混凝土力学性能及抗冻性影响试验研究[D]. 哈尔滨: 哈尔滨工业大学, 2011.

[67] LIU K, YAN J, HU Q, et al. Effects of parent concrete and mixing method on the resistance to freezing and thawing of air-entrained recycled aggregate concrete[J]. Construction & Building Materials, 2016, 106(3): 264-273.

[68] ZAHARIEVA R, BUYLE-BODIN F, WIRQUIN E. Frost resistance of recycled aggregate concrete[J]. Cement and Concrete Research, 2004, 34(10): 1927-1932.

[69] 肖开涛. 再生混凝土的性能及改性研究[D]. 武汉: 武汉理工大学, 2004.

[70] 肖开涛, 林宗寿, 万惠文, 等. 再生混凝土氯离子渗透性研究[J]. 山东建材, 2004, 25(1): 31-33.

[71] KOU S C, POON C S, CHAN D. Properties of steam cured recycled aggregate fly ash concrete[C]//Proceedings of the Lnternational Conference on Sustainable Waste Management and Recycling: Construction and Demolition Waste. September 14, 2005-Sep 15, 2005, London, UK, Thomas Telford Services Ltd: 590-599.

[72] ARLINDO G, ANA E, MANUEL V. Influence of recycled concrete aggregate on concrete durability[C]//Proceedings of the Lnternational Conference on Sustainable Waste Management and Recycling: Construction and Demolition Waste. September 14, 2005-Sep 15, 2005, London, UK, Thomas Telford Services Ltd: 1-10.

[73] OLORUNSOGO F T, PADAYACHEE N. Performance of recycled aggregate concrete monitored by durability indexes[J]. Cement and Concrete Research, 2002, 32(2): 179-185.

[74] OTSUKI N, MIYAZATO S, YODSUDJAI W. Influence of recycled aggregate on transition zone, strength, chloride, penetration and carbonation[J]. Journal of Materials in Civil Engineering, 2003, 15(5): 443-451.

[75] 张李黎, 柳炳康, 胡波. 再生混凝土抗渗性试验研究[J]. 合肥工业大学学报(自然科学版), 2009, 4(32): 508-510.

[76] LIMBACHIYA M C, LEELAWAT T, DHIR R K. Use of recycled concrete aggregate in high-strength concrete[J]. Materials and Structure, 2000, 33(10): 574-580.

[77] 张大长, 徐恩祥, 周旭洋. 再生混凝土抗渗性能的试验研究[J]. 混凝土, 2010(9): 65-67.

[78] EVANGELISTA L, BRITO J D. Durability performance of concrete made with fine recycled concrete aggregates[J]. Cement and Concrete Composites, 2010, 32(1): 9-14.

[79] ZAHARIEVA R, BUYLE-BODIN F, SKOCZYLAS F, et al. Assessment of the surface permeation properties of recycled aggregate concrete[J]. Cement and Concrete Composites, 2003, 25(2): 223-232.

[80] 陈云钢. 界面改性剂对再生混凝土性能改善效果的初步研究[D]. 上海: 同济大学, 2006.

[81] ANN K Y, MOON H Y, KIM Y B, et al. Durability of recycled aggregate concrete using pozzolanic materials[J]. Waste Management, 2008, 28(6): 993-999.

第2章

碳化环境下再生混凝土性能

随着再生混凝土技术的发展,以再生混凝土作为材料的建筑也越来越多。开展再生混凝土碳化后性能试验研究,既可以深入了解碳化后再生混凝土的力学及变形性能,又可以为新建再生混凝土建筑结构耐久性设计和既有再生混凝土建筑结构耐久性评定上提供有力的理论依据。因此,对再生混凝土碳化后性能试验研究具有工程实用价值。

2.1 碳化后再生混凝土强度

2.1.1 试验概况

本节试验所用粗骨料分为天然粗骨料(NCA)和再生粗骨料(RCA),如图 2-1 所示。NCA 为玄武岩,RCA 是由废弃混凝土通过机械破碎、加工而成,来自南京首佳再生资源利用有限公司建筑垃圾处理厂。

根据《普通混凝土用砂、石质量及检验方法标准》(JGJ 52—2006)[1]中的规定的试验方法对再生及天然粗骨料的基本性能进行了测试。筛分试验结果见表 2-1,两种粗骨料均

(a)

(b)

图 2-1 粗骨料
(a) NCA;(b) RCA

属于公称粒径为 5~26.5mm 的连续级配碎石,级配曲线如图 2-2 所示。

表 2-1 粗骨料筛分试验结果

筛孔尺寸/mm	分计筛余/%		累计筛余/%		5~26.5mm 连续粒级要求/%
	NCA	RCA	NCA	RCA	
26.50	1.56	4.7	1.56	4.7	0~5
19.00	31.57	43.0	33.13	47.7	—
16.00	17.85	18.1	50.98	65.8	30~70
9.50	47.01	23.9	97.99	89.7	—
4.75	1.85	9.4	99.84	99.1	90~100
2.36	0.16	0.9	100.00	100.0	95~100

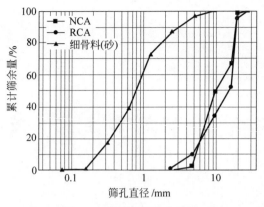

图 2-2　骨料级配分布曲线

根据《混凝土用再生粗骨料》（GB/T 25177—2010）[2]规定，如表 2-2 所示，本章所用 RCA 的表观密度、压碎指标及吸水率均满足Ⅱ类再生粗骨料的要求，但含泥量及泥块含量均超出了Ⅲ类再生粗骨料的要求。使用含泥量和泥块含量过高的再生粗骨料所制成的再生混凝土的性能较差。鉴于此，在浇筑再生混凝土前，对再生粗骨料进行清洗，以降低含泥量和泥块含量过高对再生混凝土性能的不利影响。

由于 RCA 表面附着着一层老砂浆，RCA 的表观密度和压碎指标比 NCA 小得多。此外，在 RCA 的机械加工过程中，砂浆内部由于机械损伤不可避免地产生裂缝，使得 RCA 的吸水率比 NCA 高得多。

表 2-2　RCA 基本性能

堆积密度 /(kg·m⁻³)	表观密度 /(kg·m⁻³)		压碎指标 /%		吸水率 /%		含泥量 /%		泥块含量 /%	
	实测值	Ⅱ类	实测值	Ⅱ类	实测值	Ⅱ类	实测值	Ⅲ类	实测值	Ⅲ类
1286	2356	2350～2450	16.1	12～20	4.5	3～5	3.03	＜3.0	1.3	＜1.0

本节中试验混凝土强度等级 C20，水灰比为 0.53，单位用水量为 195kg/m³，砂率为 0.36。由于 RCA 含泥量较高，如不经任何处理直接用于混凝土浇筑将会对混凝土的性能造成不利影响。同时，考虑到 RCA 的高吸水率，结合现有相关文献对再生混凝土拌和方法的研究，对本试验所用到的 RCA 进行预饱水及清洗工作。配合比详见表 2-3。

表 2-3　再生混凝土配合比

类别	再生粗骨料取代率/%	水灰比	水泥用量 /(kg·m⁻³)	砂用量 /(kg·m⁻³)	粗骨料用量 /(kg·m⁻³)		水用量 /(kg·m⁻³)
					天然	再生	
NAC	0	0.53	368	619	1050	0	195
RAC20	20	0.53	368	619	840	210	195
RAC40	40	0.53	368	619	630	420	195
RAC60	60	0.53	368	619	420	630	195

续表

类别	再生粗骨料取代率/%	水灰比	水泥用量/(kg·m^{-3})	砂用量/(kg·m^{-3})	粗骨料用量/(kg·m^{-3}) 天然	粗骨料用量/(kg·m^{-3}) 再生	水用量/(kg·m^{-3})
RAC80	80	0.53	368	619	210	840	195
RAC100	100	0.53	368	619	0	1050	195

注：NAC 代表普通混凝土；RAC20 代表取代率为 20% 的再生混凝土；RAC40 代表取代率为 40% 的再生混凝土；
　RAC60 代表取代率为 60% 的再生混凝土；RAC80 代表取代率为 80% 的再生混凝土；RAC100 代表取代率为
　100% 的再生混凝土。

本章为研究再生混凝土碳化后的立方体抗压强度、弹性模量、泊松比和应力-应变曲线的变化规律，根据 4 种不同的碳化深度（未碳化、轻度部分碳化、严重部分碳化和完全碳化）和 6 种不同的再生粗骨料取代率（0、20%、40%、60%、80% 和 100%），设计并制作 24 组再生混凝土试件。所有再生混凝土试件配合比完全相同，只有再生粗骨料替代天然粗骨料的比例不同。每组试件包含 12 个 100mm×100mm×100mm 的立方体试件和 6 个 100mm×100mm×300mm 的棱柱体试件，其中立方体试件用于测量再生混凝土 28d 立方体抗压强度、碳化深度和碳化后的立方体抗压强度，棱柱体试件用于测定再生混凝土的弹性模量、泊松比以及单轴受压应力-应变曲线。再生混凝土试件制作方案见表 2-4。

表 2-4　再生混凝土试件制作方案统计表

编号	再生粗骨料取代率/%	100mm×100mm×100mm 立方体抗压试验 组数	100mm×100mm×100mm 立方体抗压试验 总数	100mm×100mm×100mm 碳化深度测量试验 组数	100mm×100mm×100mm 碳化深度测量试验 总数	100mm×100mm×300mm 弹性模量、泊松比及单轴受压应力-应变曲线 组数	100mm×100mm×300mm 弹性模量、泊松比及单轴受压应力-应变曲线 总数
NAC	0	8	24	8	24	8	24
RAC20	20	8	24	8	24	8	24
RAC40	40	8	24	8	24	8	24
RAC60	60	8	24	8	24	8	24
RAC80	80	8	24	8	24	8	24
RAC100	100	8	24	8	24	8	24

在试件养护 28 天后，将棱柱体试件和 100mm×100mm×100mm 配套立方体试件放入碳化试验箱中进行快速碳化试验。针对碳化后混凝土的许多研究，通常采用碳化深度作为分析参数，然而相同的碳化深度对尺寸不同的混凝土结构或构件的力学性能的影响会不同，因此采用碳化深度来描述碳化对混凝土构件力学性能的影响并不能合理地考虑到实际混凝土构件的尺寸效应；另外，在同一实际结构中不同构件的碳化深度不尽相同，即使同一构件不同表面的碳化深度也不完全相同。目前未见有相关文献报道采用除了碳化深度外其他的分析参数来分析碳化对再生混凝土的力学性能的影响。考虑到尺寸效应的影响，为了更科学地描述碳化后再生混凝土应力-应变关系的变化规律，本章提出了混凝土碳化率作为分析参数来研究碳化对再生混凝土性能的影响。在此定义混凝土碳化率为：混凝土结构或构件碳化混凝土体积 V_c 与混凝土总体积 V 的比值，如图 2-3 所示。混凝土试件碳化体积 V_c 与四周碳化深度 d 有关，试件总体积 $V=Lbh$。本研究中采用混凝土碳化率来分析碳化对混凝土力学性能及本构关系的影响规律，其计算公式为

$$D = \frac{V_c}{V} = \frac{V - V_u}{V} = \frac{Lbh - (L-2d)(b-2d)(h-2d)}{Lbh} \tag{2-1}$$

式中，D 为碳化率；V 为试件总体积；V_c 为试件已碳化部分体积；V_u 为试件未碳化部分体积；L 为试件长度；b 为试件宽度；h 为试件高度；d 为试件碳化深度。

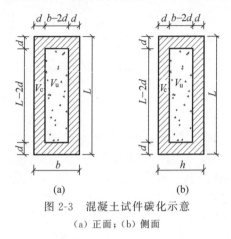

图 2-3　混凝土试件碳化示意

（a）正面；（b）侧面

　　单轴轴心受压应力-应变曲线试验的试验装置主要包含荷载传感器、位移传感器、应变片、动态采集仪和试验加载设备。荷载传感器用于实时采集试件两端压荷载值。其位于试件及试验机下压板之间，其轴线与试件长轴对称轴、试验机上下压板中心线重合。在荷载传感器和试件之间设有一钢板以使试件承压面均匀受压。由于混凝土端部受压时有较大的摩阻力作用，会对混凝土产生环箍效应，导致混凝土的受力状态发生改变。依据圣维南原理，试件的中间部分接近于均匀的单轴受压应力状态。因此为了得到较为准确的单轴受压应力状态，本试验中用于测定混凝土试件在单轴轴心受压过程中轴向压缩变形的位移传感器，安装于试件的两个相对的非浇筑面的纵向中心线上，测距为 18cm。本试验所用应变片为成都思微德科技有限公司生产的 BX120-50AA 电阻应变片，长度为 50mm，用于测定混凝土试件在单轴轴心受压过程中的横向应变。每个安装位移传感器的表面的横轴中心线上粘贴一片应变片。单轴轴心受压装置如图 2-4 和图 2-5 所示。

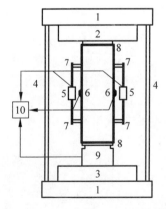

1—试验机控制系统；2—上承压板；3—下承压板；4—钢压杆；
5— YWC-30 型位移传感器；6—横向应变片；7—位移传感器固
定装置；8—钢垫板；9—荷载传感器；10—动态数据采集系统。

图 2-4　单轴受压装置示意

图 2-5　单轴受压装置实物

2.1.2　混凝土碳化深度

基于试验采集数据,根据 2.1.1 节所述的碳化深度测试方法和碳化率计算方法获得的混凝土碳化深度和碳化率如表 2-5 所示。

表 2-5　混凝土碳化深度和碳化率

碳化程度	性能	类型					
		NAC	RAC20	RAC40	RAC60	RAC80	RAC100
未碳化	碳化深度 d/mm	0	0	0	0	0	0
	碳化率 D	0	0	0	0	0	0
	碳化龄期/d	0	0	0	0	0	0
轻度部分碳化	碳化深度 d/mm	15.3	17.2	17.3	22.7	22.7	20.6
	碳化率 D	0.57	0.62	0.62	0.75	0.75	0.70
	碳化龄期/d	75	75	75	75	75	60
严重部分碳化	碳化深度 d/mm	30.9	28.2	25.5	31.8	31.4	38.3
	碳化率 D	0.88	0.85	0.80	0.89	0.89	0.96
	碳化龄期/d	165	120	105	120	120	120
完全碳化	碳化深度 d/mm	50	50	50	50	50	50
	碳化率 D	1	1	1	1	1	1
	碳化龄期/d	240	240	240	240	240	240

从试验结果可以看出:

(1) 在快速碳化 75d 后,相对于 NAC,RAC20、RAC40、RAC60 和 RAC80 试件碳化深度分别提高了 12.4%、13.1%、48.4%和 48.4%;

(2) 快速碳化 120d 后,相对于 RAC20,RAC60、RAC80 和 RAC100 试件碳化深度分别提高了 12.8%、11.4%和 35.8%。

再生混凝土的碳化深度随碳化龄期的变化趋势如图 2-6 所示。

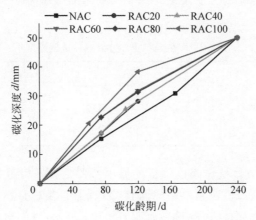

图 2-6　混凝土的碳化深度随碳化龄期的变化趋势

结果表明,相同碳化龄期下,再生粗骨料取代率越高,混凝土试件碳化深度越大,说明抗碳化性能越差。主要由于混凝土的碳化速度与 CO_2 在混凝土内部的扩散速度密切相关,由于再生粗骨料本身的缺陷,再生混凝土内部形成了较多贯通的细微裂缝,这就使 CO_2 在再生混凝土内部的扩散速度加快,从而导致混凝土碳化速度的加快,混凝土中再生粗骨料掺量越多,在再生混凝土中的贯通细微裂缝就越多,再生混凝土的碳化速度越快。

2.1.3 立方体抗压强度

《混凝土物理力学性能试验方法标准》(GB/T 50081—2019)[3]规定应按下式计算混凝土立方体抗压强度 f_{cu}:

$$f_{cu} = \frac{F}{A} \tag{2-2}$$

式中,f_{cu} 为混凝土立方体试件抗压强度,MPa;F 为试件破坏荷载,N;A 为试件承压面积,mm^2。

混凝土立方体抗压强度值的确定符合下列规定:

(1) 取 3 个混凝土试件强度测量值的算术平均值作为该组试件的实际强度值;

(2) 当 3 个混凝土试件强度测量值中的最大值或最小值中有一个与中间值的差值超过中间值的 15% 时,则只取中间值作为该组试件的抗压强度值;

(3) 如果 3 个测量值中的最大值和最小值与中间值的差均超过中间值的 15% 时,则判定该组试件的试验结果无效;

(4) 本章所用的 100mm×100mm×100mm 试件为非标准试件,根据式(2-2)所得的计算值需乘以尺寸换算系数 0.95。

再生混凝土试件养护 28d 后,根据 2.1.1 节所述试验方法得到的再生混凝土的 28d 立方体抗压强度试验结果如表 2-6 所示。从表 2-6 中可以看出,随着再生粗骨料取代率的增加,再生混凝土 28d 立方体抗压强度逐渐降低。相对于普通混凝土,取代率分别为 20%、40%、60%、80% 和 100% 的再生混凝土的 28d 立方体抗压强度分别降低了 8.9%、18.2%、25.6%、25.2% 和 28.8%。

表 2-6 再生混凝土 28d 立方体抗压强度

性能	类 型					
	NAC	RAC20	RAC40	RAC60	RAC80	RAC100
再生粗骨料取代率/%	0	20	40	60	80	100
$f_{cu,28}$/MPa	31.3	28.5	25.6	23.3	23.4	22.3

再生混凝土 28d 立方体抗压强度降低的原因主要是再生粗骨料附着的老砂浆强度较低,使得再生混凝土中新旧砂浆浆黏结界面较弱;而且再生粗骨料表面拥有高孔隙率的旧黏结砂浆,在再生混凝土加载时,容易形成应力集中;另外,再生粗骨料在破碎过程中存在原始裂缝,使得再生粗骨料的强度低于天然粗骨料。

再生混凝土相对 28d 立方体抗压强度随取代率的变化趋势如图 2-7 所示,可以发现当取代率较低时,曲线斜率绝对值较大,即再生混凝土的 28d 立方体抗压强度下降较明显;当

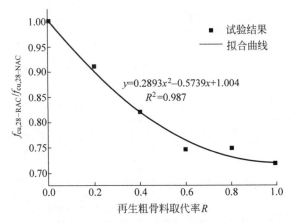

$$y=0.2893x^2-0.5739x+1.004$$
$$R^2=0.987$$

图 2-7　再生混凝土相对 28d 立方体抗压强度随取代率的变化趋势

取代率较高时,曲线较平缓,即 28d 立方体抗压强度下降趋势渐缓。这说明低掺量的再生粗骨料对再生混凝土的抗压强度影响较大;随着再生粗骨料掺量的越来越高,再生混凝土的抗压强度降低不明显。

这与再生粗骨料的缺陷有关,由于再生粗骨料表面含有较弱的新旧砂浆的黏结界面和内部原始裂缝,再生粗骨料强度低于天然粗骨料。故当少量的再生粗骨料替代天然粗骨料时,在加载过程中,再生混凝土试件内部裂缝发展途径倾向于通过再生粗骨料表面或内部等较薄弱环节,再生粗骨料含量成为影响混凝土强度的主要因素,即低取代率的再生混凝土立方体抗压强度对再生粗骨料的含量较为敏感。而随着再生粗骨料含量的增加、天然粗骨料含量的降低,混凝土中缺陷逐渐增多,再生混凝土立方体抗压强度的下降速率逐渐变缓。

所有混凝土试件碳化结束后,对立方体试件进行立方体抗压试验,基于试验采集数据,根据前文所述试验方法与计算方法获得的不同碳化深度下的 NAC、RAC20、RAC40、RAC60、RAC80 和 RAC100 的立方体抗压强度分别如表 2-7~表 2-12 所示。

表 2-7　碳化后 NAC 立方体抗压强度

类型	NAC-1	NAC-2	NAC-3	NAC-4
碳化深度 d/mm	0	15.3	30.9	50.0
立方体抗压强度/MPa	39.7	42.3	44.3	50.3

表 2-8　碳化后 RAC20 立方体抗压强度

类型	RAC20-1	RAC20-2	RAC20-3	RAC20-4
碳化深度 d/mm	0	17.2	28.2	50.0
立方体抗压强度/MPa	34.7	37.1	39.8	43.3

表 2-9　碳化后 RAC40 立方体抗压强度

类型	RAC40-1	RAC40-2	RAC40-3	RAC40-4
碳化深度 d/mm	0	17.3	25.5	50.0
立方体抗压强度/MPa	32.9	36.4	37.6	40.1

表 2-10　碳化后 RAC60 立方体抗压强度

类型	RAC60-1	RAC60-2	RAC60-3	RAC60-4
碳化深度 d/mm	0	22.7	31.8	50.0
立方体抗压强度/MPa	28.6	30.9	31.2	35.1

表 2-11　碳化后 RAC80 立方体抗压强度

类型	RAC80-1	RAC80-2	RAC80-3	RAC80-4
碳化深度 d/mm	0	22.7	31.4	50.0
立方体抗压强度/MPa	26.3	27.5	29.7	31.8

表 2-12　碳化后 RAC100 立方体抗压强度

类型	RAC100-1	RAC100-2	RAC100-3	RAC100-4
碳化深度 d/mm	0	20.6	38.3	50.0
立方体抗压强度/MPa	25.9	28.0	29.1	31.5

碳化后再生混凝土的立方体抗压强度随碳化深度的变化趋势如图 2-8 所示。

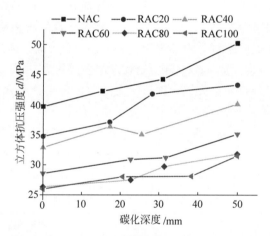

图 2-8　碳化后再生混凝土的立方体抗压强度随碳化深度的变化趋势

从试验结果可以看出,在再生粗骨料取代率相同的情况下,随着碳化深度的增加,再生混凝土的立方体抗压强度逐渐增加。

(1) 对于相同龄期的 NAC 试件,经过完全碳化后,混凝土试件立方体抗压强度由39.7MPa 增加到 50.3MPa,提升了 26.7%;

(2) 对于相同龄期的 RAC20 试件,经过完全碳化后,混凝土试件立方体抗压强度由34.7MPa 增加到 43.3MPa,提升了 24.8%;

(3) 对于相同龄期的 RAC40 试件,经过完全碳化后,混凝土试件立方体抗压强度由32.9MPa 增加到 40.1MPa,提升了 21.9%;

(4) 对于相同龄期的 RAC60 试件,经过完全碳化后,混凝土试件立方体抗压强度由28.6MPa 增加到 35.1MPa,提升了 22.7%;

(5) 对于相同龄期的 RAC80 试件,经过完全碳化后,混凝土试件立方体抗压强度由

26.3MPa 增加到 31.8MPa,提升了 20.9%;

（6）对于相同龄期的 RAC100 试件,经过完全碳化后,混凝土试件立方体抗压强度由 25.9MPa 增加到 31.5MPa,提升了 21.6%。

为研究碳化后再生混凝土立方体抗压强度变化规律,对不同碳化程度下的混凝土相对立方体抗压强度 $\Delta f_{\mathrm{cu},d}$ 进行计算分析,计算公式如下:

$$\Delta f_{\mathrm{cu},d} = \frac{f_{\mathrm{cu},d} - f_{\mathrm{cu},0}}{f_{\mathrm{cu},0}} \tag{2-3}$$

式中,$f_{\mathrm{cu},0}$ 为未碳化混凝土的立方体抗压强度,MPa;$f_{\mathrm{cu},d}$ 为碳化深度为 d 下的混凝土的立方体抗压强度,MPa;$\Delta f_{\mathrm{cu},d}$ 为碳化深度为 d 下混凝土相对立方体抗压强度。

根据式(2-3),计算得到碳化后再生混凝土相对立方体抗压强度如图 2-9 所示。

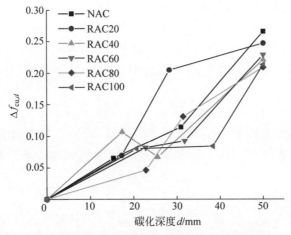

图 2-9　碳化后再生混凝土相对立方体抗压强度

试验结果表明,相同取代率下的再生混凝土,随着碳化深度的增加,试件的立方体抗压强度逐渐提高。当天然粗骨料被再生粗骨料完全取代时,碳化后混凝土立方体抗压强度最高增幅达到了 21.6%。而且随着取代率的增加,碳化后再生混凝土的立方体抗压强度的最大增长幅度从 27% 降低到了 20% 左右,说明随着取代率的增加,碳化对再生混凝土立方体抗压强度的影响在降低。

混凝土是一种由水泥作为胶结材料将砂和粗骨料连接在一起共同作用的复合材料,其强度取决于水泥、粗细骨料的性能及其相对含量。对于硬化混凝土,其主要分为 3 个部分:砂浆、界面过渡区和粗骨料。在碳化过程中,由于混凝土内部各部分密实度得到不同程度的增加,其宏观的立方体抗压性能也随之增强。对于本章所研究的再生混凝土,其在碳化后的抗压强度变化差异可从以下三方面进行分析。

1. 新砂浆

碳化后新砂浆主要由硬化水泥、细骨料及不溶性碳化产物组成。本研究中所有混凝土试件均使用相同的水泥和细骨料,且混凝土水灰比相同,所以砂浆强度主要受碳化产物的影响。混凝土碳化,主要是指由于大气当中的 CO_2 的不断扩散,水泥水化反应产生的溶解在混凝土孔隙液中的 $Ca(OH)_2$ 与 CO_2 发生化学反应,生成 $CaCO_3$ 等不溶性物质的一种化学现象。故碳化反应主要发生在新砂浆中,产生的不溶性物质主要填充在砂浆空隙中。相对于混凝土其他组分,碳化对新砂浆的影响最大。

2. 界面过渡区

界面过渡区作为砂浆及粗骨料之间的过渡区域,内部结构疏松多孔,是混凝土中最薄弱的区域,对混凝土的宏观力学性能起着决定性的作用。界面过渡区的性能受砂浆强度及粗骨料表面粗糙度影响,砂浆强度越高,骨料表面粗糙度越高,界面过渡区越致密,强度越高。根据界面过渡区的连接的材料类型,再生混凝土包含砂浆-天然粗骨料界面过渡区和新砂浆-旧砂浆界面过渡区。RCA附着的老砂浆由于粗糙多孔,强度较低,但在拌和过程中部分水泥会进入这些孔隙,通过碳化作用,产生不溶性物质,界面可得到一定程度的加强。

3. 粗骨料

粗骨料是混凝土中的重要组成部分,起骨架作用,其性能好坏对混凝土的强度高低起着重要作用。RCA是由混凝土废弃物破碎而成,其主要由天然粗骨料和其表面附着的砂浆组成。由于破碎过程中的机械力作用,RCA内部及其附着的砂浆内会有裂缝产生。碳化反应直接作用物为砂浆,产生的不溶性产物也主要填充在新砂浆和界面过渡区内部的空隙中,对RCA内部裂缝影响较小。故RCA内部裂缝为碳化后混凝土破坏时裂缝发展的主要薄弱点。

随着碳化深度的增加,试件的立方体抗压强度逐渐提高。这主要是由于空气中的CO_2通过混凝土表面的孔隙渗透至其内部,之后溶解在毛细孔中,呈现出液态的形式,并与水泥水化反应的产物,如氢氧化钙($Ca(OH)_2$)和水化硅酸钙(C—S—H)等发生反应,生成$CaCO_3$及其他物质。其中,碳化反应的生成物$CaCO_3$是一种不溶产物,可增加混凝土自身的密实度,并提高混凝土强度。

当再生混凝土完全碳化时,随着取代率的增加,立方体抗压强度逐渐降低,这与未碳化再生混凝土的立方体抗压强度的变化趋势相似。试验结果表明,当混凝土完全碳化后,再生粗骨料含量对再生混凝土的强度依然有着显著的影响,说明再生粗骨料表面疏松多孔且强度较低的老砂浆和内部存在的原始裂缝是影响完全碳化再生混凝土强度的重要因素。

随着取代率的增加,混凝土试件的相对立方体抗压强度变化幅度逐渐降低。这说明随着取代率的增加,碳化对再生混凝土立方体抗压强度的影响在降低。这可以从以下方面分析:

碳化过程中生成的$CaCO_3$等不溶性物质,增加了混凝土自身的密实度,并提高了混凝土强度。但在再生混凝土中不溶性物质大多填充在新砂浆中,少量填充在旧砂浆及新旧砂浆界面处,对RCA内部裂缝影响最小。混凝土强度往往取决于加载过程中试件内部裂缝发展的难易程度。RCA表面含有较弱的新旧砂浆黏结界面和内部原始裂缝,使得RCA强度低于NCA,故在加载过程中再生混凝土试件内部裂缝发展途径将更倾向于通过RCA表面新旧砂浆黏结界面或内部裂缝等较薄弱环节。而相对于新砂浆,碳化对RCA新旧砂浆黏结界面和内部裂缝等薄弱环节影响较小。因此随着取代率的增加,再生混凝土新旧砂浆黏结界面和骨料内部裂缝等缺陷增多,碳化对再生混凝土强度的影响会降低。

2.1.4 弹性模量

《混凝土物理力学性能试验方法标准》[3]规定应按下式计算混凝土弹性模量E_c:

$$E_c = \frac{F_a - F_0}{A} \cdot \frac{R}{\varepsilon_a - \varepsilon_0} \qquad (2\text{-}4)$$

式中，E_c 为混凝土的弹性模量，MPa；F_a 为应力达到 1/3 轴心抗压强度时的荷载，N；F_0 为应力达到 0.5MPa 时的初始荷载，N；A 为试件承压面积，mm^2；R 为测量标距，mm；ε_a 为应力达到 F_a 时试件两侧变形的平均值，mm；ε_0 为应力达到 F_0 时试件纵向量测变形的平均值，mm。

混凝土弹性模量值的确定应符合下列规定：

（1）取 3 个混凝土试件弹性模量测量值的算术平均值为该组混凝土试件的弹性模量值；

（2）当 3 个试件轴心抗压强度值中有一个试件的轴心抗压强度值与用以确定检验控制荷载的轴心抗压强度值相差超过后者的 20% 时，则弹性模量值按另两个试件测量值的算术平均值计算；

（3）如果有 2 个试件的轴心抗压强度值与用以确定检验控制荷载的轴心抗压强度值相差超过后者的 20% 时，则判定此次试验无效。

基于试验采集数据，计算获得的不同碳化深度下的 NAC、RAC20、RAC40、RAC60、RAC80 和 RAC100 的弹性模量分别如表 2-13～表 2-18 所示。

表 2-13　碳化后 NAC 弹性模量

项　　目	NAC-1	NAC-2	NAC-3	NAC-4
碳化深度 d/mm	0	15.3	30.9	50
碳化率 D	0	0.57	0.88	1
弹性模量 E_c/GPa	23.5	24.9	28.6	32.4

表 2-14　碳化后 RAC20 弹性模量

项　　目	RAC20-1	RAC20-2	RAC20-3	RAC20-4
碳化深度 d/mm	0	17.2	28.2	50
碳化率 D	0	0.62	0.85	1
弹性模量 E_c/GPa	23.3	24.9	27.7	29.5

表 2-15　碳化后 RAC40 弹性模量

项　　目	RAC40-1	RAC40-2	RAC40-3	RAC40-4
碳化深度 d/mm	0	17.3	25.5	50
碳化率 D	0	0.62	0.80	1
弹性模量 E_c/GPa	23.2	24.5	25.2	27.2

表 2-16　碳化后 RAC60 弹性模量

项　　目	RAC60-1	RAC60-2	RAC60-3	RAC60-4
碳化深度 d/mm	0	22.7	31.8	50
碳化率 D	0	0.75	0.89	1
弹性模量 E_c/GPa	20.9	22.8	24.6	25.1

表 2-17　碳化后 RAC80 弹性模量

项　　目	RAC80-1	RAC80-2	RAC80-3	RAC80-4
碳化深度 d/mm	0	22.7	31.4	50
碳化率 D	0	0.75	0.89	1
弹性模量 E_c/GPa	19.8	20.6	21.9	23.9

表 2-18　碳化后 RAC100 弹性模量

项　　目	RAC100-1	RAC100-2	RAC100-3	RAC100-4
碳化深度 d/mm	0	20.6	38.3	100
碳化率 D	0	0.70	0.96	1
弹性模量 E_c/GPa	19.6	20.6	21.5	22.2

　　碳化后再生混凝土弹性模量随碳化率的变化趋势如图 2-10 所示。

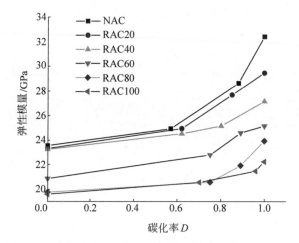

图 2-10　碳化后再生混凝土弹性模量随碳化率的变化趋势

　　从试验结果可以看出：

　　(1) 对于 NAC 试件，碳化率分别为 0.57、0.88 和 1 的试件的弹性模量比未碳化试件提高了 5.96%、21.7% 和 37.9%；

　　(2) 对于 RAC100 试件，碳化率分别为 0.70、0.96 和 1 的试件的弹性模量比未碳化试件提高了 5.1%、9.7% 和 13.2%；

　　(3) 对于未碳化混凝土试件，取代率分别为 20%、40%、60%、80% 和 100% 的再生混凝土试件的弹性模量比普通混凝土降低了 0.9%、1.3%、11.1%、15.7% 和 16.6%；

　　(4) 对于完全碳化混凝土试件，取代率分别为 20%、40%、60%、80% 和 100% 的再生混凝土试件的弹性模量比普通混凝土降低了 9.0%、16.0%、22.5%、26.2% 和 31.5%。

　　试验结果表明，在再生粗骨料取代率相同的情况下，随着碳化率的增加，再生混凝土的弹性模量逐渐增加。这主要是由于碳化反应生成的 $CaCO_3$ 等不溶性物质填充在混凝土孔隙当中，提高了混凝土密实度，导致混凝土的弹性模量增加。

相同碳化率下,再生混凝土的弹性模量随着取代率的增加而降低,这主要与再生粗骨料的缺陷有关。相对于天然粗骨料,再生粗骨料表面含有高孔隙率的旧砂浆和内部原始裂缝,故再生粗骨料弹性模量低于天然粗骨料。因此随着再生粗骨料含量的增加,再生混凝土内部缺陷增多,再生混凝土的弹性模量逐渐降低。

为研究碳化后再生混凝土弹性模量的变化规律,对不同碳化程度下的混凝土相对弹性模量 $\Delta E_{c,D}$ 进行计算分析,计算公式如下:

$$\Delta E_{c,D} = \frac{E_{c,D} - E_{c,0}}{E_{c,0}} \tag{2-5}$$

式中,$E_{c,0}$ 为未碳化混凝土的弹性模量,GPa;$E_{c,D}$ 为碳化率为 D 下的混凝土的弹性模量,GPa;$\Delta E_{c,D}$ 为碳化率为 D 下混凝土相对弹性模量。

根据式(2-5),计算得到碳化后再生混凝土相对弹性模量如图 2-11 所示。

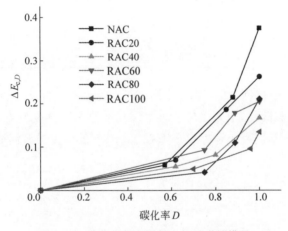

图 2-11 碳化后再生混凝土相对弹性模量

从图 2-11 中可以看出,随着取代率的增加,再生混凝土的相对弹性模量变化幅度从 38% 降低到了 15% 左右,说明碳化对再生混凝土的弹性模量的影响在降低。主要原因为:相对于再生混凝土中的新砂浆和界面过渡区,碳化对再生粗骨料内部的原始裂缝影响最小。因此,相对于普通混凝土,碳化对再生混凝土的弹性模量影响较小。

弹性模量能够体现混凝土的变形特征,是混凝土最基本和最重要的基本力学性能之一,对混凝土结构的非线性分析和设计具有非常重要的意义。对于再生混凝土而言,由于再生骨料与天然骨料的差异,再生混凝土的弹性模量不同于普通混凝土。再生混凝土的抗压强度可以通过多种方法进行提高,使其达到普通混凝土的强度。而与抗压强度不同的是,再生混凝土的弹性模量随着再生粗骨料含量的增加而明显降低。这意味着,即使再生混凝土的抗压强度等于普通混凝土,其弹性模量一般较低,变形更高,这将对再生混凝土的工程应用产生很大的影响。为使再生混凝土更好地推广应用,本节建立了碳化后再生混凝土弹性模量与立方体抗压强度的关系。

国内外许多研究学者提出了不同的计算公式来描述再生混凝土的弹性模量和立方抗压强度之间的关系,如表 2-19 所示。

表 2-19 再生混凝土弹性模量与立方体抗压强度计算公式

研究学者	计算公式	
Ravindrarajah,Tam[4]	$E_c = 7.770 f_{cu}^{0.33}$	(2-6)
Dhir 等[5]	$E_c = 0.370 f_{cu} + 13.100$	(2-7)
Kakizaki 等[6]	$E_c = 190 \left(\dfrac{\rho}{2300}\right)^{1.5} \sqrt{\dfrac{f_{cu}}{2000}}$	(2-8)
Dillmann[7]	$E_c = 0.63443 f_{cu} + 3.0576$	(2-9)
Zilch,Roos [8]	$E_c = 9.100(f_{cu} + 8)^{1/3} \left(\dfrac{\rho}{2400}\right)^2$	(2-10)
Mellmann[9]	$E_c = 0.378 f_{cu} + 8.242$	(2-11)
Xiao 等[10]	$E_c = \dfrac{10^2}{2.2 + \dfrac{40.1}{f_{cu}}}$	(2-12)

碳化后再生混凝土弹性模量与立方体抗压强度的关系如图 2-12 所示。可以看出,尽管实验数据存在一定的离散性,但是碳化后再生混凝土的弹性模量与立方体抗压强度之间还是存在着一定的关系,即混凝土弹性模量随着立方体抗压强度的升高而逐渐增加。

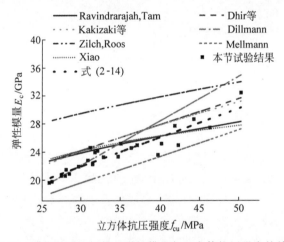

图 2-12 碳化后再生混凝土弹性模量与立方体抗压强度的关系

从表 2-19 中的式(2-6)~式(2-12)得到的计算结果与试验结果的对比可以看出,式(2-6)~式(2-12)与试验结果存在很大的差异,差异的原因可能是:公式由研究学者提出,只是为了最好地拟合他们自己的试验结果,这些结果仅从有限数量的再生混凝土样本中获得。在不同的研究中,由于再生混凝土来源的不同,产生不同的试验结果,最终导致不同研究人员提出了不同的公式。这同时也说明了未碳化再生混凝土弹性模量与立方体抗压强度的计算公式不适用于碳化后再生混凝土。

从图 2-12 中试验结果与式(2-6)~式(2-12)得到的曲线的变化趋势可以发现,弹性模量随着立方体抗压强度的变化趋势与式(2-7)、式(2-9)和式(2-11)得到曲线的变化趋势相近。故本章基于碳化后再生混凝土的试验数据，采用式(2-13)进行回归来推导碳化后再生混凝土弹性模量和立方体抗压强度之间的关系公式。

$$E'_c = af_{cu} + b \tag{2-13}$$

式中，E'_c 为碳化后混凝土的弹性模量；f_{cu} 为碳化后混凝土的立方体抗压强度；a、b 为待定常数。

通过对试验数据拟合分析得到，$a = 0.414$，$b = 9.516$，相关系数 $R^2 = 0.936$。则基于本章试验数据得到的碳化后再生混凝土弹性模量与立方体抗压强度的关系式为

$$E'_c = 0.414 f_{cu} + 9.516, \quad R^2 = 0.936 \tag{2-14}$$

式(2-14)计算结果与试验结果的对比结果，如图 2-12 所示。可以发现计算曲线与试验数据吻合良好。

2.1.5　横向变形系数

混凝土横向变形系数为试件横向应变与纵向应变的比值，反映了试件横向变形的能力。基于混凝土在单轴受压过程中的横向变形的测量值，试件的横向变形系数 μ 计算公式如下：

$$\mu = \frac{\varepsilon_{t2} + \varepsilon_{t1}}{2\varepsilon} \tag{2-15}$$

式中，μ 为混凝土试件的横向变形系数；ε_{t1} 和 ε_{t2} 为两个横向应变片在单轴受压试验过程中的测试值；ε 为单轴受压试验过程中的轴向应变。

基于试验结果，按式(2-15)计算混凝土试件在单轴受压过程中的横向变形系数。以试件应力比(应力 σ/峰值应力 σ_p)为横坐标，横向变形系数 μ 为纵坐标，不同取代率下的再生混凝土的 μ-σ/σ_p 曲线分别如图 2-13 所示，未碳化和完全碳化再生混凝土的 μ-σ/σ_p 曲线如图 2-14 所示。

试验结果表明，混凝土横向变形系数在单轴受压过程中有以下变化规律：

(1) 曲线在 σ/σ_p 处 0.4～0.6 范围内存在分界点 R，当 $\sigma/\sigma_p < R$ 时，随着 σ/σ_p 增大，μ 在 0.15～0.25 内基本上保持不变。在这一阶段，混凝土处于弹性变形阶段，试件的纵向应变和横向应变共同成比例上升，μ 基本保持不变。

(2) 当 $R < \sigma/\sigma_p < 1.0$ 时，μ 随着 σ/σ_p 增大而加速增大。在这一阶段，随着应力的增大，混凝土进入塑性变形阶段且塑性变形加速增长，导致 μ 加速增长，意味着试件内部微裂缝逐渐开展，裂缝进入不稳定阶段。

(3) 随着碳化深度的增加，试件密实度增加，延性降低，碳化后的混凝土在轴向受压过程中越早进入塑性变形阶段，μ 越早从平稳阶段进入上升阶段。

(4) 随着取代率的增加，试件内部缺陷增多，混凝土脆性增加，再生混凝土在单轴受压过程中越早进入塑性变形阶段，μ 越早从平稳阶段进入上升阶段。

(5) 对于完全碳化再生混凝土，取代率越高，混凝土在单轴受压过程中越早进入塑性变形阶段，μ 越早从平稳阶段进入上升阶段。

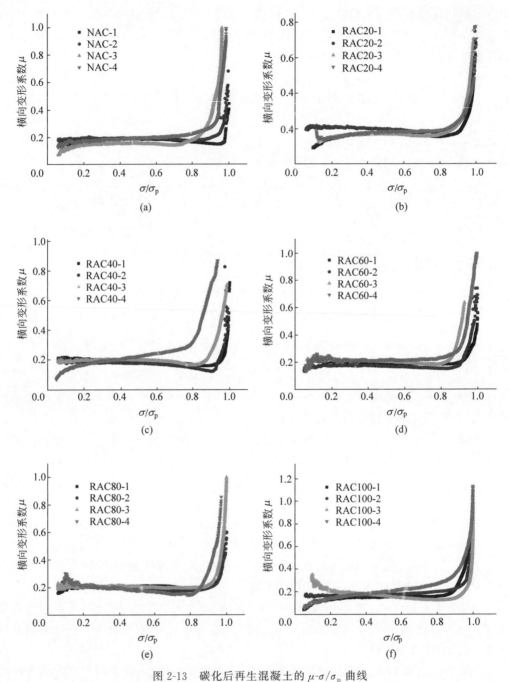

图 2-13　碳化后再生混凝土的 $\mu\text{-}\sigma/\sigma_p$ 曲线

(a) NAC；(b) RAC20；(c) RAC40；(d) RAC60；(e) RAC80；(f) RAC100

混凝土在弹性变形阶段的横向变形系数(又称泊松比)对结构设计及承载力验算有重要参考意义。由此,分析再生粗骨料掺入量和碳化对混凝土的弹性阶段泊松比的影响显得尤其重要。将应力为峰值应力的 40% 时的试件的横向变形系数定义为泊松比 μ_c。基于试验结果,计算碳化后再生混凝土的 μ_c,计算结果分别列于表 2-20～表 2-25 中。

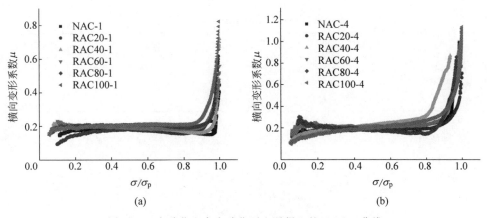

图 2-14　未碳化和完全碳化再生混凝土的 μ-σ/σ_p 曲线

（a）未碳化；（b）完全碳化

表 2-20　碳化后 NAC 泊松比

项　　目	NAC-1	NAC-2	NAC-3	NAC-4
碳化深度 d/mm	0	15.3	30.9	50
碳化率 D	0	0.57	0.88	1
泊松比 μ_c	0.19	0.20	0.15	0.19

表 2-21　碳化后 RAC20 泊松比

项　　目	RAC20-1	RAC20-2	RAC20-3	RAC20-4
碳化深度 d/mm	0	17.2	28.2	50
碳化率 D	0	0.62	0.85	1
泊松比 μ_c	0.18	0.20	0.17	0.18

表 2-22　碳化后 RAC40 泊松比

项　　目	RAC40-1	RAC40-2	RAC40-3	RAC40-4
碳化深度 d/mm	0	17.3	25.5	50
碳化率 D	0	0.62	0.80	1
泊松比 μ_c	0.20	0.18	0.20	0.20

表 2-23　碳化后 RAC60 泊松比

项　　目	RAC60-1	RAC60-2	RAC60-3	RAC60-4
碳化深度 d/mm	0	22.7	31.8	50
碳化率 D	0	0.75	0.89	1
泊松比 μ_c	0.20	0.18	0.21	0.21

表 2-24　碳化后 RAC80 泊松比

项　　目	RAC80-1	RAC80-2	RAC80-3	RAC80-4
碳化深度 d/mm	0	22.7	31.4	50
碳化率 D	0	0.75	0.89	1
泊松比 μ_c	0.21	0.19	0.21	0.20

表 2-25　碳化后 RAC100 泊松比

项　　目	RAC100-1	RAC100-2	RAC100-3	RAC100-4
碳化深度 d/mm	0	20.6	38.3	100
碳化率 D	0	0.70	0.96	1
泊松比 μ_c	0.20	0.17	0.18	0.18

为分析碳化作用对再生混凝土的 μ_c 的影响,绘制了碳化后再生混凝土的 μ_c-D 曲线,如图 2-15 所示。

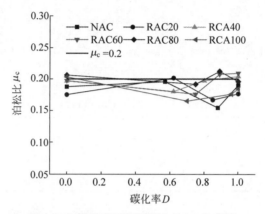

图 2-15　碳化后再生混凝土的 μ_c-D 曲线

试验结果表明:

(1) 碳化后再生混凝土的泊松比都处于 0.2 左右,与普通混凝土相差不大。

(2) 对于未碳化混凝土,随着取代率的增加,再生混凝土的泊松比有逐渐增加的趋势,一般大于普通混凝土的泊松比。这说明再生粗骨料的添加,增加了混凝土的内部缺陷,改变了试件的变形能力,而且对横向应变的影响大于对纵向应变的影响。

(3) 随着碳化率的增加,碳化后再生混凝土的泊松比一直在 0.15～0.21 内波动,碳化作用对再生混凝土的泊松比无明显的影响。

2.2　碳化后再生混凝土本构关系

2.2.1　再生混凝土碳化后的单轴受压应力-应变曲线

碳化后的普通混凝土与再生混凝土有着相似破坏过程,主要分为以下几个阶段:

第一阶段,从开始加载,到加载的荷载为试件极限承载力的 40%～50% 时,试件处于线弹性阶段,试件表面并未发现任何变化。

第二阶段,当轴向荷载处于试件极限承载力的 50%～90% 时,试件表面开始出现若干条细小的裂缝,同时有些混凝土试件会伴随着轻微的断裂声,说明混凝土内部裂缝有了较大发展。

第三阶段,当轴向荷载达到试件极限承载力的 90% 时,试件表面开始出现细而短的平行于受力方向的可见竖向裂缝,一些再生粗骨料取代率高、碳化深度大的混凝土发生了表面的脱落,说明这些混凝土脆性表现比较明显。

第四阶段,当轴向荷载接近极限承载力时,试件表面相继出现多条竖向短裂缝,然后这些裂缝逐渐发展、延伸并最终相连,形成一条贯通全截面的近似位于试件表面对角线的主斜裂缝。同时,随着继续加载,试件荷载开始剧烈下降,直到最终试件发生破坏。

在加载过程中,相对于碳化程度低的混凝土,碳化程度较大的混凝土棱柱体破坏较突然,并伴随着较大的劈裂声响,而且混凝土的脱落现象较严重,破坏后混凝土试件的整体性较差。与普通混凝土相比,取代率较高的再生混凝土棱柱体试件在破坏后的整体性更差一些,另外将破坏后的棱柱体试件分为两半,发现断裂面的新旧砂浆及再生粗骨料均被劈裂成两半。

碳化后 NAC、RAC20、RAC40、RAC60、RAC80 和 RAC100 试件的单轴受压破坏形态分别如图 2-16～图 2-21 所示。从图中可以看出,未碳化与碳化后再生混凝土试件破坏形态无明显差异,表面均出现一条近似位于试件表面对角线的粗裂缝。

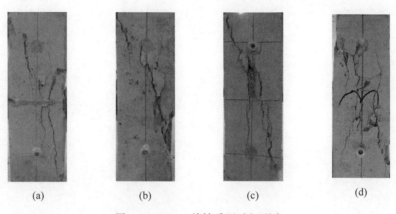

图 2-16　NAC 单轴受压破坏形态

(a) NAC-1；(b) NAC-2；(c) NAC-3；(d) NAC-4

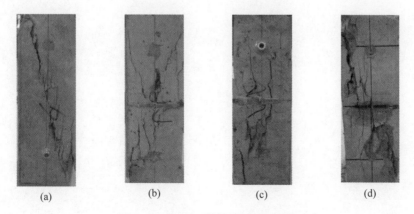

图 2-17　RAC20 单轴受压破坏形态

(a) RAC20-1；(b) RAC20-2；(c) RAC20-3；(d) RAC20-4

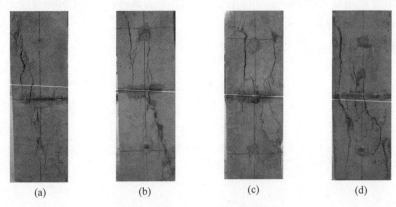

图 2-18　RAC40 单轴受压破坏形态

(a) RAC40-1；(b) RAC40-2；(c) RAC40-3；(d) RAC40-4

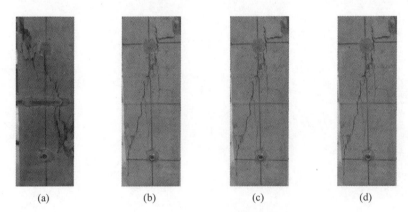

图 2-19　RAC60 单轴受压破坏形态

(a) RAC60-1；(b) RAC60-2；(c) RAC60-3；(d) RAC60-4

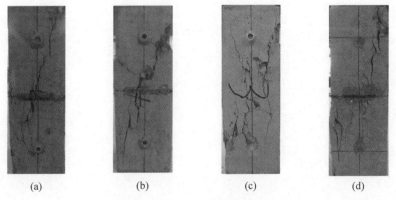

图 2-20　RAC80 单轴受压破坏形态

(a) RAC80-1；(b) RAC80-2；(c) RAC80-3；(d) RAC80-4

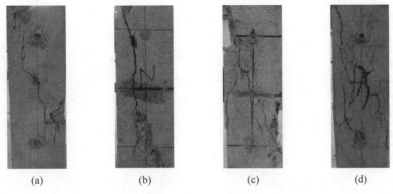

图 2-21　RAC100 单轴受压破坏形态

（a）RAC100-1；（b）RAC100-2；（c）RAC100-3；（d）RAC100-4

2.2.1.1　实测应力-应变曲线

采用动态采集仪采集得到试件在单轴受压试验过程中的轴向压荷载 F_v、180mm 标距内的试件纵向压缩变形 $R_{v,1}$ 和 $R_{v,2}$。试件的压应力 σ 按式（2-16）进行计算。

$$\sigma = \frac{F_v}{S_v} = \frac{F_v}{100 \times 100} = 10^{-4} F_v \tag{2-16}$$

式中，σ 为试件轴向压应力，MPa；F_v 为单轴受压试验过程中的轴向压荷载，N；S_v 为试件截面面积，mm^2。

试件的压应变 ε 按以下公式计算：

$$\varepsilon = \frac{R_{v,1} + R_{v,2}}{2R_v} = \frac{R_{v,1} + R_{v,2}}{2 \times 180} = \frac{R_{v,1} + R_{v,2}}{360} \tag{2-17}$$

式中，$R_{v,1}$ 和 $R_{v,2}$ 分别为两个位移传感器测得的纵向位移，mm；R_v 为位移传感器的测量距离，为 180mm。

基于试验结果，根据式（2-15）和式（2-16）计算得到每个再生混凝土试件的单轴受压应力-应变曲线，每种类型混凝土的应变-应变曲线取 3 个完全相同试件曲线的平均值。最终的不同碳化深度下的 NAC、RAC20、RAC40、RAC60、RAC80 和 RAC100 的单轴受压应力-应变曲线如图 2-22 所示，不同再生粗骨料取代率下未碳化与完全碳化再生混凝土的单轴受压应力-应变曲线如图 2-23 所示。试验结果表明，所测的碳化后再生混凝土的单轴受压应力-应变曲线与普通混凝土相似，均包含以下 4 个阶段：

（1）弹性压缩变形阶段。随着轴向应力的增加，试件的纵向应变呈线性增加。

（2）上升段塑性变形阶段。随着轴向应力的上升，试件的纵向应变增加速率逐渐增大，直到试件的峰值应力。

（3）承载力快速下降阶段。当超过峰值应力后，试件的荷载开始快速下降，而纵向应变增加得较慢。

（4）平稳变形阶段。当试件荷载降低到一定值时，随着试验机进一步加载，试件的轴向压应力缓慢下降，而纵向应变快速增长，直到试验停止。

由图 2-22 可知，再生混凝土应力-应变全曲线随着碳化程度的增加走势趋于凸起、左移，这主要是由于碳化生成的不溶性物质填充在了混凝土的孔隙中，增加了混凝土的密实

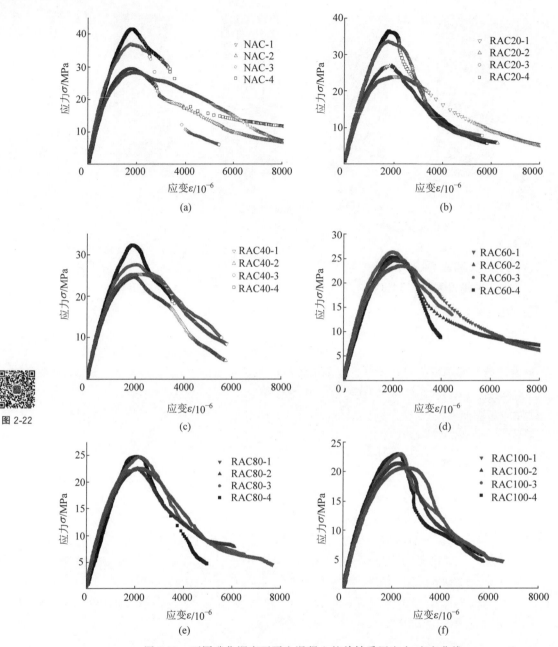

图 2-22

图 2-22　不同碳化深度下再生混凝土的单轴受压应力-应变曲线

(a) NAC；(b) RAC20；(c) RAC40；(d) RAC60；(e) RAC80；(f) RAC100

度，降低了混凝土的轴向变形能力，从而导致再生混凝土的峰值应力随着碳化程度的增加逐渐升高，峰值应变逐渐降低。

　　从图 2-22 中可以看出，相同取代率下，碳化对再生混凝土的单轴受压应力-应变曲线有着明显的影响。然而相对于普通混凝土，随着取代率的增加，不同碳化程度的再生混凝土的应力-应变曲线越来越接近未碳化再生混凝土，说明随着再生粗骨料取代率的增加，碳化对再生混凝土的应力-应变曲线的影响在降低。这可以从以下方面进行分析：在碳化过程中

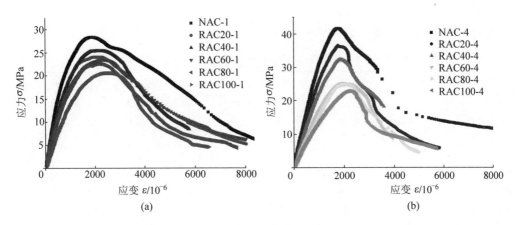

图 2-23   未碳化与完全碳化再生混凝土的单轴受压应力-应变曲线
（a）未碳化；（b）完全碳化

产生的 $CaCO_3$ 等不溶性物质大多填充在新砂浆中,少量填充在旧砂浆及新旧砂浆界面处,对再生粗骨料内部裂缝影响最小,说明相对于混凝土内的新砂浆,碳化对再生粗骨料表面的新旧砂浆黏结界面和内部原始裂缝等薄弱环节影响较小。而再生粗骨料表面的孔隙率较高的薄弱层砂浆和内部原始裂缝等缺陷作为再生混凝土的主要薄弱点,是加载时裂缝发展的主要经过途径。因此随着取代率的增加,再生混凝土中骨料表面新旧砂浆黏结界面和内部原始裂缝等缺陷逐渐增多,碳化对再生混凝土单轴受压应力-应变曲线的影响逐渐降低。

从图 2-23 中可以发现,相对于未碳化再生混凝土的单轴受压应力-应变曲线,取代率对完全碳化混凝土试件的本构关系曲线的影响较大。这主要由于碳化增加了混凝土密实度,加强了混凝土内部砂浆强度和黏结界面强度,而对再生粗骨料内部原始微裂缝影响较小,再生粗骨料内部原始微裂缝成为混凝土破坏时的最大薄弱点,因此再生粗骨料含量会较大地影响加载过程中完全碳化混凝土试件的变形性能。

从图 2-22 与图 2-23 中均可以看出,再生混凝土应力-应变曲线均包含两个阶段:上升段和下降段。相对于上升段,再生混凝土下降段之间的差异较大,主要由于当应力-应变曲线进入下降段时,在轴向压应力的作用下,混凝土内部及表面会出现较多的裂缝,而混凝土试件的变形往往取决于裂缝的发展情况,混凝土裂缝发展有其随机性,而且再生混凝土中的再生粗骨料存在着原始损伤,故下降段的离散更大。另外,从图 2-22 中可以看出,相对于未碳化混凝土,碳化后再生混凝土的下降段明显变陡,这主要因为碳化增加了混凝土的密实度,使混凝土的延性降低。从图 2-23 中可以发现,相对于普通混凝土,未碳化与完全碳化再生混凝土的下降段都明显更陡,这主要是存在原始损伤的再生粗骨料的掺入增加了混凝土的内部缺陷,导致了再生混凝土的脆性增加。

2.2.1.2 峰值应力

峰值应力 σ_p 的计算公式为

$$\sigma_p = \frac{F_{vp}}{S_v} = \frac{F_{vp}}{100 \times 100} = 10^{-4} F_{vp} \tag{2-18}$$

式中,σ_p 为峰值应力,MPa; F_{vp} 为试件承受的最大轴向荷载,N; S_v 为试件截面面积,mm^2。

碳化后再生混凝土的峰值应力、峰值应变和极限应变试验结果如表 2-26 所示。

表 2-26　碳化后再生混凝土的峰值应力、峰值应变和极限应变试验结果

类型	取代率 R	碳化率 D	峰值应力 σ_p/MPa	峰值应变 ε_p/10^{-6}	极限应变 ε_u/10^{-6}
NAC-1		0	28.4	1917.7	3551.7
NAC-2	0	0.57	29.2	1778.2	2655.7
NAC-3		0.88	37.0	1741.8	2602.6
NAC-4		1	41.6	1773.2	2489.5
RAC20-1		0	24.0	1963.1	3270.5
RAC20-2	0.2	0.62	26.9	1887.0	2391.4
RAC20-3		0.85	33.6	1772.4	2614.3
RAC20-4		1	36.5	1758.9	2212.7
RAC40-1		0	25.3	2155.3	3305.8
RAC40-2	0.4	0.62	24.6	1945.2	2590.4
RAC40-3		0.8	27.6	2040.3	3142.5
RAC40-4		1	32.3	1841.1	2415.3
RAC60-1		0	23.5	2298.7	3288.4
RAC60-2	0.6	0.75	24.5	2044.3	2809.6
RAC60-3		0.89	26.1	2016.7	2758.1
RAC60-4		1	25.2	1939.1	2824.0
RAC80-1		0	22.6	2187.3	3124.6
RAC80-2	0.8	0.75	22.6	2115.9	2712.5
RAC80-3		0.89	24.7	2166.4	2926.7
RAC80-4		1	24.8	2071.1	2591.6
RAC100-1		0	20.6	2587.1	3468.7
RAC100-2	1.0	0.7	21.2	2298.7	2984.1
RAC100-3		0.96	22.9	2362.1	2637.1
RAC100-4		1	23.9	2228.0	2570.5

为分析碳化作用对混凝土的峰值应力的影响,引入 $k_{\sigma,D}$ 作为碳化作用对混凝土峰值应力的影响因子,其计算公式如下:

$$k_{\sigma,D} = \frac{\sigma_{p,D}}{\sigma_{p,0}} \tag{2-19}$$

式中,$\sigma_{p,D}$ 为碳化率为 D 的混凝土的峰值应力,MPa;$\sigma_{p,0}$ 为未碳化混凝土的峰值应力,MPa;$k_{\sigma,D}$ 为碳化率 D 对混凝土峰值应力的影响因子。

当 $k_{\sigma,D} > 1$,表明碳化作用对再生混凝土的峰值应力有提高作用;当 $k_{\sigma,D} = 1$,表明碳化作用对再生混凝土的峰值应力无明显影响;当 $k_{\sigma,D} < 1$,表明碳化作用对再生混凝土的峰值应力有削弱作用。

根据式(2-18)和式(2-19),计算得到碳化后再生混凝土的 $k_{\sigma,D}$,$k_{\sigma,D}$-D 曲线如图 2-24 所示。

试验结果表明,随着碳化率的增加,再生混凝土的 $k_{\sigma,D}$ 均大于 1,且整体上随着碳化程度的增加而增加。碳化过程中生成的 $CaCO_3$ 等不溶性物质,填充在了再生混凝土内部砂浆

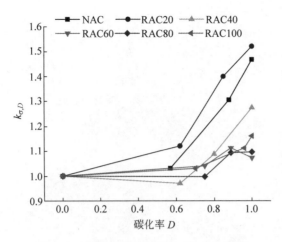

图 2-24　碳化后再生混凝土 $k_{\sigma,D}$-D 曲线

和界面过渡区内，增加了混凝土自身的密实度，在单轴受压下，混凝土砂浆和粗骨料的整体抗压性能增强，导致其宏观峰值应力增加。

从图 2-24 中可以发现，随着取代率的增加，$k_{\sigma,D}$ 的最大增幅逐渐减小，说明碳化率 D 对混凝土峰值应力的影响逐渐减弱。这主要由于随着再生粗骨料取代率的增加，混凝土内部再生粗骨料含量增加，再生粗骨料内部和表面旧砂浆的微裂缝含量增加，加载过程中混凝土裂缝发展的薄弱环节增多。碳化作用产生的不溶性物质主要填充在新砂浆和旧砂浆中，对再生混凝土内部裂缝影响较小，故对于碳化程度较大的混凝土，再生混凝土内部微裂缝成为混凝土裂缝发展的主要薄弱点。因此，随着取代率的增加，碳化对再生混凝土内部薄弱点的影响逐渐降低，导致其宏观表现为碳化率对混凝土峰值应力的影响随着取代率的增加而逐渐减弱。

基于试验结果，以再生粗骨料取代率和碳化率为自变量，拟合得到碳化后再生混凝土峰值应力 σ_p 与取代率 R 和碳化率 D 的关系式，拟合曲面如图 2-25 所示，拟合结果与试验数据较吻合，拟合的表达式如下：

$$\begin{cases} \sigma_p = (27.635 + 1.896R - 10.708D)/(1 + 0.412R - 0.350D - 0.251D^2) \\ R^2 = 0.9642 \end{cases} \qquad (2\text{-}20)$$

2.2.1.3　峰值应变

峰值应变 ε_p 的计算公式为

$$\varepsilon_p = \frac{R_{vp,1} + R_{vp,2}}{2R_v} \qquad (2\text{-}21)$$

式中，$R_{vp,1}$ 和 $R_{vp,2}$ 分别为试件承受最大轴向荷载时两个位移传感器测得的纵向位移，mm；R_v 为位移传感器的纵向测量标距。

为分析碳化作用对混凝土的峰值应变的影响，引入 $k_{\varepsilon,D}$ 作为碳化作用对混凝土峰值应变的影响因子，其计算公式如下：

$$k_{\varepsilon,D} = \frac{\varepsilon_{p,D}}{\varepsilon_{p,0}} \qquad (2\text{-}22)$$

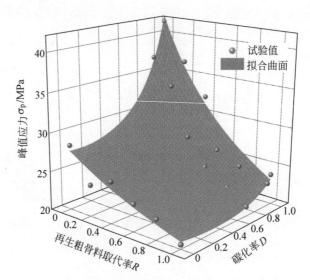

图 2-25　碳化后再生混凝土峰值应力 σ_p 拟合结果

式中，$\varepsilon_{p,D}$ 为碳化率为 D 的混凝土的峰值应变，10^{-6}；$\varepsilon_{p,0}$ 为未碳化混凝土的峰值应变，10^{-6}；$k_{\varepsilon,D}$ 为碳化率 D 对混凝土峰值应变的影响因子。

峰值应变为试件达到峰值应力时的纵向应变，反映了混凝土在轴压作用下的变形性能。当 $k_{\varepsilon,D}>1$，表明碳化后试件纵向变形变大；当 $k_{\varepsilon,D}=1$，表明碳化对混凝土的轴压变形性能无影响；当 $k_{\varepsilon,D}<1$，表明碳化降低了试件的轴压变形。

根据式（2-21）和式（2-22），计算碳化后再生混凝土的 $k_{\varepsilon,D}$，$k_{\varepsilon,D}$-D 曲线如图 2-26 所示。

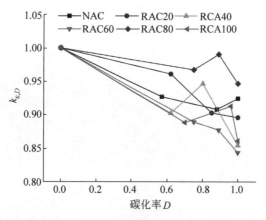

图 2-26　碳化后再生混凝土 $k_{\varepsilon,D}$-D 曲线

由图 2-26 可知，随着碳化率的增加，再生混凝土的 $k_{\varepsilon,D}$ 均小于 1，而且整体上随着碳化程度的增加而降低，但各取代率下最大降低幅度无明显差异，说明碳化对峰值应力的影响大于峰值应变。试验结果表明，随着碳化率的增加，再生混凝土试件的轴向变形能力逐渐降低。这主要由于碳化过程中产生了不溶性物质，填充在混凝土空隙当中，导致再生混凝土更致密，使混凝土的抗变形能力增强，轴向变形能力降低。

基于试验结果,以再生粗骨料取代率和碳化率为自变量,拟合得到碳化后再生混凝土峰值应力 ε_p 与取代率 R 和碳化率 D 的关系式,拟合曲面如图 2-27 所示,拟合结果与试验数据较吻合,拟合的表达式如下:

$$\begin{cases} \varepsilon_p = 1930.896 + 554.556R - 472.299R^2 + 495.766R^3 - 239.259D + 10.192D^2 \\ R^2 = 0.9248 \end{cases}$$

$$(2-23)$$

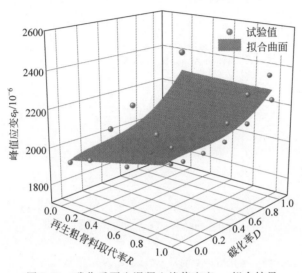

图 2-27 碳化后再生混凝土峰值应变 ε_p 拟合结果

2.2.1.4 极限应变

极限应变 ε_u 是指在混凝土应力-应变曲线下降段中,当轴向应力为峰值应力的 85% 时所对应的混凝土应变值。碳化后再生混凝土的极限应变 ε_u 随着碳化率的变化趋势如图 2-28 所示。

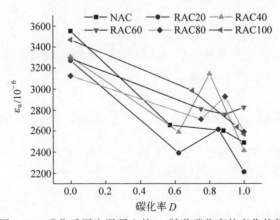

图 2-28 碳化后再生混凝土的 ε_u 随着碳化率的变化趋势

从图 2-28 中可以看出,再生混凝土的极限应变整体上随着碳化率的增加而逐渐降低,说明在单轴受压加载后期,碳化后再生混凝土的轴向变形能力降低,这主要是碳化使混凝土密实度增加,混凝土的变形模量增加,从而导致碳化后再生混凝土的极限应变逐渐降低。然

而从图 2-28 中可以发现,碳化后再生混凝土的极限应变存在较大的离散型,主要原因可能有以下几个方面:

(1) 当轴向压力接近峰值应力后,混凝土的变形取决于试件内部裂缝的发展状况,由于裂缝的发展有一定的随机性,所以混凝土试件的极限应变也有其随机性。

(2) 由于碳化过程中产生的不溶性物质主要填充在新旧砂浆及其黏结界面处,对再生粗骨料内部的原始微裂缝影响较小,故碳化后再生混凝土中存在较多的微裂缝,则在加载过程中再生混凝土裂缝的发展随机性增加。

碳化后再生混凝土极限应变与峰值应变比值随碳化率变化趋势如图 2-29 所示。

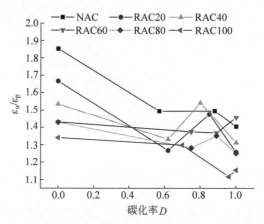

图 2-29   碳化后再生混凝土的 $\varepsilon_u/\varepsilon_p$ 随碳化率的变化趋势

从图 2-29 中可以看出,再生混凝土的 $\varepsilon_u/\varepsilon_p$ 整体上随着碳化率的增加而逐渐下降,说明碳化后再生混凝土应力-应变曲线的下降段逐渐变陡,这源自于碳化产物填充在混凝土孔隙当中,引起混凝土密实度增加,使混凝土的抗变形能力降低,从而导致再生混凝土的延性降低、脆性增加。

另外,从图 2-29 中可以发现,对于未碳化(碳化率为 0)和完全碳化(碳化率为 100%)的再生混凝土,它们的 $\varepsilon_u/\varepsilon_p$ 均随着再生粗骨料取代率的增加明显下降,说明未碳化或完全碳化混凝土的延性均随着再生粗骨料掺量的增加而逐渐降低,这主要由于再生粗骨料存在着原始损伤,引起混凝土缺陷增多,导致混凝土的延性降低。

2.2.2   再生混凝土碳化后的单轴受压应力-应变模型

2.2.2.1   无量纲单轴受压应力-应变曲线

混凝土棱柱体的单轴受压变形特点取决于其应力-应变曲线的形状。为分析碳化作用对混凝土的单轴受压应力-应变曲线形状的影响,将试验得到的单轴受压应力-应变曲线通过式(2-24)转换为无量纲的单轴受压应力-应变曲线:

$$x = \frac{\varepsilon}{\varepsilon_p}, \quad y = \frac{\sigma}{\sigma_p} \tag{2-24}$$

通过式(2-24)转换得到碳化后的 NAC、RAC20、RAC40、RAC60、RAC80 和 RAC100 的无量纲单轴受压应力-应变曲线,如图 2-30 所示。

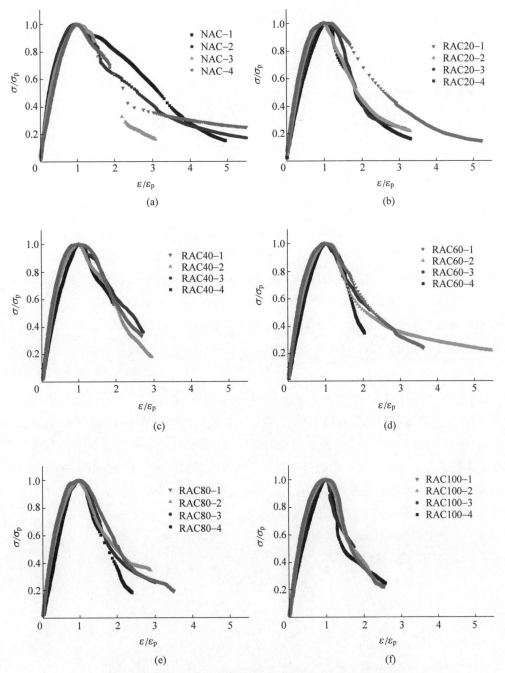

图 2-30　碳化后再生混凝土无量纲单轴受压应力-应变曲线

（a）NAC；（b）RAC20；（c）RAC40；（d）RAC60；（e）RAC80；（f）RAC100

试验结果表明,碳化后再生混凝土无量纲单轴受压应力-应变曲线均具有以下几何特点:

（1）当 $x=0, y=0$；

（2）当 $0<x<1$，$\dfrac{\mathrm{d}^2 y}{\mathrm{d}x^2}<0$ 即上升段曲线 $\dfrac{\mathrm{d}y}{\mathrm{d}x}$ 单调减小，无拐点；

（3）当 $x=1$，$\dfrac{\mathrm{d}y}{\mathrm{d}x}=0$ 且 $y=1.0$，曲线达到峰值；

（4）$\dfrac{\mathrm{d}^2 y}{\mathrm{d}x^2}=0$ 处横坐标 $x>1$，下降段曲线上有一拐点；

（5）$\dfrac{\mathrm{d}^3 y}{\mathrm{d}x^3}=0$ 处为下降段曲线上的曲率最大点；

（6）当 $x\to\infty$ 时，$y\to 0$，$\dfrac{\mathrm{d}y}{\mathrm{d}x}\to 0$；

（7）$x>0$，$0<y<1.0$。

曲线中 $0<x<1$ 和 $x>1$ 的两部分分别称为单轴受压应力-应变曲线的上升段和下降段。从图 2-30 中可看出，不同碳化率下的再生混凝土上升段曲线变异性小，而下降段曲线变异性较大。碳化作用对 NAC、RAC20、RAC40、RAC60、RAC80 和 RAC100 的本构关系曲线所造成的变化范围大小依次为 NAC＞RAC20＞RAC40＞RAC60＞RAC80＞RAC100，表明再生粗骨料取代率越高，碳化作用对混凝土单轴受压应力-应变曲线的影响越小。

2.2.2.2　现有混凝土应力-应变模型

混凝土单轴受压应力-应变曲线模型的研究由来已久，然而因为混凝土材料多相多孔且非均质，在外力以及内部微裂缝的作用下，混凝土的宏观力学性能和变形性能具有较大的离散性，致使关于混凝土应力-应变曲线模型的研究到目前为止都没有一个统一的标准。由于再生混凝土的内部界面过渡区比普通混凝土更为复杂，其宏观力学与变形性能的离散性更高，所以许多研究学者对普通混凝土和再生混凝土的应力-应变曲线的表达式进行了大量的研究，并得到了不同的应力-应变曲线数学表达式。

以下为典型的混凝土应力-应变全曲线数学表达式：

（1）CEB-FIP 建议公式[11]：

$$\frac{\sigma}{\sigma_{\mathrm{p}}}=\frac{kx-x^2}{1+(k-2)x} \tag{2-25}$$

其中
$$x=\varepsilon/\varepsilon_{\mathrm{p}}, \quad k=(1.1E_{\mathrm{c}})\frac{\varepsilon_{\mathrm{p}}}{\sigma_{\mathrm{p}}}$$

式中，ε_{p} 为混凝土的峰值应变，$\varepsilon_{\mathrm{p}}=-0.0022$；$E_{\mathrm{c}}$ 为混凝土的弹性模量。此表达式应用比较方便，许多欧洲研究学者都采用了此表达式。

（2）Hognestad 提出的分段式表达[12]。此数学表达式是由 Hognestad 提出，应力-应变曲线的上升段采用抛物线的形式，而下降段采用了斜直线的形式，这是目前世界上采用较多的用于描述混凝土应力-应变全曲线的一种表达式：

上升段
$$\sigma=\sigma_{\mathrm{p}}\left[2\left(\frac{\varepsilon}{\varepsilon_{\mathrm{p}}}\right)-\left(\frac{\varepsilon}{\varepsilon_{\mathrm{p}}}\right)^2\right], \quad \varepsilon<\varepsilon_{\mathrm{p}} \tag{2-26}$$

下降段 $\qquad \sigma = \sigma_p \left[1 - 0.15 \left(\dfrac{\varepsilon - \varepsilon_p}{\varepsilon_u - \varepsilon_p} \right) \right], \quad \varepsilon_p < \varepsilon < \varepsilon_u$ (2-27)

其中 $\qquad\qquad\qquad\qquad \varepsilon_p = 2 \left(\dfrac{\sigma_p}{E_c} \right)$

式中，ε_p、ε_u 分别为混凝土的峰值应变、极限应变（同时 Hognestad 建议了 ε_u 的取值：理论计算时取 0.0038，实际设计取为 0.003）；E_c 为初始弹性模量。

（3）我国《混凝土结构设计规范》（GB 50010—2010）建议混凝土单轴受压应力-应变曲线表达式[13]：

$$\sigma = (1 - d_c) E_c \varepsilon \tag{2-28}$$

$$d_c = \begin{cases} 1 - \dfrac{\rho_c n}{n - 1 + x^n}, & x \leqslant 1 \\[3mm] 1 - \dfrac{\rho_c}{\alpha_c (x - 1)^2 + x}, & x > 1 \end{cases} \tag{2-29}$$

其中 $\rho_c = \dfrac{f_c}{E_c \varepsilon_0}$；$n = \dfrac{E_c \varepsilon_p}{E_c \varepsilon_p - \sigma_p}$；$\alpha_c = 0.157 \sigma_p^{0.785} - 0.905$；$x = \dfrac{\varepsilon}{\varepsilon_p}$。

式中，d_c 为混凝土单轴受压损伤演化参数；E_c 为混凝土弹性模量；σ_p 为混凝土棱柱体抗压强度；ε_p 为与 σ_p 对应的峰值压应变。

由于再生粗骨料与天然粗骨料的差异，再生混凝土的界面结构不同于普通混凝土的，从而导致了再生混凝土的破坏机制与普通混凝土的有所不同，故再生混凝土的相对应力-应变关系曲线不同于普通混凝土的，而普通混凝土的相对应力-应变曲线模型是否适用于再生混凝土，国内外研究学者对此进行了很多的研究。

（4）Belén 等[14] 将 CEB-FIP 建议的普通混凝土公式[9] 与试验曲线进行了对比，发现 CER-FIP 建议的普通混凝土的相对应力-应变曲线模型并不适用于再生混凝土，故 Belén 对其进行了修改，得到了再生混凝土相对应力-应变关系公式：

$$\bar{\sigma} = (k\bar{\varepsilon} - \bar{\varepsilon}^2) / [1 + (k - 2)\bar{\varepsilon}] \tag{2-30}$$

$$k = 1.05 (\varphi_{cm}^{rec} E_{cm}) \, |\alpha_{cm}^{rec} \varepsilon_p| / \sigma_p \tag{2-31}$$

$$\varphi_{cm}^{rec} = -0.0020 \times R \times 100 + 1 \tag{2-32}$$

$$\alpha_{cm}^{rec} = 0.0021 \times R \times 100 + 1 \tag{2-33}$$

其中 $\qquad\qquad\qquad\qquad \bar{\sigma} = \dfrac{\sigma}{\sigma_p}, \quad \bar{\varepsilon} = \dfrac{\varepsilon}{\varepsilon_p}$

式中，σ 与 ε 分别为不同时刻应力-应变曲线的应力和应变；σ_p 和 ε_p 分别为峰值应力和峰值应变；k 为曲线形状参数；E_{cm} 为弹性模量；φ_{cm}^{rec} 为弹性模量调整参数；α_{cm}^{rec} 为峰值应变调整参数；R 为再生粗骨料取代率，%。

各应力-应变模型对本章中再生混凝土碳化后的预测结果与无量纲化的实测 RAC40 和 RAC100 应力-应变曲线的对比如图 2-31 和图 2-32 所示。

通过图 2-31 和图 2-32 中各模型预测结果和实测应力-应变的对比，可以发现：

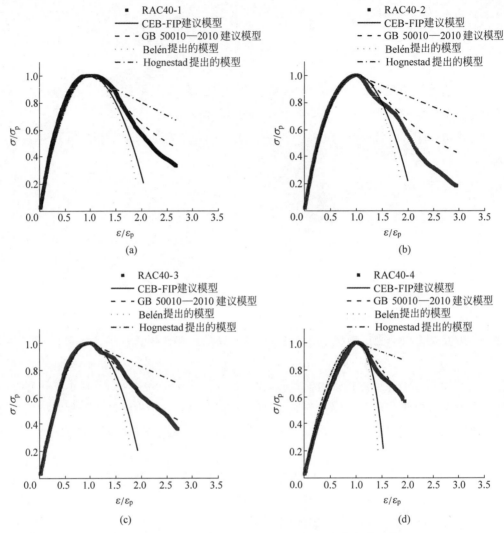

图 2-31　各应力-应变模型对 RAC40 应力-应变曲线预测结果

(a) RAC40-1；(b) RAC40-2；(c) RAC40-3；(d) RAC40-4

（1）CEB-FIP[11]建议的预测模型可以很好地预测碳化后再生混凝土应力-应变曲线上升段，但对于下降段的预测值与实测值相差较大。如图 2-31 和图 2-32 所示，在碳化后再生混凝土的应力-应变曲线下降段包含两个阶段：首先，当应变超过峰值应变后，峰值应力急剧下降；然后，随着应变的增加，峰值应力趋于平稳。而该模型仅仅只能预测出第一阶段。另外，CEB-FIP 建议的预测模型只考虑了峰值应力、峰值应变和弹性模量对应力-应变曲线的影响，而未考虑到再生粗骨料的添加增加了混凝土内部缺陷，改变了混凝土内部界面结构，对曲线下降段有着很大的影响。

（2）Belén 等[14]提出的模型来源于对 CEB-FIP 模型的改进，考虑了再生粗骨料含量对应力-应变曲线的影响。从图 2-31 和图 2-32 中可以看出，相对于 CEB-FIP 建议模型，Belén提出的模型预测的结果与未碳化再生混凝土实测曲线较吻合一些。但对于碳化后再生混凝土的应力-应变曲线，Belén 提出的模型预测结果与实测曲线吻合度较差，这主要是由于碳化改变

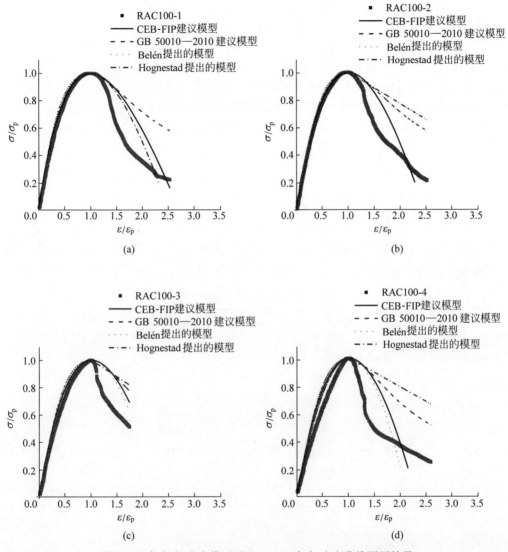

图 2-32　各应力-应变模型对 RAC100 应力-应变曲线预测结果

(a) RAC100-1；(b) RAC100-2；(c) RAC100-3；(d) RAC100-4

了混凝土的孔隙结构,影响了加载过程中混凝土裂缝的发展,对曲线下降段有着较大的影响。

(3) 图 2-31 表明,对于 RC40,《混凝土结构设计规范》[13] 建议曲线表达式预测结果与实测曲线吻合度最好,说明该模型可用于低取代率下的碳化后再生混凝土的应力-应变曲线预测。但从图 2-32 可以发现,对于 RAC100,《混凝土结构设计规范》建议模型预测结果与实测曲线相差甚远,说明该模型不适用于对高取代率的碳化再生混凝土应力-应变曲线的预测,主要是由于高掺量的再生粗骨料成为混凝土加载破坏的主要薄弱点,加之碳化对空隙结构的影响,使混凝土材料延性降低,导致碳化后再生混凝土的应力-应变曲线下降段变得更陡。

(4) Hognestad 建议模型[12] 对曲线上升段的预测较好,但与下降段的预测结果普遍大于实测结果,说明该模型不适合用于碳化后再生混凝土应力-应变曲线的预测。

2.2.2.3　无量纲应力-应变曲线方程

目前,国内外学者对混凝土的应力-应变曲线进行了大量的研究,并提出了多种混凝土单轴受压应力-应变曲线方程。《混凝土结构设计规范》建议曲线表达式根据曲线的上升段和下降段的形状,分别采用不同的方程,既能满足 2.2.2.1 节中的全部几何条件,又能针对不同混凝土调整曲线的准确形状,但对高取代率下的碳化后再生混凝土曲线的预测较差。故本章通过对《混凝土结构设计规范》建议的混凝土单轴受压应力-应变曲线表达式中的形状参数进行修正来描述各个取代率下碳化后再生混凝土的应力-应变曲线,表达式如下:

$$y=\begin{cases} \dfrac{nx}{n-1+x^n}, & 0 < x \leqslant 1 \\[3mm] \dfrac{x}{\alpha_c (x-1)^2 + x}, & x > 1 \end{cases} \tag{2-34}$$

式中,n 和 α_c 分别为混凝土单轴受压应力-应变曲线的上升段和下降段的形状参数值。基于试验单轴受压应力-应变曲线,用式(2-34)进行拟合得到 n 和 α_c,拟合结果和拟合相关系数 R^2 分别列于表 2-27 中。

表 2-27　再生混凝土应力-应变曲线参数

类型	取代率 R	碳化率 D	n	R^2	α_c	R^2
NAC-1		0	1.854	0.9984	0.785	0.9510
NAC-2	0	0.57	2.056	0.9994	1.314	0.9982
NAC-3		0.88	2.223	0.9977	2.185	0.9772
NAC-4		1	3.395	0.9991	1.551	0.9948
RAC20-1		0	1.882	0.9993	1.27	0.9946
RAC20-2	0.2	0.62	2.123	0.9996	2.016	0.9986
RAC20-3		0.85	2.856	0.9991	1.974	0.9766
RAC20-4		1	4.109	0.9974	2.487	0.998
RAC40-1		0	1.865	0.9993	1.613	0.9891
RAC40-2	0.4	0.62	2.053	0.9992	2.171	0.9694
RAC40-3		0.80	2.244	0.9994	1.85	0.989
RAC40-4		1	3.775	0.9974	2.077	0.9865
RAC60-1		0	1.912	0.9993	1.478	0.9988
RAC60-2	0.6	0.75	2.094	0.9981	1.741	0.9916
RAC60-3		0.89	2.189	0.9989	2.022	0.9938
RAC60-4		1	3.778	0.9989	2.361	0.9566
RAC80-1		0	1.978	0.9987	1.971	0.9955
RAC80-2	0.8	0.75	2.137	0.9979	2.103	0.9892
RAC80-3		0.89	2.309	0.9985	2.543	0.9978
RAC80-4		1	4.217	0.9997	3.841	0.996
RAC100-1		0	2.056	0.9994	3.478	0.9931
RAC100-2	1.0	0.70	2.134	0.9984	3.291	0.9953
RAC100-3		0.96	2.449	0.9985	4.196	0.9252
RAC100-4		1	4.110	0.9989	4.208	0.9836

　　碳化作用导致混凝土密实度增加,主要是由于碳化过程中 $CaCO_3$ 等不溶性物质的产生

改变了混凝土内部孔隙结构。混凝土内部孔隙结构的改变会影响试件在单轴受压过程中的变形性能,进而影响混凝土单轴受压应力-应变曲线的形状。当采用式(2-34)描述碳化后混凝土的应力-应变曲线时,n 和 α_c 的大小变化可直接反映碳化作用对混凝土单轴受压应力-应变曲线形状的影响。

上升段参数 n 不同,混凝土的单轴受压应力-应变曲线形状随之发生改变。当 n 分别为 1.4、1.6、2.0、2.5、3.0、4.0 和 5.0 时,混凝土无量纲单轴受压应力-应变曲线如图 2-33 所示。

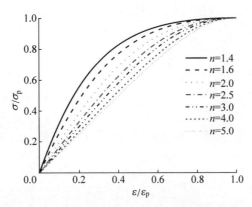

图 2-33　上升段参数 n 对应力-应变曲线的影响

n 越小,上升段曲线越高、越饱满,曲线与横坐标围成的面积越大,混凝土在受压过程中耗能性能越好,即延性越好。

为分析碳化率和再生粗骨料取代率对再生混凝土应力-应变曲线上升段形状参数的影响规律,绘制了碳化后混凝土的 n 与取代率 R 和碳化率 D 的关系曲线,如图 2-34 所示。

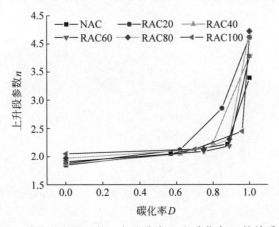

图 2-34　碳化后混凝土的 n 与取代率 R 和碳化率 D 的关系曲线

从图 2-34 可知,碳化后再生混凝土的单轴受压应力-应变曲线上升段参数 n 有以下变化规律:

(1) 对于相同取代率的再生混凝土,随着碳化率的增加,n 呈加速增长的趋势,表明碳化作用会使再生混凝土的延性降低。

（2）对于未经受碳化的再生混凝土,随着取代率的增加,n 呈逐渐增长的趋势,表明再生粗骨料的添加会使再生混凝土的延性降低。

（3）对于完全碳化再生混凝土,随着取代率的增加,n 呈逐渐增长的趋势,表明完全碳化后的再生混凝土的延性会随着取代率的增加逐渐降低。

再生粗骨料的添加降低了混凝土的延性,主要由于再生粗骨料拥有表面高孔隙率的黏结砂浆和内部微裂缝等缺陷,加载过程中,再生混凝土内部的损伤缺陷加大导致内部裂纹加快发展,脆性增加。而碳化作用会使再生混凝土试件的延性降低,主要由于碳化过程中产生了不溶性物质,填充在混凝土孔隙当中,导致再生混凝土更致密,使混凝土的抗变形能力增强,脆性增加,延性降低。

从图 2-34 可知,取代率对上升段参数有显著影响。碳化作用后再生混凝土上升段参数的改变是再生混凝土内孔隙结构变化的宏观体现,碳化率可反映混凝土的碳化程度。因此,基于试验数据,以碳化率及再生粗骨料取代率为自变量,拟合得到再生混凝土的上升段参数的回归公式,拟合结果如图 2-35 所示,与试验数据较吻合,数学表达式如下:

$$\begin{cases} n = (1.925 - 0.036R - 1.582D - 0.272D^2)/(1 - 0.011R - 0.981D) \\ R^2 = 0.9528 \end{cases}$$

(2-35)

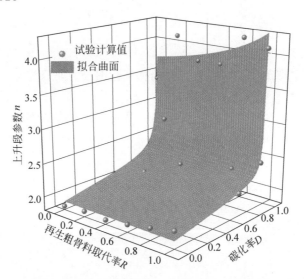

图 2-35　碳化后再生混凝土上升段参数 n 拟合结果

当 α_c 分别为 0.5、1.0、1.5、2.0、3.0 和 4.0 时的无量纲单轴受压应力-应变曲线如图 2-36 所示。α_c 越小,下降段曲线越高、越饱满,曲线与横坐标围成的面积越大,对应的试件在受压过程的耗能性能越好,即延性越好。

为分析碳化率对再生混凝土应力-应变曲线下降段的影响特点,绘制了碳化后再生混凝土的 α_c-D 曲线,如图 2-37 所示。

从图 2-37 可知,不同取代率的再生混凝土在碳化后的应力-应变曲线下降段参数 α_c 有以下变化规律:

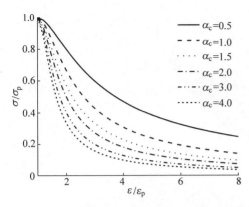

图 2-36　下降段参数 α_c 对应力-应变曲线的影响

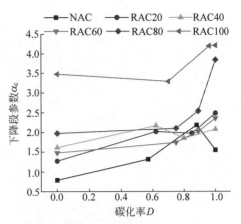

图 2-37　碳化后再生混凝土的 α_c-D 曲线

（1）随着碳化程度的增加，α_c 呈增长的趋势，表明碳化后再生混凝土的延性随碳化率的增加而降低。

（2）对于未经受碳化作用的再生混凝土，随着取代率的增加，α_c 呈逐渐增长的趋势，表明再生粗骨料的添加会使再生混凝土的延性降低。

（3）对于完全碳化再生混凝土，随着取代率的增加，α_c 呈逐渐增长的趋势，表明完全碳化后的再生混凝土的延性会随着取代率的增加逐渐降低。

从图 2-37 中可以发现，部分再生混凝土的下降段参数 α_c 的变化趋势未呈现出上述规律，如 RAC40-3＜RAC40-2 和 RAC20-4＞RAC60-4。这说明再生混凝土的下降段存在一定的离散性。主要原因是：

（1）混凝土在压荷载作用下，当轴向压力接近峰值应力时，混凝土内部会出现较多的裂缝。当进入下降段时，混凝土的变形取决于试件内部裂缝的发展状况，由于裂缝的发展有一定的随机性，所以混凝土试件应力-应变曲线的下降段也有其随机性。

（2）由于再生粗骨料内部微裂缝的存在，加载过程中再生混凝土裂缝的发展随机性增加。

基于试验结果，以再生粗骨料取代率和碳化率为自变量，拟合得到碳化后再生混凝土上升段参数 α_c 与取代率 R 和碳化率 D 的关系式，拟合结果如图 2-38 所示，与试验数据较吻合，拟合的表达式如下：

$$\begin{cases} \alpha_c = 1.102 + 3.792R - 10.133R^2 + 8.608R^3 - 0.382D + 1.332D^2 \\ R^2 = 0.8744 \end{cases} \tag{2-36}$$

2.2.2.4　碳化后再生混凝土单轴受压应力-应变曲线模型

根据上述分析，本章建立了碳化后再生混凝土单轴受压应力-应变全曲线模型，所涉及的参数计算公式列于表 2-28 中。

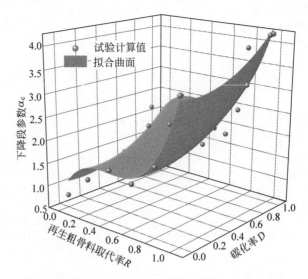

图 2-38　碳化后再生混凝土下降段参数 α_c 拟合结果

表 2-28　本章的单轴受压应力-应变曲线模型

曲线方程	$x=\dfrac{\varepsilon}{\varepsilon_p},\ y=\dfrac{\sigma}{\sigma_p}$ $y=\begin{cases}\dfrac{nx}{n-1+x^n}, & 0<x\leqslant 1 \\[3mm] \dfrac{x}{\alpha_c(x-1)^2+x}, & x>1\end{cases}$
相关参数计算公式	$\sigma_p=(27.635+1.896R-10.708D)/(1+0.412R-0.350D-0.251D^2)$ $\varepsilon_p=1930.896+554.556R-472.299R^2+495.766R^3-239.259D+10.192D^2$ $n=(1.925-0.036R-1.582D-0.272D^2)/(1-0.011R-0.981D)$ $\alpha_c=1.102+3.792R-10.133R^2+8.608R^3-0.382D+1.332D^2$ $D=\dfrac{V_c}{V}=\dfrac{V-V_u}{V}=\dfrac{Lbh-(L-2d)(b-2d)(h-2d)}{Lbh}$

　　根据本章所提出的单轴受压应力-应变曲线模型计算所得的碳化后再生混凝土单轴受压应力-应变回归曲线与试验曲线的对比如图 2-39 所示。在本试验中两者相符较好。

2.2.2.5　基于文献的理论验证

　　由于针对碳化后再生混凝土应力-应变曲线的研究未见报道,故选择已有文献中的未碳化再生混凝土与碳化后普通混凝土的应力-应变试验曲线对本章建立的应力-应变模型进行理论验证。Luo 等[15]试验与本章试验中采用的 NCA 与 RCA 的基本性能对比如表 2-29 所示。

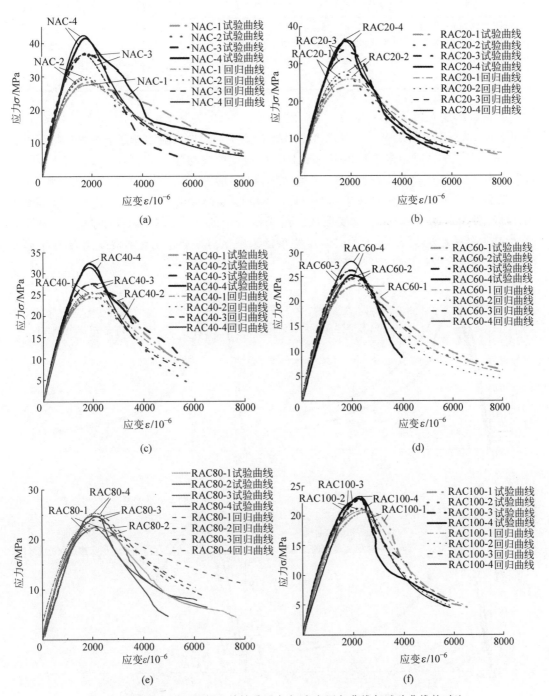

图 2-39 碳化后再生混凝土单轴受压应力-应变回归曲线与试验曲线的对比

(a) NAC；(b)RAC20；(c) RAC40；(d) RAC60；(e) RAC80；(f) RAC100

表 2-29　Luo[15] 文献与本章试验中 NCA 与 RCA 的基本性能

类型	表观密度/(kg·m⁻³)	吸水率/%	压碎指标/%	最大粒径/mm
Luo 等[15] 文献中 NCA	2652	1.32	4.00	20
Luo 等[15] 文献中 RCA	2633	3.25	13.42	20
本试验中的 NCA	2570	0.76	7.57	26.5
本试验中的 RCA	2356	4.5	16.1	26.5

从表 2-29 中可以发现,Luo 等[15] 采用的 NCA 与 RCA 基本性能与本试验较为接近,故采用 Luo 等[15] 不同取代率下未碳化再生混凝土应力-应变曲线对本章建立模型进行理论验证。Luo 等[15] 的文献中未碳化再生混凝土应力-应变曲线与建议模型对比如图 2-40 所示。可以看出,对于未碳化再生混凝土,Luo 等[15] 的试验曲线与本章建议理论曲线比较吻合。

朱文治[16] 测试了 3 种强度等级(C20、C30 和 C40)的未碳化与完全碳化的普通混凝土圆柱体试件的单轴受压应力-应变曲线。由于本章中的 NCA 的 28d 立方体抗压强度为 31.3MPa,故采用朱文治[16] 试验中 C30 强度的未碳化与完全碳化普通混凝土的应力-应变曲线对本章建议的模型进行理论验证。

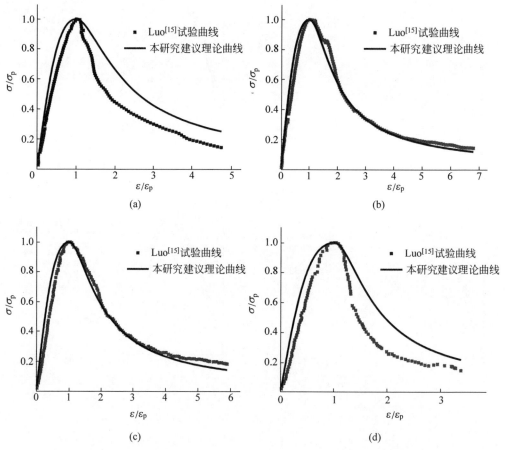

图 2-40　Luo 等[15] 的文献中未碳化再生混凝土应力-应变曲线与建议模型对比

(a) $R=0$; (b) $R=30\%$; (c) $R=50\%$; (d) $R=70\%$; (e) $R=100\%$

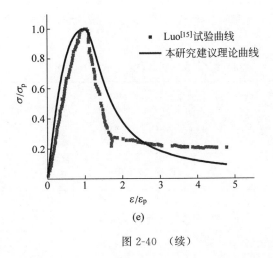

图 2-40　（续）

朱文治[16]的试验中碳化后普通混凝土应力-应变曲线与建议模型对比如图 2-41 所示。可以看出，对于碳化后未碳化与完全碳化普通混凝土，朱文治[16]的试验曲线与本章建议理论曲线比较吻合。

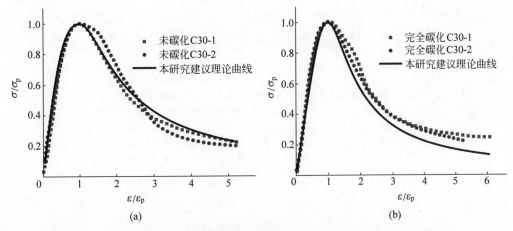

图 2-41　朱文治[16]的试验中碳化后普通混凝土应力-应变曲线与建议模型对比
（a）未碳化 C30；（b）完全碳化 C30

2.3　荷载对再生混凝土碳化的影响

2.3.1　原材料与试验方案

本节试验中所浇筑的试件采用的材料如下：水泥采用南京市江南水泥有限公司生产的强度等级为 42.5 的普通硅酸盐水泥，其各项指标如表 2-30 所示；细骨料为普通河砂，Ⅱ区中砂，砂率为 31%，含水率为 3%；再生粗骨料的吸水率为 5.2%，压碎指标为 15.9%，满足再生粗骨料二级级配的要求，再生粗骨料粒径为 5～31.5mm，连续级配。粗骨料的各项指标如表 2-31 所示；细骨料的各项指标如表 2-32 所示。天然粗骨料为粒径在 5～31.5mm，连续级配的碎石；水为南京市饮用自来水。试验所浇筑的普通混凝土和再生混凝土配合比如表 2-33 所示。

表 2-30　P.O 42.5 普通硅酸盐水泥各项指标

初凝时间	抗压强度 /MPa		抗折强度 /MPa		细度 /%	烧失量 /%	MgO 含量 /%	SO_3 含量 /%
	3d	28d	3d	28d				
初凝≥45min 终凝≤6h	≥16.0	≥42.5	≥3.5	≥6.5	≤10	≤3.5	≤5.0	≤3.5

表 2-31　粗骨料的各项指标

粗骨料	表观密度/(kg·m^{-3})	吸水率/%	压碎指标/%
RCA	2690	5.2	15.9
NCA	2700	0.8	9.0

表 2-32　细骨料的各项指标

细度模数	表观密度 /(kg·m^{-3})	堆积密度 /(kg·m^{-3})	含泥量 /%	泥块含量 /%	含水率 /%	颗粒级配
2.91	2560	1245	0.20	0	2.24	Ⅱ区

表 2-33　混凝土设计配合比及实测立方体抗压强度

类别	再生粗骨料取代率/%	净水灰比	水泥用量 /(kg·m^{-3})	水用量 /(kg·m^{-3})	天然粗骨料用量 /(kg·m^{-3})	再生粗骨料用量 /(kg·m^{-3})	砂用量 /(kg·m^{-3})	立方体抗压强度 /MPa
NAC	0.00	0.35	557.14	182.74	908.45	0.00	408.8	33.30
RAC	100	0.35	557.14	229.98	0.00	908.45	408.8	31.99

本节中试验进行了多组试验试配，设计不同水灰比的再生混凝土试块，养护 28d 后，进行抗压强度的测试，求平均值后，利用数值插入法，确定达到 C30 强度的水灰比，最终确定的水灰比为 0.35。根据确定的水灰比，分别计算出相对的水泥用量、砂用量、水用量、粗骨料用量。分别浇筑 100mm×100mm×100mm、150mm×150mm×150mm 和 100mm×100mm×400mm 的混凝土试块，如图 2-42 所示。其中 100mm×100mm×100mm 的立方体试块是为了探究不同碳化龄期对再生混凝土的极限载力、破坏形态的影响。150mm×150mm×150mm 的立方体试块是为了确定混凝土的强度等级。而将棱柱体试块切割成 100mm×100mm×50mm 的小棱柱体进行荷载碳化试验。

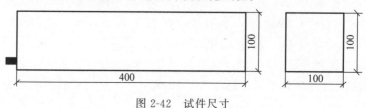

图 2-42　试件尺寸

混凝土在压应力下的加载装置如图 2-43 所示,装置的骨架由两根不锈钢螺杆和 3 块不锈钢压板组成。为了保证装置有足够的强度和刚度,所有部件均用 Q345 高强度不锈钢制作,压板的尺寸为 50mm×50mm×210mm,螺杆的直径为 28mm。本章的持续作用力是由多组串联的碟簧共同维持,碟簧本身的机械性能稳定,可以使试验过程中加载力的损失值最小。

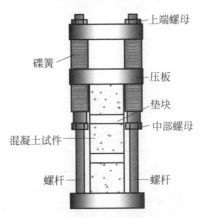

图 2-43　压应力下混凝土的加载装置

混凝土试件标准养护完成后,先利用液压万能试验机测得 150mm×150mm×150mm 的立方体抗压强度。再将 100mm×100mm×400mm 的棱柱体试件用混凝土切割机切割成 100mm×100mm×50mm 的棱柱体试件。切割后,利用混凝土打磨机将试件的切割面打磨平整,避免在加载过程中因应力集中或受压不均匀所导致的试验准确性的下降。用液压万能试验机测得 100mm×100mm×50mm 的棱柱体试件的极限抗压强度。由此设计确定压应力比为 0、0.1、0.2、0.3、0.4、0.5、0.6、0.7。压应力比(compressive stress ratio,CSR)是指压应力大小与再生混凝土棱柱体试件极限抗压强度标准值的比值。100mm×100mm×50mm 混凝土试块除两相对的横截面外,其余四面均用灌封胶进行胶粘密封处理,涂胶时应注意将胶水涂抹均匀,并注意避免胶水粘在两相对的横截面上,保证试验的精确性。胶粘密封处理的作用主要有两方面:一是通过胶粘将混凝土试件、加载装置的压板、垫块紧密连接在一起,使压力试验机施加的力通过加载装置顺利施加到混凝土试块上,从而成功进行加载;二是 CO_2 只能从仅剩的一对未封胶的相对面渗入混凝土中,避免混凝土角部因双向渗透而使得混凝土碳化深度的加深。当试件在加载装置中固定后,放在液压万能试验机下,压力试验机对顶部压板进行加压,达到规定压力值并保持稳定时立即将螺栓扭紧并关闭压力试验机。压力加载过程如图 2-44 所示。

图 2-44　压力加载过程

100mm×100mm×50mm 的混凝土试块在不同压应力比下的受荷载情况见表 2-34、表 2-35。

表 2-34 再生混凝土试件受压力值

碳化龄期/d	压力/kN							
	0.0	0.1	0.2	0.3	0.4	0.5	0.6	0.7
3	0.00	15.82	31.64	47.5	63.3	79.1	95	110.8
7	0.00	15.82	31.64	47.5	63.3	79.1	95	110.8
14	0.00	15.82	31.64	47.5	63.3	79.1	95	110.8
28	0.00	15.82	31.64	47.5	63.3	79.1	95	110.8

表 2-35 普通混凝土试件受压力值

碳化龄期/d	压力/kN			
	0.0	0.2	0.4	0.6
3	0.00	32.6	65.2	97.8
7	0.00	32.6	65.2	97.8
14	0.00	32.6	65.2	97.8
28	0.00	32.6	65.2	97.8

当每一组试件达到预定的碳化时间时,立即将试件连同加载装置从碳化箱中取出,利用铁锤和铁铲进行拆模,在拆模的过程中,由于试件与加载装置、试件与垫块之间有胶水粘接,需用铁锤轻击粘接面,使得试件与加载装置或垫块分离的同时,最大限度地保证试件的完整性。而为了方便下一组试验的再次使用,拆模后的加载装置和垫块需要进行及时清理,清除表面的残留物,从而保证下一组试验的准确性。

混凝土在拉应力下的加载装置如图 2-45 所示,拉力加载装置与压力加载装置相同,均是由 2 根不锈钢螺杆和 3 块不锈钢压板组成。不同点是:施加压力时,加载装置使用 2 个垫块;而施加拉力时,加载装置需要使用 3 个垫块。

混凝土试件标准养护完成后,先将 100mm×100mm×400mm 的棱柱体试件用混凝土切割机切割成 100mm×100mm×50mm 的棱柱体试件,再利用混凝土加载装置测得 100mm×100mm×50mm 的棱柱体抗拉强度。由此设计确定拉应力比为 0、0.2、0.4、0.6。拉应力比(tensile stress ratio,TSR)是指拉应力大小与再生混凝土棱柱体试件极限抗拉强度标准值的比值。100mm×100mm×50mm 混凝土试块除两相对的横截面外,其余四面均用钢混胶进行胶粘密封处理。其密封原因与压应力试验的密封原因相同。当试件在加载装置中固定后,利用扳手拧紧螺栓,通过胶水的粘结从而达到施加拉力的效果。100mm×100mm×50mm 的混凝土试块在不同拉应力比下

图 2-45 拉应力下混凝土的加载装置

的受荷载情况见表 2-36、表 2-37。

表 2-36　再生混凝土试件受拉力值

碳化龄期/d	拉力/kN			
	0	0.2	0.4	0.6
3	0.00	3.5	7.0	10.5
7	0.00	3.5	7.0	10.5
14	0.00	3.5	7.0	10.5
28	0.00	3.5	7.0	10.5

表 2-37　普通混凝土试件受拉力值

碳化龄期/d	拉力/kN			
	0	0.2	0.4	0.6
3	0.00	3.5	7.0	10.5
7	0.00	3.5	7.0	10.5
14	0.00	3.5	7.0	10.5
28	0.00	3.5	7.0	10.5

　　碳化试验采用《普通混凝土长期性能和耐久性能试验方法标准》[17]中的快速碳化试验方法,将加载后的混凝土试块连同加载装置一同放入 CCB-70A 型碳化箱内(图 2-46、图 2-47)。碳化箱内的 CO_2 浓度保持在(20±2)%,相对湿度为(90±5)%,温度为(20±5)℃。试验的碳化龄期分别为 3d、7d、14d、28d。当碳化时间达到预计碳化龄期后,将每一试块沿中轴线劈开,在劈开的横截面上滴酚酞试剂,通过颜色的变化测量出不同压应力比、碳化龄期下再生混凝土的碳化深度(图 2-48、图 2-49)。进行碳化深度的测量时,每一试块均通过多点测量取平均值的方法,得到较为准确的碳化深度值。

图 2-46　CCB-70A 型碳化试验箱

图 2-47　受力试块加载装置与碳化装置

图 2-48　再生混凝土碳化深度测试断面(1)　　　图 2-49　再生混凝土碳化深度测试断面(2)

2.3.2　压应力对再生混凝土碳化性能的影响

本节研究轴向压应力对再生混凝土抗碳化性能的影响规律。试验设计变量为压应力比和碳化龄期。其中再生混凝土的压应力比为 0、0.1、0.2、0.3、0.4、0.5、0.6、0.7；碳化龄期分别为 0、3d、7d、14d、28d。

试验先确定水灰比、水泥用量、砂用量、水用量、粗骨量用量；再测定再生骨料的吸水率、压碎指标和再生骨料、天然骨料的表观密度(再生骨料级配测试的方法与天然骨料级配的测试方法相同)。水灰比通过试配得出：分别试配水灰比为 0.35、0.4、0.45 的混凝土试块，进行抗压强度试验后得出试验中所用混凝土试块的水灰比，其他用量可通过确定后的水灰比计算得出。本节试验试件为上文所浇筑的 100mm×100mm×400mm 和 150mm×150mm×150mm 的混凝土试件，试件养护 28d 后测得再生混凝土抗压强度平均值为 31.99MPa，而普通混凝土养护 28d 后的抗压强度为 33MPa，均满足 C30 的要求。确定试验配合比之后，制作 10 组相同配合比的试验试块。混凝土试块的再生骨料取代率分别为 0 和 100%，碳化龄期分别为：0、3d、7d、14d、28d；测试压力分别为极限荷载的 0、10%、20%、30%、40%、50%、60%、70%(极限荷载由切割后的 100mm×100mm×50mm 的棱柱体试块确定)。加载碳化后，将试块沿中轴进行劈裂，在劈裂横截面上滴入酚酞试剂，根据颜色的变化用游标卡尺测量试块碳化深度，进而得出试验结论。

2.3.2.1　试验目的与方案

本试验主要研究压应力、碳化龄期对再生混凝土碳化性能的影响。试验方案如下：

(1) 先进行多组试验试配，设计不同水灰比的再生混凝土试块，养护 28d 后，进行抗压强度的测试，求平均值后，利用数值插入法，确定达到 C30 强度的水灰比。根据确定的水灰比，分别计算出相对应的水泥用量、砂用量、水用量、粗骨量用量。再测定再生骨料的吸水率、压碎指标和再生骨料、自然骨料的表观密度的具体数值等；分别浇筑 100mm×100mm×100mm、150mm×150mm×150mm 和 100mm×100mm×400mm 的混凝土试块。其中 100mm×100mm×100mm 的立方体试块是为了探究不同碳化龄期对再生混凝土的极限承载力、破坏形态的影响。150mm×150mm×150mm 的立方体试块是为了确定混凝土的强度等级。而棱柱体试块切割后成 100mm×100mm×50mm 的小棱柱体进行荷载碳化试验。确定试验配合比之后，制作 12 组相同配合比的试验试块。混凝土试块的再生骨料取代率分别为 0 和 100%。

（2）养护 28d 后，在荷载作用下碳化龄期分别为 0、3d、7d、14d、28d；压应力比为极限压荷载的 0、10%、20%、30%、40%、50%、60%、70%，极限荷载由切割后的 100mm×100mm×50mm 的棱柱体试块确定。

（3）加载碳化后，将试块沿中轴进行劈裂，在劈裂横截面上滴入酚酞试剂，根据颜色的变化用游标卡尺测量试块碳化深度。

（4）对比分析同水灰比、荷载、碳化龄期下的再生混凝土和普通混凝土的碳化深度以及再生混凝土在不同荷载、不同碳化龄期下的碳化深度，得出较为可靠的试验结果。

将切割后的 100mm×100mm×50mm 棱柱体沿试件的中轴线劈开，并将劈开面上的残渣、粉末清理干净。然后在劈开面上滴酚酞试剂，观察混凝土劈开面的颜色变化。其中混凝土颜色未发生改变的为已经碳化的混凝土，而混凝土颜色呈粉红色的部分则未碳化，如图 2-50、图 2-51 所示。

图 2-50 碳化测试断面（1）

图 2-51 碳化测试断面（2）

用黑色水笔描绘出碳化区域与未碳化区域的分界线，再利用游标卡尺进行多次测量，从而确定每一组试件的碳化深度。

2.3.2.2 试验结果

在其他外界影响因素均相同的情况下，再生混凝土在不同的压力作用下的碳化深度与碳化时间之间的变化如表 2-38 所示。为了与再生混凝土进行对比，普通混凝土在不同的压力作用下的碳化深度与碳化时间之间的变化如表 2-39 所示。

表 2-38 不同压力作用在不同的碳化时间下的再生混凝土碳化深度值

碳化时间 /d	碳化深度/mm							
	0	0.1	0.2	0.3	0.4	0.5	0.6	0.7
3	2.49	2.39	2.21	2.93	3.96	4.23	4.56	5.07
7	5.45	5.34	5.78	6.13	7.24	8.53	9.36	10.60
14	7.08	6.62	5.96	7.00	7.59	8.37	10.48	11.66
28	7.99	7.44	6.44	7.95	9.74	11.29	12.94	14.62

表 2-39 不同压力作用在不同的碳化时间下的普通混凝土碳化深度值

碳化时间/d	碳化深度/mm			
	0	0.2	0.4	0.6
3	2.28	2.07	3.60	4.02
7	5.14	4.39	5.35	6.46
14	6.44	5.22	6.17	8.36
28	6.94	6.34	7.84	10.06

在这里引入相对碳化深度这一概念,相对碳化深度是指压应力作用下的碳化深度与无应力下碳化深度的比值。在其他影响因素均相同的情况下,不同压力、碳化时间的相对碳化深度值如表 2-40 所示。

表 2-40 不同压力作用在不同的碳化时间下的再生混凝土相对碳化深度值

碳化时间 /d	相对碳化深度/mm							
	0	0.1	0.2	0.3	0.4	0.5	0.6	0.7
3	1	0.96	0.89	1.18	1.59	1.70	1.83	2.04
7	1	0.98	1.06	1.12	1.33	1.57	1.72	1.94
14	1	0.94	0.84	0.99	1.07	1.18	1.48	1.65
28	1	0.93	0.81	0.99	1.22	1.41	1.62	1.83

2.3.2.3 压应力对碳化深度的影响

试验中的再生混凝土试块是受轴向压应力的持续作用,在受压的同时进行碳化试验。图 2-52 为压应力比与再生混凝土碳化深度关系。

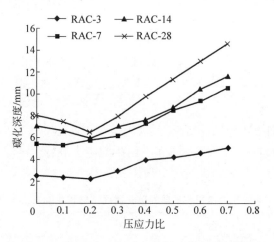

图 2-52 压应力比与再生混凝土碳化深度关系

由图 2-52 可知,再生混凝土受压应力作用下,碳化深度先减后增。在压应力比为 0～0.2 内,不同龄期下的再生混凝土的碳化深度随压应力比的增大而减小,并且当压应力比由 0 提至 0.2 时,其碳化性能大约降低 12%,即再生混凝土抗碳化性能提高;而压应力超过 0.2 之后,碳化深度随压应力比的增大而增大,压应力比从 0.2 逐步提高至 0.7 的过程中,再生混凝土的碳化深度增加了大约125%，即再生混凝土抗碳化性能降低。原因可能是：再生粗骨料表面有着一层原始砂浆，原始砂浆与原始骨料之间有界面过渡区，由于再生粗骨料在制备过程中多采用机械破碎的方法，故不可避免地会在界面过渡区产生微裂纹及初始损伤。再生混凝土硬化后，又会有新的界面过渡区产生。新界面主要分为：再生粗骨料中岩石部分与新水泥石之间的界面、再生粗骨料中老砂浆与新水泥石之间的界面。新水泥浆在凝结硬化成水泥石的过程中，会产生一定的收缩，由于再生粗骨料粒径较大，会对水泥石收缩变形产生制约作用，所以会在新的界面过渡区产生微裂纹。通过试验数据统计可以得出，分界点处压应力比为0.2，这可能与试验所采用的配合比有关。若采用不同的配合比，则分界点处的压应力比可能不是0.2。当再生混凝土受较小压应力作用（压应力比为0~0.2）时，压应力会使再生混凝土已有的微裂纹适当闭合，孔隙率减小，内部逐渐趋于密实，从而增强了再生混凝土的抗碳化性能，降低了碳化深度。而随着压应力逐渐增大，再生混凝土在界面过渡区会产生新的微裂纹，原有的微裂纹也会重新扩展，造成再生混凝土的孔隙率增大，再生混凝土抗碳化性能降低，碳化深度增大。

2.3.2.4　碳化龄期对再生混凝土碳化深度的影响

由图2-53可知，在相同压应力比（CSR）下，碳化龄期越长，碳化深度越大。不仅如此，碳化速率在碳化试验开始后的前7d最大，且随着碳化龄期的增长，碳化速率逐渐减小。在碳化试验开始后的前3d，即碳化龄期为3d时，实测碳化深度大约为3.48mm；在碳化后的3d至7d的试验过程中，实测碳化深度加深了大约3.6mm，由此可以得出在碳化试验开始后的前7d内，平均碳化深度大约为7.08mm；在碳化试验开始7d后至14d的过程中，再生混凝土平均碳化深度比前7d加深大约0.7mm；而在碳化试验开始14d后至28d的过程中，再生混凝土的平均碳化深度相比于前14d加深1.72mm。综上所述，可以通过试验数据的整理与分析得出，碳化速率在试验开始后的前7d最大。原因可能是碳化反应在碳化试验开始后的前7d发展较快，CO_2通过表面及内部的孔隙与再生混凝土中的$Ca(OH)_2$发生化学反应，生成$CaCO_3$，而$CaCO_3$会填堵一部分再生混凝土内部的孔隙，使得再生混凝土孔隙率降低，阻碍了CO_2进入再生混凝土，从而使碳化速率减小。

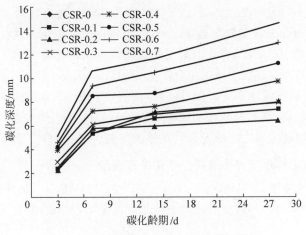

图2-53　再生混凝土碳化龄期与碳化深度

图 2-54 是相同条件下再生混凝土、普通混凝土碳化深度的对比。从图 2-54 中可以看出：相同碳化龄期下，两者的碳化深度随着压应力比的不断增大，先减后增。原因可能是由于混凝土内部存在微裂纹，在受较小压应力作用下，压应力会使已有的微裂纹闭合，混凝土的密实度得到提高，增强了混凝土的抗碳化性能。当压应力比达到一定数值时，会造成混凝土产生新的微裂纹，原有的微裂纹也会有不同程度的延伸，导致混凝土密实度降低，抗碳化性能降低，碳化深度加深。

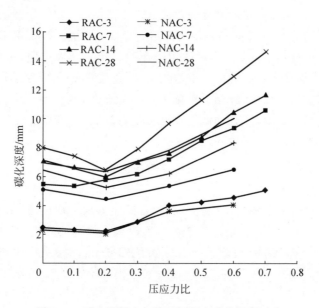

图 2-54　再生混凝土与普通混凝土碳化深度对比

　　碳化龄期分别为 3d、7d、14d、28d，再生混凝土的压应力比为 0、0.1、0.2、0.3、0.4、0.5、0.6、0.7；普通混凝土的压应力比为 0、0.2、0.4、0.6。在相同碳化龄期、相同压应力比作用下，再生混凝土的碳化深度比普通混凝土的深一些，通过同条件下的再生混凝土与普通混凝土碳化深度的对比，可得出两者的整体趋势基本相同。碳化龄期为 3d 时，再生混凝土的碳化深度比普通混凝土的大约深 0.3mm；碳化龄期为 7d 时，再生混凝土的碳化深度比普通混凝土的大约深 1.6mm；碳化龄期为 14d 时，再生混凝土的碳化深度比普通混凝土的大约深 1.2mm；碳化龄期为 28d 时，再生混凝土的碳化深度比普通混凝土的大约深 1.5mm。这可能是因为同强度的普通混凝土比再生混凝土更加密实，孔隙率更小，而再生混凝土内部界面过渡区（包括老界面过渡区和新界面过渡区）微裂纹较多，微裂纹的扩展、延伸较为严重。相较于再生混凝土，CO_2 更难进入普通混凝土内部与 $Ca(OH)_2$ 发生反应，所以同强度下的普通混凝土抗碳化性能比再生混凝土抗碳化性能好些。

2.3.2.5　压应力作用下再生混凝土碳化深度模型

　　国内外学者[18-20]提出了多种混凝土碳化深度预测计算模型。张誉等[21]依据扩散理论及碳化机制，经过一系列推导得出的混凝土碳化深度实用数学模型：

$$X_c = 839(1-RH)^{1.1}\sqrt{\frac{\left(\dfrac{W}{C}-0.34\right)}{C}}\,v_o\sqrt{t} \tag{2-37}$$

式中，X_c 为碳化深度，mm；RH 为相对湿度，%；W 为单位体积混凝土的用水量，kg/m^3；C 为单位体积混凝土的水泥用量，kg/m^3；v_o 为 CO_2 的体积浓度，%；t 为碳化时间，d。

同济大学肖建庄[22]在张誉提出的碳化数学模型基础上，引入了再生粗骨料影响因子，通过多组数据的线性回归得到了再生混凝土碳化的数学模型：

$$X_c = 839 g_{RC} (1 - RH)^{1.1} \sqrt{\frac{\dfrac{W}{C\gamma_c} - 0.34}{\gamma_{HD}\gamma_c \times 8.03C} v_o} \sqrt{t} \tag{2-38}$$

式中，γ_c 为水泥品种修正系数（波特兰水泥取 1，其他水泥取 $\gamma_c = 1 -$ 掺和料含量）；γ_{HD} 为水泥水化修正系数（超过 90d 养护取 1，28d 养护取 0.85，中间养护龄期按线性插入取值）；g_{RC} 为再生粗骨料影响系数（再生粗骨料取代率为 0 时，取 1；取代率为 100% 时，取 1.5；中间取代率按线性插入取值）。

肖建庄[22]通过研究分析，引入位置影响因子、工作应力影响因子，拟合得到了再生混凝土碳化数学模型如式(2-39)所示。

$$X_c = K_{CO_2} K_{kl} K_{ks} T^{0.25} RH^{1.5} (1 - RH) \left(\frac{230}{f_{cu}^{RC}} + 2.5 \right) \sqrt{t} \tag{2-39}$$

其中
$$K_{CO_2} = \sqrt{\frac{C_o}{0.2}}$$

式中，K_{CO_2} 为 CO_2 浓度影响系数；K_{kl} 为位置影响系数（构件角区取 1.4，非角区取 1.0）；K_{ks} 为工作应力影响系数（受压时取 1.0）；C_o 为 CO_2 体积浓度，%；T 为环境温度，℃；f_{cu}^{RC} 为再生混凝土抗压强度平均值，MPa；RH 为相对湿度，%；t 为碳化时间，d。

本章基于以上混凝土碳化数学模型，在考虑环境因素、应力因素等各方面因素的基础上，对肖建庄[22]提出的模型进行修正，得到了再生混凝土在压应力作用下的碳化深度预测模型。模型中除了 K_f，其他均由式(2-39)提供，压应力作用下的再生混凝土碳化深度预测模型如下：

$$X_c = K_f K_{CO_2} K_{kl} K_{ks} T^{0.25} RH^{1.5} (1 - RH) \left(\frac{230}{f_{cu}^{RC}} + 2.5 \right) \sqrt{t} \tag{2-40}$$

式中，K_f 为再生混凝土压应力比影响因子；其他因子与式(2-39)相同。

由于再生混凝土内部存在较多的微裂纹，所以施加压应力后，会在一定程度上抑制或是延伸、扩展微裂纹，并对再生混凝土的密实度、抗碳化性能产生直接影响。本章采用相对碳化深度与压应力比之间的关系，采用线性回归的方法，拟合出再生混凝土压应力比影响因子。其中相对碳化深度是指压应力作用下的碳化深度与无应力下碳化深度的比值。基于试验结果及数据处理，相对碳化深度与压应力比的变化曲线如图 2-55 所示。

数据经过拟合和线性回归，得到再生混凝土压应力比影响因子：

$$K_{f1} = -0.763 S_c + 1.009, \quad S_c \in [0, 0.2], \quad R^2 = 0.852 \tag{2-41}$$

$$K_{f2} = 2.000 S_c + 0.470, \quad S_c \in (0.2, 0.7], \quad R^2 = 0.851 \tag{2-42}$$

式中，S_c 为压应力比。

将线性回归后的再生混凝土压应力影响因子代入式(2-40)中，可得出经修正后的压应力作用下再生混凝土碳化深度预测模型：

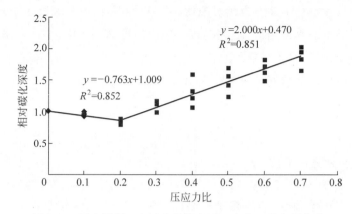

图 2-55　再生混凝土相对碳化深度随压应力比的变化曲线

$$X_c = (-0.763S_c + 1.009)K_{CO_2}K_{kl}K_{ks}T^{0.25}RH^{1.5}(1-RH)\left(\frac{230}{f_{cu}^{RC}} + 2.5\right)\sqrt{t}$$

$$S_c \in [0, 0.2] \tag{2-43}$$

$$X_c = (2.000S_c + 0.470)K_{CO_2}K_{kl}K_{ks}T^{0.25}RH^{1.5}(1-RH)\left(\frac{230}{f_{cu}^{RC}} + 2.5\right)\sqrt{t}$$

$$S_c \in (0.2, 0.7] \tag{2-44}$$

式中，S_c 为压应力比；其他变量同式(2-39)。

2.3.3　拉应力对再生混凝土碳化性能的影响

2.3.3.1　试验设计

拉应力碳化耦合试验采用与压应力碳化耦合试验相同的水灰比、水泥用量、砂用量、水用量、粗骨量用量；本章试验试件为上文所浇筑的混凝土试件尺寸为 100mm×100mm×400mm 和 150mm×150mm×150mm 两种，试件养护 28d 后测得再生混凝土抗拉强度平均值为 5.2MPa，而普通混凝土养护 28d 后的抗拉强度为 6.5MPa。混凝土试块的再生骨料取代率分别为 0 和 100%。养护 28d 后，进行加载与碳化试验。混凝土试件在荷载作用下碳化龄期分别为 0、3d、7d、14d、28d；测试拉力分别为极限荷载的 0、20%、40%、60%，并且极限荷载由切割后的 100mm×100mm×50mm 的棱柱体试块确定。加载碳化后，将试块沿中轴进行劈裂，在劈裂横截面上滴入酚酞指示剂，根据颜色的变化用游标卡尺测量试块碳化深度，并进行多次测量取平均值。通过数据整合、比较分析及线性回归得出结论。试验设备如图 2-56、图 2-57 所示。

2.3.3.2　试验方案与碳化现象

本试验主要研究拉应力、碳化龄期对再生混凝土碳化性能的影响。试验方案如下：

（1）试验所用的试块采用与压应力碳化耦合试验相同的配合比。养护 28d 后，在荷载作用下碳化龄期分别为 0、3d、7d、14d、28d；测试拉应力比分别为极限拉荷载的 0、20%、40%、60%，极限荷载由切割后的 100mm×100mm×50mm 的棱柱体试块确定。

图 2-56　拉应力试验装置(1)

图 2-57　拉应力试验装置(2)

(2) 在碳化过程中,通过碟簧和螺栓维持持续加载的过程。

(3) 加载碳化后,将试块沿中轴进行劈裂,在劈裂横截面上滴入酚酞试剂,根据颜色的变化用游标卡尺测量试块碳化深度。

(4) 对比分析同水灰比、荷载、碳化龄期下的再生混凝土和普通混凝土的碳化深度以及再生混凝土在不同荷载、不同碳化龄期下的碳化深度,得出较为可靠的试验结果。

将切割后的 100mm×100mm×50mm 棱柱体沿中轴线劈开,并将劈开面上的残渣粉末清理干净。然后在劈开面上滴酚酞试剂,并观察混凝土的颜色变化。其中混凝土颜色未发生改变的为已经碳化的混凝土,混凝土颜色呈粉红色的部分则未碳化,如图 2-58、图 2-59 所示。

图 2-58　碳化测试断面(3)

图 2-59　碳化测试断面(4)

从图 2-58、图 2-59 中可以看出,同一混凝土试件劈开面上的碳化深度是不同的,呈锯齿状。为了减小试验误差,试验中采用了测多个位置的碳化深度后,求得其平均值的方法。若在测点位置处刚好嵌有粗骨料颗粒,则取该粗骨料颗粒两侧处的混凝土碳化深度算术平均值作为该点的碳化深度数值。试验中通过测量劈开截面,发现角部的碳化深度略微大于非角部的碳化深度。这可能由于角部的碳化是 CO_2 双向渗透入混凝土中,而非角部的碳化则

是 CO_2 单向渗透所造成的差异。所以为了保证试验数据的精确、可靠,在数据采集的过程中,应多选取非角部的测点。

2.3.3.3 试验结果与分析

在其他外界影响因素均相同的情况下,再生混凝土在不同的拉力作用下的碳化深度与碳化时间之间的变化如表 2-41 所示,而普通混凝土在不同的拉力作用下的碳化深度与碳化时间之间的变化如表 2-42 所示。

表 2-41　不同拉力作用在不同的碳化时间下的再生混凝土碳化深度值

碳化时间/d	碳化深度/mm			
	0	0.2	0.4	0.6
3	2.49	4.09	4.87	6.18
7	5.45	5.63	7.23	8.48
14	6.17	6.42	8.66	10.87
28	7.24	7.38	9.38	11.33

表 2-42　不同拉力作用在不同的碳化时间下的普通混凝土碳化深度值

碳化时间/d	碳化深度/mm			
	0	0.2	0.4	0.6
3	2.28	3.59	4.55	5.62
7	4.97	5.07	7.22	8.17
14	6.06	6.19	6.96	8.83
28	6.94	7.32	8.28	9.66

这里的相对碳化深度是指拉应力作用下的碳化深度与无应力作用下碳化深度的比值。在其他影响因素均相同的情况下,不同拉力、碳化时间的相对碳化深度值如表 2-43 所示。

表 2-43　不同拉力作用在不同的碳化时间下的再生混凝土相对碳化深度值

碳化时间/d	相对碳化深度			
	0	0.2	0.4	0.6
3	1	1.64	1.96	2.48
7	1	1.03	1.33	1.56
14	1	1.04	1.40	1.76
28	1	1.02	1.30	1.56

2.3.3.4 拉应力对碳化深度的影响

试验中的再生混凝土试块是受轴向拉应力的持续作用,受拉与碳化是同时进行的。图 2-60 为拉应力比与再生混凝土碳化深度关系。

由图 2-60 可知,再生混凝土受拉应力作用下,碳化深度随着拉应力比的增大而增大。拉应力比从 0 提高至 0.2 时,再生混凝土碳化深度大约增加 0.5mm;拉应力比从 0.2 提高至 0.4 时,其碳化深度大约增加 1.7mm;而拉应力比从 0.4 提升至 0.6 时,再生混凝土碳化深度大约增加 1.65mm。综上所述,再生混凝土抗碳化性能则随着拉应力比的增大而降低。

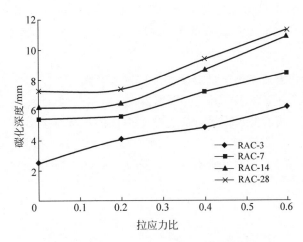

图 2-60　拉应力比与再生混凝土碳化深度关系

原因可能是：当再生混凝土受到拉应力作用时，拉应力会使再生混凝土已有的微裂纹扩展、延伸，孔隙率逐渐增大，内部逐渐趋于疏松，并会产生新的微裂纹，从而降低了再生混凝土的抗碳化性能，碳化深度增加。

2.3.3.5　碳化龄期对再生混凝土碳化深度的影响

由图 2-61 可知，在相同拉应力比（TSR）下，碳化龄期越长，碳化深度越大。不仅如此，碳化速率在碳化试验开始后的前 7d 最为迅速，且随着碳化龄期的增长，碳化速率逐渐减小。在碳化试验开始后的前 3d，即碳化龄期为 3d 时，实测碳化深度大约为 4.41mm；在碳化后的 3d 至 7d 的试验过程中，实测碳化深度加深了大约 2.33mm，由此可以得出在碳化试验开始后的前 7d 内，平均碳化深度大约为 6.74mm；在碳化试验开始 7d 后至 14d 的过程中，再生混凝土平均碳化深度比前 7 天加深大约 1.33mm；而在碳化试验开始 14d 后至 28d 的过程中，再生混凝土的平均碳化深度相比于前 14d 加深 0.8mm。所以可以通过试验数据的整理与分析得出，碳化速率在试验开始后的前 7d 最大，尤其是在碳化试验开始后的前 3d。原因可能是碳化反应在碳化试验开始后的前 7d 发展较快，CO_2 通过表面及内部的孔隙与再

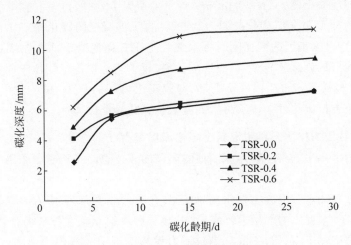

图 2-61　再生混凝土碳化龄期与碳化深度

生混凝土中的 $Ca(OH)_2$ 发生化学反应,生成 $CaCO_3$,而 $CaCO_3$ 会填堵一部分再生混凝土内部的孔隙,使得再生混凝土孔隙率降低,阻碍了 CO_2 进入再生混凝土,从而使后期的碳化速率变小。

2.3.3.6　再生混凝土与普通混凝土抗碳化性能对比

图 2-62 是相同条件下再生混凝土和普通混凝土碳化深度的对比。从图 2-62 中可以看出:相同碳化龄期下,两者的碳化深度随着拉应力比的不断增大而增大。原因可能是由于混凝土内部存在微裂纹,在受到拉力作用时,混凝土会产生新的微裂纹,原有的微裂纹也会有不同程度的延伸和扩展,从而导致混凝土孔隙率增大,密实度降低,抗碳化性能降低,碳化深度加深。

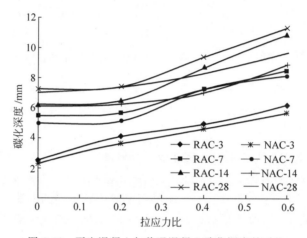

图 2-62　再生混凝土与普通混凝土碳化深度的对比

再生混凝土的拉应力比为 0、0.2、0.4、0.6,普通混凝土的拉应力比为 0、0.2、0.4、0.6。碳化龄期均为 3d、7d、14d、28d。在其他影响因素全部相同的情况下,两者的整体趋势基本相同,再生混凝土的碳化深度比普通混凝土的碳化深度更加深一些。当碳化龄期为 3d 时,再生混凝土的碳化深度比普通混凝土的大约深 0.4mm;碳化龄期为 7d 时,再生混凝土的碳化深度比普通混凝土的大约深 0.6mm;碳化龄期为 14d 时,再生混凝土的碳化深度比普通混凝土的大约深 1.0mm;碳化龄期为 28d 时,再生混凝土的碳化深度比普通混凝土的大约深 0.8mm。这可能是因为同强度的再生混凝土比普通混凝土的孔隙率更大。再生混凝土内部界面过渡区的微裂纹较多,微裂纹的扩展、延伸较为严重。相比于同强度等级的普通混凝土,CO_2 更容易进入再生混凝土内部,与混凝土内部的 $Ca(OH)_2$ 发生反应,所以同强度下的普通混凝土抗碳化性能优于再生混凝土抗碳化性能。

2.3.3.7　拉应力作用下再生混凝土碳化深度模型

拉应力作用下再生混凝土碳化深度预测模型的建立思路与压应力作用下的建模思路基本相同。

本节基于 2.3.2.5 节混凝土碳化数学模型,在考虑环境因素、应力因素等各方面因素的基础上,对肖建庄[22] 提出的模型进行修正,得到了再生混凝土在拉应力作用下的碳化深度预测模型。模型中除了 K_t(再生混凝土拉应力比影响因子),其他均由式(2-39)提供,拉应力作用下的再生混凝土碳化深度预测模型如下:

$$X_{\mathrm{c}} = K_{\mathrm{t}} K_{\mathrm{CO_2}} K_{\mathrm{kl}} K_{\mathrm{ks}} T^{0.25} \mathrm{RH}^{1.5} (1-\mathrm{RH}) \left(\frac{230}{f_{\mathrm{cu}}^{\mathrm{RC}}} + 2.5 \right) \sqrt{t} \tag{2-45}$$

式中，K_{t}——再生混凝土拉应力比影响因子；其他因子与式(2-39)相同。

由于再生混凝土内部存在较多的微裂纹，所以施加拉应力后，会在一定程度上延伸、扩展微裂纹，甚至会产生新的微裂纹，这对再生混凝土的抗碳化性、孔隙率、密实度等产生直接影响。本章采用相对碳化深度与拉应力比之间的关系并结合线性回归的方法，拟合出再生混凝土拉应力比影响因子。基于试验结果和数据分析、整合，相对碳化深度与拉应力比的关系如图2-63所示。

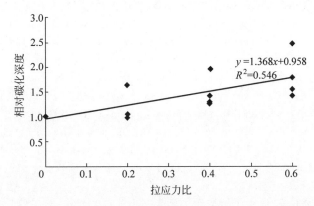

图2-63　再生混凝土相对碳化深度随拉应力比的变化曲线

数据通过拟合分析及线性回归，得到再生混凝土拉应力比影响因子：

$$K_{\mathrm{t}} = -0.763 S_{\mathrm{t}} + 1.009, \quad S_{\mathrm{t}} \in [0, 0.6], \quad R^2 = 0.546 \tag{2-46}$$

式中，S_{t} 为拉应力比。

将线性回归后的再生混凝土拉应力影响因子代入式(2-45)中，可得出经修正后的拉应力作用下再生混凝土碳化深度预测模型：

$$X_{\mathrm{c}} = (-0.763 S_{\mathrm{t}} + 1.009) K_{\mathrm{CO_2}} K_{\mathrm{kl}} K_{\mathrm{ks}} T^{0.25} \mathrm{RH}^{1.5} (1-\mathrm{RH}) \left(\frac{230}{f_{\mathrm{cu}}^{\mathrm{RC}}} + 2.5 \right) \sqrt{t}$$

$$S_{\mathrm{t}} \in [0, 0.6] \tag{2-47}$$

式中，S_{t} 为拉应力比；其他变量同式(2-39)。

参考文献

［1］　中华人民共和国住房和城乡建设部.普通混凝土用砂、石质量及检验方法标准：JGJ 52—2006［S］.北京：中国建筑工业出版社，2007.

［2］　中华人民共和国质量监督检验检疫总局.混凝土用再生粗骨料：GB/T 25177—2010［S］.北京：中国标准出版社，2010.

［3］　中华人民共和国建设部.混凝土物理力学性能试验方法标准：GB/T 50081—2019［S］.北京：中国建筑工业出版社，2019.

［4］　SRI RAVINDRARAJAH R，TAM C T. Properties of concrete made with crushed concrete as coarse aggregate［J］. Magazine of Concrete Research，1985，37(130)：29-38.

[5] DHIR R K，LIMBACHIYA M C，LEELAWAT T. Suitability of recycled aggregate for use in BS 5328 designated mixes[J]. Proc. Inst. Civil. Eng，1999，134(26)：257-274.

[6] ETXEBERRIA M，VÁZQUEZ E，MARÍ A，et al. Influence of amount of recycled coarse aggregates and production process on properties of recycled aggregate concrete[J]. Cement and Concrete Research，2007，37(5)：735-742.

[7] DILLMANN R. Concrete with recycled concrete aggregate[C]//Proceedings of international symposium on sustainable construction：use of recycled concrete aggregate. University of Dundee，Scotland，1998，11-12 November，239-253.

[8] ZILCH Z，ROOS F. An equation to estimate the modulus of elasticity of concrete with recycled aggregates[J]. ICE Proceedings Civil Engineering，2001，76(4)：187-191.

[9] MELLMANN G. Processed concrete rubble for the reuse as aggregate[C]//Proceeding of the International Seminar on Exploiting Waste in Concrete. University of Dundee，Scotland，1999，7 September，171-178.

[10] XIAO J Z，LI J B，ZHANG C. On relationships between the mechanical properties of recycled aggregate concrete：An overview[J]. Materials and Structures，2006，39(6)：655-664.

[11] Comite Euro-International du Beton. Bulletin D'information No. 213/214 CEB-FIP Model Code 1990 (Concrete Structures)[S]. Comite Euro-International du Beton，Lausanne，1993.

[12] SHAFIQ N，AYUB T，NURUDDIN M F. Predictive Stress-Strain Models for High Strength Concrete Subjected to Uniaxial Compression[J]. Applied Mechanics & Materials，2014，567(6)：476-481.

[13] 中国建筑科学研究院. 混凝土结构设计规范：GB 50010—2010[S]. 北京：中国建筑工业出版社，2010.

[14] BELÉN G F，FERNANDO M A，DIEGO C L，et al. Stress-strain relationship in axial compression for concrete using recycled saturated coarse aggregate[J]. Construction & Building Materials，2011，25(5)：2335-2342.

[15] LUO S，YE S，XIAO J，et al. Carbonated recycled coarse aggregate and uniaxial compressive stress-strain relation of recycled aggregate concrete[J]. Construction & Building Materials，2018，188(11)：956-965.

[16] 朱文治. 碳化混凝土单调及重复荷载作用下本构关系试验研究[D]. 西安：西安建筑科技大学，2013.

[17] 中华人民共和国住房和城乡建设部. 普通混凝土长期性能和耐久性能试验方法标准：GB/T 50082—2009[S]. 北京：中国建筑工业出版社，2009.

[18] SALVOLDI B G，BEUSHAUSEN H，ALEXANDER M G. Oxygen permeability of concrete and its relation to carbonation[J]. Construction & Building Materials，2015，85：30-37.

[19] REN Y，HUANG Q，LIU X L，et al. A model of concrete carbonation depth under the coupling effects of load and environment[J]. Material Research Innovations，2015，19(S9)：224-228.

[20] THOMAS C，SETIÉN J，POLANCO J A，et al. Durability of recycled aggregate concrete[J]. Construction & Building Materials，2013，40(2013)：1054-1065.

[21] 张誉，蒋利学. 基于碳化机理的混凝土碳化深度实用数学模型[J]. 工业建筑，1998，28(1)：16-19.

[22] 肖建庄. 再生混凝土[M]. 北京：中国建筑工业出版社，2008.

第3章

冻融环境下再生混凝土及构件性能

抗冻融性能是混凝土耐久性的重要组成部分。如将再生混凝土应用于我国东北、西北、华北等寒冷地区,则要考虑再生混凝土经历冻融破坏后的性能变化。因此研究冻融后再生混凝土及构件的性能,对于完善再生混凝土的基本理论有重要意义,同时研究成果将为再生混凝土在寒冷地区推广应用提供理论支持。

3.1 冻融环境下再生混凝土性能

3.1.1 试验概况

3.1.1.1 试验材料

试验中再生混凝土的性能在很大程度上受控于再生骨料的性能,由不同来源的废旧混凝土加工制成的再生粗骨料具有较大的随机性和变异性。为保证再生骨料的质量和来源的统一,试验中选取的废旧混凝土全部来自南京某高校水泥路面改造而产生的废弃混凝土块(图 3-1),并经人工破碎、清洗、分级成了粒径 5～31.5mm 的连续级配再生骨料,其筛分试验情况见表 3-1。参考《普通混凝土用砂、石质量及检验方法标准》(JGJ 52—2006)[1]测得再生混凝土粗骨料吸水率为 5.7%,压碎指标值为 10.4%,属于Ⅱ级再生粗骨料。

图 3-1 再生粗骨料

表 3-1 再生粗骨料筛分试验数据

筛孔直径/mm	分计筛余/%	累计筛余/%	规范连续粒级/%
31.5	2.25	2.25	5～0
25.0	18.21	20.46	
20.0	15.76	36.22	45～15
16.0	14.38	50.60	
10.0	32.52	83.12	90～70
5.0	10.41	93.53	100～90

本试验所用的天然粗骨料为天然碎石,其粒径分布为 5～40mm。

混凝土的性能在一定程度上受到砂的细度模数和颗粒级配的影响。砂的细度模数越小,颗粒越多,总表面积越大,孔隙率也相应越高,从而影响其抗渗性能,而细度模数过大,同样对抗渗性和和易性不利。所以本试验所用的天然河砂为中砂,其各项性能指标均满足《普通混凝土用砂、石质量及检验方法标准》[1]中的规定和要求,其筛分试验情况及相关性能指标分别见表 3-2、表 3-3。

表 3-2　砂的筛分结果

筛孔直径/mm	分计筛余/%	累计筛余/%	规范Ⅱ区要求/%
5.000	3.20	3.33	10～0
2.500	9.16	12.49	25～0
1.250	8.13	20.62	50～10
0.630	25.75	46.37	70～41
0.315	45.70	92.07	92～70
0.160	29.70	93.30	100～90

表 3-3　砂的性能指标

细度模数	含泥量/%	粒径/mm
2.6	2.1	<5

本章所用的水泥为南京江南水泥厂生产金宁羊 P.Ⅱ42.5R 硅酸盐水泥,其性能满足《通用硅酸盐水泥》(GB 175—2007)[2]的要求,具体见表 3-4、表 3-5。

表 3-4　水泥的物理力学性能

品种等级	比表面积/(m²·kg⁻¹)	标准稠度用水量/%	初凝/终凝时间/min	安定性/mm	28d 抗折强度/MPa	28d 抗压强度/MPa
P.Ⅱ42.5R	398	30.8	146/211	1.0	8.1	52.0

表 3-5　水泥的化学成分　　　　　　　　　　　　　　　%

SiO_2	Al_2O_3	Fe_2O_3	CaO	MgO	SO_3	R_2O	烧失量
21.08	5.47	3.96	62.28	1.73	2.63	0.50	1.61

本试验使用的引气剂为江苏博特新材料有限公司生产的 GYQ®-Ⅲ混凝土高效引气剂,减水剂为 PCA®(Ⅰ)羧酸高性能减水剂。引气剂的掺量根据试验室试配确定,减水剂的建议掺量(按质量计)为水泥质量的 0.6%～1.2%。化学外加剂的质量指标应满足相应标准,如《混凝土外加剂》(GB 8076—2008)[3]、《混凝土外加剂应用技术规范》(GB 50119—2013)[4]。

《普通混凝土长期性能和耐久性能试验方法标准》(GB/T 50082—2009)[5]中明确指出,快冻法进行冻融试验成型试件时,不得采用憎水性脱模剂。本试验的脱模剂为深圳欣德利精细化工有限公司生产的 DL-J04 型混凝土脱模剂。该脱模剂的主要成分为高分子有机物,可以与水以任意比例融合稀释,为亲水性脱模剂,符合试验要求。

掺入不同量的聚丙烯纤维和引气减水剂,可有效抑制再生混凝土的冻融损伤劣化程度,且引气减水剂的掺加效果更显著。3%～5%的含气量可以使普通混凝土的抗冻性能、和易性等大幅提高,故本试验拟加入引气剂。通过测量混凝土含气量,寻找含气量在4%～6%的再生混凝土配合比,以尽可能提高混凝土的抗冻性能,为探究更多冻融循环次数下应力-应变关系试验提供保障。

《普通混凝土拌和物性能试验方法标准》(GB/T 50080—2016)[6]中对混凝土的含气量的仪器、方法等进行了明确的规定。本试验使用的是 GQC-1 改良法混凝土含气量测定仪,如图 3-2 所示。

图 3-2　GQC-1 改良法混凝土含气量测定仪

先称量含气量测定仪量钵加玻璃板的质量,然后给量钵加满水,用玻璃板沿量钵顶面平推,使量钵内盛满水而玻璃板下无气泡,擦干钵体外表面后连同玻璃板一起称量,两次质量的差值除以该温度下水的密度即为量钵的容积 V。

把量钵加满水,将校正管接在钵盖下面注放水阀的端部,将钵盖轻放在量钵上,用卡子夹紧使其气密性良好并用水平仪检查仪器的水平,打开注放水阀,松开放气阀,用注水器从注放水引管处加水,加至放气阀出水口冒水为止,然后拧紧注放水阀和放气阀,此时钵盖和钵体之间的空隙被水充满。用气管向气室充气,使表压稍大于 0.1MPa,然后用微调阀调整表压使其正好为 0.1MPa,打开进气阀使气室的压力气体进入量钵内,待压力表指针稳定后关闭进气阀,读压力表读数,此时指针所示压力相当于含气量 0。

含气量 0 标定后,慢慢打开注放水阀,量钵中的水就通过校正管流到量筒中,当量筒中的水为量钵容积的 1% 时关闭注放水阀,打开放气阀使量钵内的压力与大气压平衡,然后关闭进气阀,放气阀重新加压至大于 0.1MPa 并用微调阀准确地调到 0.1MPa,打开进气阀,使气压进入量钵,待表针稳定后关闭进气阀,此时的压力表读值相当于含气量 1%。完成1% 标定后,打开放水阀向量筒内放水,当量筒中的水再次为量钵容积的 1% 时关闭放水阀,打开放气阀使量钵内气压与大气压平衡(量钵内不存在气压)后,关闭放气阀,重新调整压力至 0.1MPa,再次打开进气阀,使其压力表针稳定关闭进气阀,读压力表读数,此时的压力值即为含气量 2%。重复上述标定程序,每次放水 1% 一直标至含气量 10%。以压力表读值和含气量分别作为横、纵坐标,绘制含气量与压力表读值关系曲线,如图 3-3 所示。

试验取水灰比作为参数。水灰比分别取 0.35、0.37、0.39,取代率取 100%,单位用水量取 150kg/m³(考虑减水剂的减水率 10%,如果不使用减水剂,则单位用水量为 165kg/m³)。由于再生骨料的吸水率较高,所以在试验前应该补偿用水量,通常有两种方法:预吸水法和

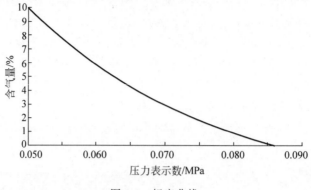

图 3-3　标定曲线

预加水法。预吸水法是在试验前就将骨料充分润湿,达到饱和面干状态。预加水法是根据再生骨料的吸水率,将再生骨料吸收的水分加入搅拌用水中,本试验采用的是预加水法。砂率取 0.38。设计了 12 个配合比,见表 3-6。

表 3-6　试配配合比　　　　　　　　　　　　　　　　　　　kg

标号	试件编号	拌和水	预加水	水泥	砂	再生粗骨料	减水剂	引气剂
1	RAC37-165-2	165	55	446	595	971	2.676 (掺量 0.6%)	0.0892 (掺量 0.2‰)
2	RAC37-165-4	165	55	446	595	971	2.676 (掺量 0.6%)	0.1784 (掺量 0.4‰)
3	RAC37-165-6	165	55	446	595	971	0	0.2676 (掺量 0.6‰)
4	RAC37-150-6	150	57.7	405	620.8	1012.9	2.43 (掺量 0.6%)	0.243 (掺量 0.6‰)
5	RAC37-150-10	150	57.7	405	620.8	1012.9	2.43 (掺量 0.6%)	0.243 (掺量 1.0‰)
6	RAC35-150-4	150	57.13	428.57	614.3	1002.3	2.57 (掺量 0.6%)	0.171 (掺量 0.4‰)
7	RAC35-150-4	150	38.1	428.57	614.3	1002.3	2.57 (掺量 0.6%)	0.171 (掺量 0.4‰)
8	RAC35-150-6	150	38.1	428.57	614.3	1002.3	2.57 (掺量 0.6%)	0.257 (掺量 0.6‰)
9	RAC39-150-8	150	38.1	428.57	614.3	1002.3	2.57 (掺量 0.6%)	0.343 (掺量 0.8‰)
10	RAC39-150-4	150	38.9	384.6	1023.5	627.3	2.31 (掺量 0.6%)	0.154 (掺量 0.4‰)
11	RAC39-150-6	150	38.9	384.6	1023.5	627.3	2.31 (掺量 0.6%)	0.231 (掺量 0.6‰)
12	RAC39-150-8	150	38.9	384.6	1023.5	627.3	2.31 (掺量 0.6%)	0.308 (掺量 0.8‰)

注:以"RAC37-165-2"为例,"RAC"代表再生混凝土,"37"代表水灰比为 0.37,"165"代表单位用水量为 165kg/m³,
　　"2"为使用的引气剂的掺量为 0.2‰。

通过混凝土含气量测定仪的现场测定。各组配合比下混凝土拌和物的含气量如表 3-7 所示。

表 3-7 各配合比下混凝土拌和物的含气量

标号	试件编号	混凝土拌和物含气量	
		压力表示数/MPa	根据标定曲线的含气量/%
1	RAC37-165-2	0.0795	1.00
2	RAC37-165-4	0.0720	2.40
3	RAC37-165-6	0.0685	3.40
4	RAC37-150-6	0.0640	4.70
5	RAC37-150-10	0.0675	3.60
6	RAC35-150-4	0.0720	2.40
7	RAC35-150-4	0.0735	2.20
8	RAC35-150-6	0.0640	4.70
9	RAC35-150-8	0.0675	3.60
10	RAC39-150-4	0.0700	3.00
11	RAC39-150-6	0.0645	4.70
12	RAC39-150-8	0.0710	2.70

从表 3-7 中可以看出,标号为 RAC37-150-6、RAC35-150-6 和 RAC39-150-6 的配合比含气量均比较符合要求,即引气剂的掺量在 0.6‰时可能会是本试验所要求的配合比。如果强度满足要求,则选该配合比为试验所用配合比。

试验结果如表 3-8 所示。从表中可以看出,编号为 RAC37-150-6、RAC35-150-6 和 RAC39-150-6 的配合比 28d 立方体抗压强度均满足指标。综合考虑含气量和抗压强度,选择 RAC37-150-6 的配合比作为冻融试验的配合比。

表 3-8 各配合比含气量和 28d 立方体抗压强度

标号	试件编号	试验力/kN			强度/MPa	含气量/%
		试块 1	试块 2	试块 3		
1	RAC37-165-2	874	893	719	39.3	1.0
2	RAC37-165-4	814	853	826	37.0	2.4
3	RAC37-165-6	578	549	557	25.0	3.4
4	RAC37-150-6	589	597	661	27.4	4.7
5	RAC37-150-10	586	553	537	24.9	3.6
6	RAC35-150-4	911	968	898	41.2	2.4
7	RAC35-150-4	746	756	825	34.5	2.2
8	RAC35-150-6	654	658	653	29.1	4.7
9	RAC35-150-8	576	585	595	26.0	3.6
10	RAC39-150-4	606	622	441	27.3	3.0
11	RAC39-150-6	689	850	785	34.5	4.7
12	RAC39-150-8	834	885	854	38.2	2.7

《普通混凝土长期性能和耐久性能试验方法标准》[5]中规定混凝土的冻融分为快冻法

和慢冻法两种,根据实际情况,本节选用快冻法进行冻融循环试验。

快冻法适用于测定混凝土试件在水冻水融条件下,采用质量损失率和相对动弹性模量两个数据作为评价指标,在保证质量损失率和相对动弹性模量的前提下,以混凝土所能经受的冻融循环次数作为评价混凝土抗冻性能优劣的指标。

3.1.1.2 冻融试验

本试验采用 TDRF-2 型混凝土快速冻融机进行冻融试验。该试验装置满足国家电力行业标准《水工混凝土试验规程》(DL/T 5150—2017)[7]中"混凝土抗冻性"要求、《普通混凝土长期性能和耐久性能试验方法标准》[5]中"快冻法"及美国《混凝土快速冻融能力的标准试验方法》(ASTM-C666)[8]的要求。

(1) 试验前 4d 应把冻融试件放在(20±2)℃水中浸泡,浸泡时水面至少应高出试件顶面 2cm,浸泡至规定时间后方可进行冻融试验。

(2) 试件浸泡后,从水中取出,擦除试件表面的水分,称量试件的初始质量,采集并记录初始横向基频,同时对试件的外观进行描述并记录。

(3) 将混凝土试件放入冻融箱中的试件盒内。向试件盒中注入清水。试件盒内水保持高出试件顶面 5mm 左右。

(4) 将试件盒放入冻融箱内。布置好温度传感器,准备好后即可开始冻融循环。

(5) 每隔 25 次冻融循环测量一次质量和横向基频,清洗试件盒,加入清水,继续试验,直至冻融循环试验结束。

(6) 冻融循环到达以下 3 种情况之一时即可停止试验:

① 达到规定的冻融循环次数。

② 试件的相对动弹性模量下降到 60% 以下。

③ 试件的质量损失率达到 5%。

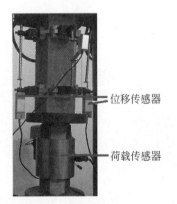

图 3-4 夹具布置示意

3.1.1.3 棱柱体单轴抗压试验方案

混凝土端部受压时有较大的摩阻力作用,会对混凝土产生环箍效应,导致混凝土的受力状态发生改变。根据圣维南原理,在试件加压端面的不均匀垂直压应力和合力为零的水平约束力只会对端面附近(试件高度约等于宽度)范围内的应力状态产生显著影响,试件的中间部分接近于均匀的单轴受压应力状态。因此为了得到较为准确的单轴受压应力状态,本试验测量的是试件中部 170~180mm 的应变(图 3-4)。

冻融后的混凝土轴心抗压试验采用用动态数据采集系统进行位移和荷载的数据采集。对冻融后的混凝土棱柱体试件施加轴向压力,采用应变控制,速率为 $400×10^{-6}ε/min$,单调递增,直至破坏。试验系统在加载头带有力传感器,可直接量测施加的压力的大小。试件两个对面分别安装一个位移传感器(量程为±10mm),量测其纵向变形,用动态数据系统(每秒采 20 个点),记录试验数据。

3.1.2　冻融循环下再生混凝土性能

3.1.2.1　冻融试件破坏形态

随着冻融循环次数的不断增大，再生混凝土试件表面变得粗糙，出现不同程度的深浅坑，浮浆剥落，微裂纹逐渐增多，微裂纹的宽度逐渐发展，试件的局部出现缺角，逐渐出现掉皮，细骨料露出，粗骨料也逐渐显现。图 3-5 是 0 次（未冻融循环）、100 次、150 次冻融循环混凝土外观图片。

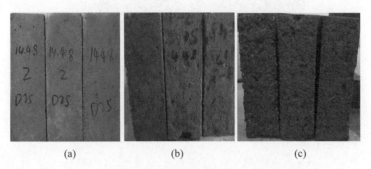

(a)　　　　　　　　　(b)　　　　　　　　　(c)

图 3-5　再生混凝土不同冻融循环次数试件外观

（a）未冻融循环；（b）100 次冻融循环；（c）150 次冻融循环

从图 3-5 中可以看出，再生混凝土试件在冻融循环进行 100 次时，试件表面出现较多的裂纹，而且有部分裂纹成放射状，即以某一小区域为中心，形成放射状裂纹。

图 3-6 是再生混凝土试件进行到 100 次时，在试件端部出现的明显放射状裂纹。这可能是由于再生混凝土中的再生粗骨料品质参差不齐，相比于天然骨料，再生粗骨料表面附着较多的旧砂浆，在水结冰冻胀力的作用下，迅速形成裂纹，随着冻融循环次数的增加，裂纹继续发展，最终导致再生混凝土内部的损伤，如图 3-7 所示。

图 3-6　100 次冻融循环后局部损伤

图 3-7　75 次冻融循环切割后内部损伤

图 3-8 为再生混凝土冻融 100 次和普通混凝土冻融 125 循环后试件表面照片,可以清楚地看出,虽然普通混凝土冻融循环次数更多,但是试件表面粗糙程度要低于冻融循环次数更少的再生混凝土。

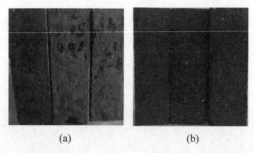

(a)　　　　　　　　　　(b)

图 3-8　再生混凝土与普通混凝土冻融后试件表面损伤对比

(a) RAC100 次冻融循环；(b) NAC125 次冻融循

3.1.2.2　冻融试件强度

从图 3-9 中可以发现,再生混凝土立方体抗压强度随着冻融循环次数的增加表现出线性降低的特点。每隔 25 次冻融循环相对立方体抗压强度下降约为 5.5%。

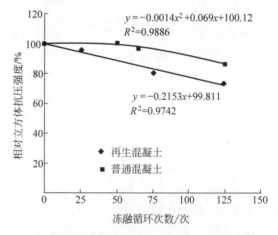

图 3-9　普通混凝土与再生混凝土冻融后相对立方体抗压强度

普通混凝土立方体抗压强度随着冻融循环次数的增加,呈现先基本保持不变,后快速降低的趋势。在 50 次循环内,混凝土的相对强度基本保持不变甚至略有小幅增加,在 50 次后立方体相对抗压强度开始有所下降。可能的原因:本试验的配合比中,使用 0.02% 的引气剂,使得混凝土中的含气量约为 4.7%。在冻融循环次数较低时,冻融损伤造成的混凝土内部的微裂纹较少,对混凝土强度影响不大。根据相对动弹性模量的变化趋势,在 50 次冻融循环左右,试件的相对动弹性模量大于 100%,这与相对立方体强度变化趋势相吻合。

在 125 次冻融循环内,普通混凝土的相对立方体抗压强度比再生混凝土的相对立方体抗压强度下降速度慢。在相同的冻融循环次数下,普通混凝土的相对立方体抗压强度也比再生混凝土的大。由此表明,相同配合比,粗骨料取代率为 100% 的再生混凝土比普通混凝土的抗冻融性能差。

3.1.2.3 冻融试件质量损失率

根据《普通混凝土长期性能和耐久性试验方法标准》[5]规定,质量损失率应按式(3-1)进行计算:

$$\Delta W_{ni} = \frac{W_{oi} - W_{ni}}{W_{ni}} \times 100\%$$ (3-1)

式中,ΔW_{ni} 为 n 次冻融循环后第 i 个混凝土试件的质量损失率,%,精确至 0.01;W_{oi} 为 n 次冻融循环试验前第 i 个混凝土试件的质量,g;W_{ni} 为 n 次冻融循环试验后第 i 个混凝土试件的质量,g。

一组数据的平均质量损失率按式(3-2)进行计算:

$$\Delta W_n = \frac{\sum\limits_{i=1}^{3} \Delta W_{ni}}{3} \times 100\%$$ (3-2)

式中,ΔW_n 为 n 次冻融循环后一组混凝土试件的平均质量损失率,%,精确至 0.1。

再生混凝土各组试件和普通混凝土各组试件不同冻融循环次数的质量损失率关系见图 3-10。

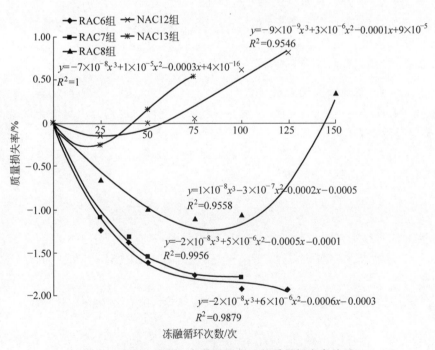

图 3-10 再生混凝土与普通混凝土的质量损失率关系

以编号 RAC 6 组的试验数据为例,可以看出,随着冻融循环次数的增加,再生混凝土试件的质量一直增加,0~25 次冻融循环,质量增加幅度最大,近乎达到质量峰值的 50%,后增幅逐渐降低,在冻融循环次数达到 75~100 次时,质量基本不再继续增加。

导致再生混凝土质量变化的原因主要有两方面:一方面,冻融循环导致表面浮浆剥落,随着冻融的进行,混凝土内部孔隙在水结冰冻胀力的作用下,形成微裂纹,当微裂纹达到一定程度时,混凝土颗粒疏松脱落,这使得再生混凝土试件质量降低;另一方面,由于水结冰冻胀力的作用,密闭独立孔隙贯通变成连通孔,形成微裂纹,裂纹导致水分进入,这使得再生混凝土试件质量增加。两方面的原因互相叠加,当吸收水分质量大于混凝土剥落质量时,表现为试件质量增加;当吸收水分质量小于混凝土剥落质量时,表现为试件质量降低。

在125次冻融循环以内,使用三次幂函数对质量损失率进行拟合可以得到比较好的效果,而且冻融循环100次以内拟合出曲线的相关系数为0.9956,要比125次冻融循环的相关系数0.9879更大,说明效果更佳。据此可以推测,再生混凝土质量损失率变化曲线应该分成两段,以100次冻融循环为分界点。

普通混凝土试件的质量变化,从整体上看基本呈现先增后减的趋势。在25次冻融循环左右,混凝土试件基本都出现一定程度的增加,质量增加的原因是试件表面剥落的质量损失小于试件吸水的质量。但在25次冻融循环以后,质量开始出现降低,即试件表面剥落的质量损失大于试件吸水的质量。以编号NAC 12组和编号NAC 13组试件为例,这两组试件基本上都满足上述趋势。用三次幂函数曲线拟合可以较好反映其质量损失率的变化趋势。

从整体上看,再生混凝土的吸水能力要比普通混凝土的吸水能力高出很多。这是由于再生粗骨料吸水率高的原因。虽然在冻融试验前已经将试件浸泡了4d,但因引气剂引入独立、均匀、密闭孔隙的缘故,使水分无法浸入再生粗骨料。随着冻融的进行,混凝土试件内部出现微裂纹损伤,独立密闭的孔隙联通,使得水分浸入再生粗骨料内,进而导致试件表现出质量增加的试验现象。而普通混凝土的粗骨料是天然石子,基本不吸水,水分浸入试件只是由于砂浆的作用,所以吸水率较再生混凝土低很多。

3.1.2.4　相对动弹模变化关系

冻融破坏有两个典型特征:内部微观开裂和宏观剥蚀。内部开裂是由于混凝土力学性能退化,最终导致混凝土的破坏,可以用相对动弹性模量这一指标进行评价。根据超声波测试的原理[9],可以采用纵波超声换能器测量混凝土的波速,并计算得出动弹性模量。冻融过程中混凝土的相对动弹性模量为

$$E_r = \frac{E_n}{E_0} = \frac{v_0^2}{v_n^2} \times 100\% \tag{3-3}$$

式中,E_r 为 n 次冻融循环后试件的相对动弹性模量,%;E_0、v_0 分别为混凝土试件未冻融循环的初始动弹性模量和初始声速;E_n、v_n 分别为 n 次冻融循环后试件的动弹性模量和声速。

实验中超声检测仪采集的是纵波在通过行程为试件长度 l(300mm)的传播时间,因此有

$$E_r = \frac{E_n}{E_0} = \frac{t_n^2}{t_0^2} \times 100\% \tag{3-4}$$

其中
$$t_0 = \frac{l}{v_0}; \qquad t_n = \frac{l}{v_n}$$

式中,t_0 为混凝土试件0次冻融循环声波通过试件的时间;t_n 为 n 次冻融循环后声波通过试件的时间。

对不同组别的再生混凝土试件和普通混凝土试件进行了冻融循环试验,测得的其相对动弹性模量见图3-11。

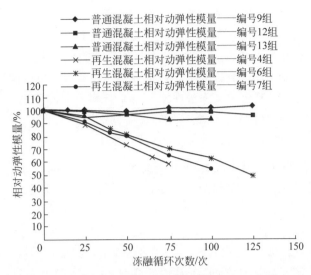

图 3-11　相对动弹性模量随冻融循环次数变化关系

如图 3-11 所示,再生混凝土试件随着冻融循环次数的增加,试件的相对动弹性模量线性下降。再生混凝土编号为 4 组、6 组、7 组的相对动弹性模量在冻融循环次数达到 75～100 次时降低到 60% 以下。混凝土在低强度指标下,抗冻融性能主要由含气量这一指标决定,本试验混凝土的含气量为 4.7%,但再生混凝土仍表现出较差的抗冻融性能,这可能与再生混凝土中的再生粗骨料含气量低有关。Gokce 等[10] 的研究结论表明:再生粗骨料来自于不含气混凝土的再生混凝土表现出了较差的抗冻性能,即便新拌和混凝土中引入适量气体。所以在较低的冻融循环次数下,再生混凝土试件的相对动弹性模量下降较快。

为验证 Gokce 等[10] 的研究结论,使用深圳市德与辅科技有限公司生产的电子显微镜进行放大观察。图 3-12 和图 3-13 是 200 倍放大后的再生混凝土内部图片,从图 3-12 中可以看出,新拌混凝土砂浆中含有较多气孔,这些孔隙在混凝土未冻融时是独立、密闭的,冻融后,随着损伤的积累,独立孔隙连通成气孔,这是再生混凝土试件吸水较多的原因,同时也解释了再生混凝土质量损失率的变化规律。从图 3-13 可以看出左侧的再生粗骨料含气量极低,即原生混凝土中基本不含气。同时,由于再生骨料表面附着旧的砂浆,是冻融损伤累积过程中的薄弱环节,最终导致再生混凝土的抗冻融性能劣于同等条件的普通混凝土。

图 3-12　砂浆内部孔隙

图 3-13　再生粗骨料与新生砂浆界面

普通混凝土在 0～125 次冻融循环范围内,相对动弹性模量基本没有下降。这与混凝土试件内部含气较多有关。混凝土内部的独立、均匀、密闭的孔隙可以释放水结冰时的冻胀力,在一定程度上保证混凝土内部质量。这体现在普通混凝土的相对动弹性模量变化不显著上。

在相同的冻融循环次数下,普通混凝土的相对动弹性模量较再生混凝土的要大,这反映了在相同配合比下,再生混凝土的抗冻融性能比仅粗骨料不同的普通混凝土抗冻融性能情况要差。这主要是由再生粗骨料的性质导致的。而且不同再生混凝土试件的抗冻融性能也有较大的差异,因为再生粗骨料具有较大的随机性,性能上差异也较大。

3.1.2.5 冻融后再生混凝土应力-应变全曲线

试件刚开始加载,在应力小于峰值应力的 40% 阶段,应力-应变呈线性关系,随着应力的继续增大,混凝土应变增长速度加大,应力-应变曲线的斜率减小。当应力达到峰值应力的 80%～90% 时,混凝土内部有较大裂缝开展,此时混凝土试件表面还没有出现宏观可见裂缝,此后试件内部会出现不稳定裂缝,不久即达到峰值应力点。继续加载试件的应变增加而应力不断下降,当应变为 1～1.35 倍的峰值应变时,试件表面出现第一条可见裂缝,大致和受力方向平行。继续加载应变加速增长,试件上出现众多不连续的纵向短裂缝,此时混凝土承载力迅速下降,混凝土骨料和砂浆的界面黏结裂缝,以及砂浆内的裂缝不断地延伸、扩展和相连,并形成宏观斜裂缝,并逐渐地贯通全截面。继续增大应变,斜裂缝在正应力和剪应力的联合作用下发展变宽,从而形成一条破损带。试件的典型破坏形态如图 3-14 所示。

图 3-14 轴心抗压强度试验典型破坏形态

试验得到每一时刻的应力-应变,找出最大的应力(峰值应力)及相应的应变(峰值应变)后,将每一时刻的应力除以峰值应力,每一时刻的应变除以峰值应变,即进行无量纲化,得到相对应力-应变关系。

100% 取代率的再生混凝土试件无论冻融循环次数如何,相对应力-应变关系曲线都经历了先上升后下降的过程。对于上升段而言,当应力小于峰值应力的 80% 时,上升段基本上为直线,说明混凝土处于线弹性阶段。当应力值大于峰值应力的 80% 直至达到峰值应力的过程中,曲线斜率逐渐减小,说明混凝土已经发生了塑性变形。对于下降段,当应变为峰值应变的 1.5 倍以内时,混凝土试件的应力下降较快;当应变大于峰值应变的 1.5 倍后,应力下降缓慢。在较小的冻融循环次数下,再生混凝土的受压相对应力-应变关系的下降段,相比于较高冻融循环次数,趋势较缓,而冻融循环次数为 125 次时,再生混凝土的下降段均非常迅速。这说明,随着冻融循环次数的增大,混凝土的脆性增大。

曲线所围面积的大小反映了混凝土试件延性的好坏。由图 3-15 可以发现,随着冻融循环次数的增加,混凝土试件的延性变差。

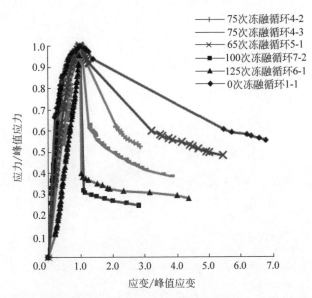

图 3-15 再生混凝土不同冻融循环次数相对应力-应变全曲线

参考过镇海[11]的研究结论,应力-应变全曲线方程应满足以下数学条件:

(1) $x=0$,$y=0$;

(2) $0 \leqslant x < 1$,$\dfrac{\mathrm{d}^2 y}{\mathrm{d} x^2} < 0$,即上升段曲线的斜率($\mathrm{d} y/\mathrm{d} x$)单调减小,无拐点;

(3) $x=1$ 时,$\dfrac{\mathrm{d} y}{\mathrm{d} x}=0$,$y=1$,曲线单峰;

(4) $\dfrac{\mathrm{d}^2 y}{\mathrm{d} x^2}=0$ 处横坐标大于 1.0,即下降段曲线上有一拐点;

(5) $\dfrac{\mathrm{d}^3 y}{\mathrm{d} x^3}=0$ 处对应的点,为下降段曲线上的曲率最大点;

(6) 当 $x \rightarrow \infty$ 时,$y \rightarrow 0$,$\dfrac{\mathrm{d} y}{\mathrm{d} x} \rightarrow 0$,下降段曲线可无限延长,收敛于横坐标,但不相交;

(7) 全曲线 $x \geqslant 0$,$0 < y \leqslant 1$。

针对普通混凝土给出了上升段和下降的应力-应变计算公式:

$$y = \begin{cases} ax + (3-2a)x^2 + (a-2)x^3, & x \leqslant 1 \\ \dfrac{x}{b(x-1)^2 + x}, & x \geqslant 1 \end{cases} \tag{3-5}$$

$$x = \frac{\varepsilon}{\varepsilon_c}, \quad y = \frac{\sigma}{\sigma_c}$$

式中，ε_c 为再生混凝土各组试件的峰值应变；σ_c 为再生混凝土各组试件的峰值应力；a、b 分别为上升段和下降段待确定参数。

寻找基于过镇海模型的符合试验结果的最佳下降段参数。试验结果如表 3-9 所示。

表 3-9　两种模型的下降段参数

试件编号	冻融次数	过镇海模型		修改后公式	
		$y=x/[b(x-1)^2+x]$	R^2	$y=x/[B(x-1)+x]$	R^2
1—1	0	0.171	0.997	0.769	0.949
2—2	25	2.037	0.968	2.253	0.997
2—3	25	0.834	0.885	1.429	0.990
3—1	50	13.040	0.997	1.468	0.993
3—2	50	0.468	0.865	0.272	0.988
3—3	50	1.549	0.992	0.425	0.957
5—1	65	0.359	0.989	1.029	0.970
4—2	75	0.913	0.963	1.295	0.987
4—3	75	2.318	0.716	2.247	0.960
7—2	100	176.900	0.925	6.429	0.981
6—1	125	5.026	0.796	4.190	0.980

对照计算参数，发现利用过镇海的计算模型，当再生混凝土的冻融循环次数较大时，混凝土脆性增大，下降段曲率急剧增大，拟合的相关系数 R^2 偏小，说明式（3-5）不适合冻融循环次数过大的再生混凝土的计算。

针对试验得到的再生混凝土冻融后的相对应力-应变全曲线下降段下降速率大的特点，笔者对过镇海的计算公式进行了修改，得到式（3-6）。

$$y=\begin{cases} ax+(3-2a)x^2+(a-2)x^3, & x\leqslant 1 \\ \dfrac{x}{B(x-1)+x}, & x\geqslant 1 \end{cases}$$

$$x=\frac{\varepsilon}{\varepsilon_c}, \quad y=\frac{\sigma}{\sigma_c} \tag{3-6}$$

式中，ε_c 为再生混凝土各组试件的峰值应变；σ_c 为再生混凝土各组试件的峰值应力；a、B 分别为上升段和下降段待确定参数。

寻找符合试验结果的最佳下降段参数。试验结果如表 3-9 所示。对比发现，相关系数 R^2 均大于 0.95，说明利用该模型表征冻融后的再生混凝土下降段所得的计算结果能较好满足试验数据。将下降段参数 B 作为因变量，冻融循环次数 N 作为自变量，给出各组数据坐标，可以回归得到下降段参数 B 与 100% 取代率的再生混凝土冻融循环次数 N 的计算公式（3-7），如图 3-16 所示。

$$B=-9\times10^{-6}N^3+0.0024N^2-0.1689N+4.2712 \tag{3-7}$$

$$R^2=0.9918$$

式中，B 为下降段参数；N 为冻融循环次数。

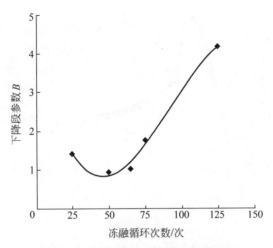

图 3-16 下降段参数冻融循环次数关系

最终得到 100% 取代率的再生混凝土的不同冻融循环次数的应力-应变全曲线为

$$y = \begin{cases} ax + (3-2a)x^2 + (a-2)x^3, & x \leqslant 1 \\ \dfrac{x}{B(x-1)+x}, & x \geqslant 1 \end{cases}$$

$$B = -9 \times 10^{-6} N^3 + 0.0024 N^2 - 0.1689 N + 4.2712$$

$$x = \frac{\varepsilon}{\varepsilon_c}, \quad y = \frac{\sigma}{\sigma_c} \tag{3-8}$$

式中,ε_c 为再生混凝土各组试件的峰值应变;σ_c 为再生混凝土各组试件的峰值应力;a、B 分别为上升段(参照普通混凝土)和下降段待确定参数;N 为冻融循环次数。

图 3-17～图 3-20 为不同冻融循环次数的 100% 取代率的再生混凝土的应力-应变全曲线。经过计算,图 3-17～图 3-20 的相关性系数分别为 0.996、0.989、0.991 和 0.768。经过 125 次冻融循环次数的再生混凝土应力-应变全曲线理论值与实验值的相关系数较小,只有 0.768,原因可能是再生混凝土的离散性本身就比普通混凝土的大,经过较多次的冻融循环后,

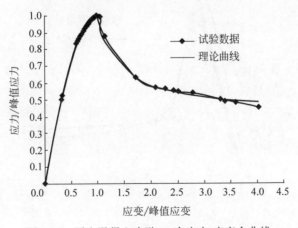

图 3-17 再生混凝土冻融 25 次应力-应变全曲线

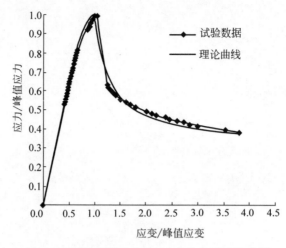

图 3-18　再生混凝土冻融 75 次应力-应变全曲线

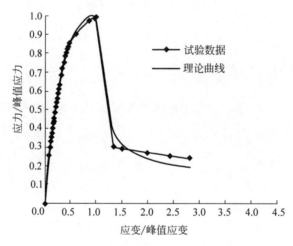

图 3-19　再生混凝土冻融 100 次应力-应变全曲线

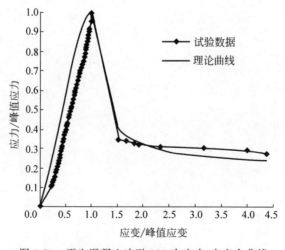

图 3-20　再生混凝土冻融 125 次应力-应变全曲线

离散性会更大,所以计算出的相关系数较小。但是从整体的计算结果来看,书中提出的理论模型与试验值有较好的相关性。

选择尚永康[12]试验的 NRC31.5-D100 组试验数据,即再生粗骨料取代率为 100%,再生粗骨料中不含气,骨料最大粒径为 31.5mm,冻融循环 100 次。对下降段进行验证,结果如图 3-21 所示,可以看到,本节理论曲线与试验结果吻合较好。

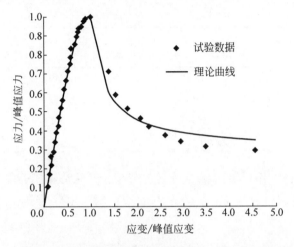

图 3-21　尚永康[12]试验冻融 100 次应力-应变全曲线

3.2　冻融环境下再生混凝土与钢筋黏结性能

3.2.1　试验概况

3.2.1.1　试验原材料

本节试验用再生粗骨料由废弃混凝土通过机械破碎、清洗、分级、加工而成,其粒径为 5～26.5mm 的连续级配,如图 3-22 所示。参考《普通混凝土用砂、石质量及检验方法标准》[1]

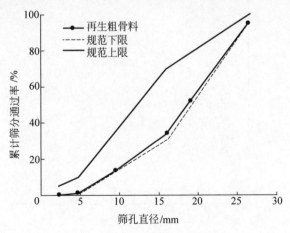

图 3-22　再生粗骨料级配曲线

及《混凝土用再生粗骨料》(GB/T 25177—2010)[13]等测试再生粗骨料的基本性能,其相关性能指标及筛分结果分别见表 3-10 和表 3-11,骨料级配曲线见图 3-22。骨料属于Ⅱ级再生粗骨料,符合本次试验要求。

表 3-10　再生粗骨料性能指标

表观密度/(kg·m⁻³)	堆积密度/(kg·m⁻³)	压碎指标/%	吸水率/%	含泥量/%
2456	1276	16.1	4.1	1.9

表 3-11　再生粗骨料筛余百分比

筛孔尺寸/mm	2.36	4.75	9.5	16	19	26.5
分计筛余/%	0.90	12.60	20.70	18.10	43.00	4.70
累计筛余/%	100	99.10	86.50	65.80	47.70	4.70
规范连续粒级/%	95～100	90～100	—	30～70	—	0～5

　　本试验采用天然河砂作为细骨料,其相关性能指标及筛分结果分别见表 3-12 和表 3-13,细骨料级配曲线见图 3-23。其性能指标满足《普通混凝土用砂、石质量及检验方法标准》[1]对细骨料基本性能的要求。

表 3-12　砂的性能指标

细度模数	含泥量/%	粒径/mm
2.6	1.7	<5

表 3-13　细骨料筛余百分比

筛孔尺寸/mm	0.160	0.315	0.630	1.25	2.50	5.00
分计筛余/%	16.40	21.70	33.90	14.10	9.75	3.35
累计筛余/%	99.20	82.80	61.10	27.20	13.10	3.35
规范连续粒级/%	90～100	70～92	41～70	10～50	0～25	0～10

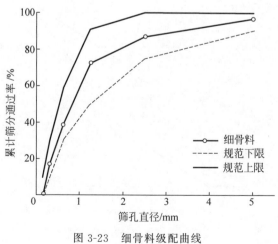

图 3-23　细骨料级配曲线

本试验采用中国水泥厂生产的 P·O 42.5 普通硅酸盐水泥,其性能满足《通用硅酸盐水泥》[2] 的相关要求,其物理力学性能见表 3-14。

表 3-14 水泥的物理力学性能

水泥类型	比表面积/(m² · kg⁻¹)	初凝/终凝时间/min	28d 抗折强度/MPa	28d 抗压强度/MPa
P·O 42.5	335	215/265	8.7	49.8

本试验使用的引气剂为江苏博特新材料有限公司生产的 GYQ®-Ⅲ 混凝土高效引气剂,其质量指标满足《混凝土外加剂应用技术规范》[3] 的相关要求。

混凝土设计强度等级为 C40,目标含气量为 5%。参考《普通混凝土配合比设计规程》(JGJ 55—2011)[14] 对再生混凝土的配合比进行初步设计,在适配过程中通过调整水灰比及引气剂用量得到目标混凝土强度和目标含气量,最终确定混凝土的配合比,见表 3-15。由于再生粗骨料具有较高的吸水率,因此在试件进行浇筑前,将再生粗骨料预先在水中浸泡 24h,以保证其达到饱和面干(saturated surface dry,SSD)状态。

表 3-15 试验配合比

试件类型	水泥的用量/(kg · m⁻³)	砂的用量/(kg · m⁻³)	天然粗骨料的用量/(kg · m⁻³)	再生粗骨料的用量/(kg · m⁻³)	水的用量/(kg · m⁻³)	引气剂的用量/(kg · m⁻³)	含气量/%
RAC	529	535	0	1085	185	0.063	5.0
NAC	529	535	1085	0	185	0.063	4.8

注:RAC 为再生混凝土;NAC 为普通混凝土。

钢筋采用 HRB 400 级螺纹钢筋,直径为 18mm;箍筋采用 HPB 300 级光圆钢筋,直径为 6mm。依据《金属材料 拉伸试验 第 1 部分:室温试验方法》(GB/T 228.1—2010)[15]① 对所用钢筋的基本性能指标进行测试,实测结果如表 3-16 所示。试验所用钢筋满足《钢筋混凝土用钢 第 1 部分:热轧光圆钢筋》(GB/T 1499.1—2017)[16] 以及《钢筋混凝土用钢 第 2 部分:热轧带肋钢筋》(GB/T 1499.2—2018)[17] 中的相关要求。

表 3-16 钢筋主要性能参数

钢筋类型	直径/mm	抗拉强度/MPa	屈服强度/MPa	弹性模量/GPa	伸长率/%
HRB 400	18	645	499	200	29.8
HPB 300	6	420	300	200	25

3.2.1.2 试件设计与养护

在本试验中,用以研究黏结应力分布的混凝土试件的钢筋需采用开槽内贴应变片的方法进行处理。钢筋内贴应变片的布置及编号,如图 3-24 所示。

考虑到冻融循环试件盒的空间尺寸,本试验所用试件为 100mm×100mm×200mm 的棱柱体拔拉试件,分为配置箍筋的试件以及未配置箍筋的试件,如图 3-25 所示。

———————————

① 本标准于 2021 年 12 月发布更新,于 2022 年 7 月实施。

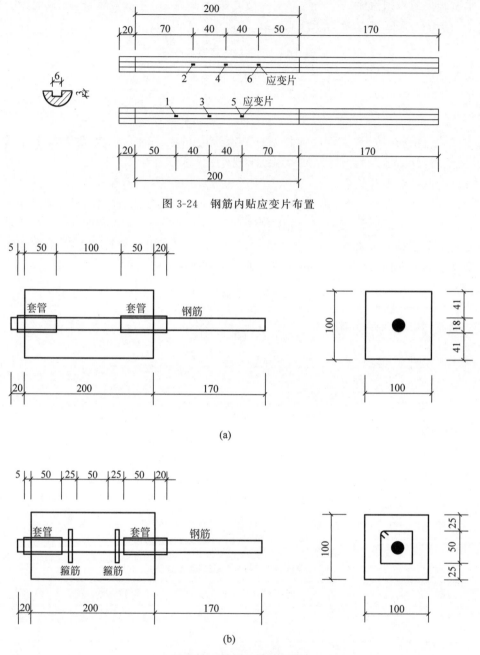

图 3-24　钢筋内贴应变片布置

(a)

(b)

图 3-25　拔拉试件示意图

（a）未配置箍筋试件；（b）配置箍筋试件

选用表面较为平整的两相对侧面，在与钢筋内贴应变片相对应的位置用砂轮打磨平整，然后用蘸有酒精的棉球进行擦洗。最后，对混凝土应变片进行粘贴。混凝土外贴应变片的布置，如图 3-26 所示。

拔拉试件的分组情况如表 3-17 所示，共 24 组。每组 3 个试件，共 72 件。

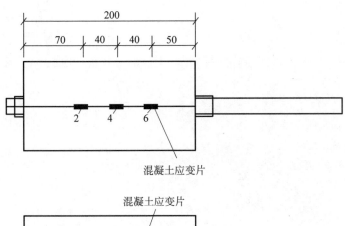

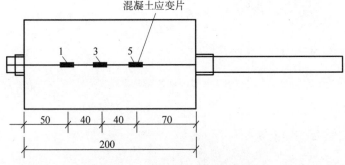

图 3-26　混凝土外贴应变片布置

表 3-17　拔拉试验分组

样本编号	再生骨料取代率/%	介质	箍筋	冻融循环次数/次
NAC-L-G	0	盐水	有	0、50、75、100、125
RAC-L-G	100	盐水	有	0、25、50、60、75、85、100、110、125
RAC-L-N	100	盐水	无	0、50、75、100、125
RAC-D-G	100	清水	有	0、50、75、100、125

注：RAC 为再生混凝土；NAC 为普通混凝土；L 表示冻融介质为 3.5% 浓度的 NaCl 溶液（盐水）；D 表示冻融介质为清水；N 表示未配置箍筋；G 表示配置了箍筋。

　　将混凝土拔拉试件分别置于清水及浓度为 3.5% 的 NaCl 溶液（盐水）中进行规定次数的快速冻融循环试验。

3.2.1.3　加载与测量

　　在液压伺服试验机上进行拔拉试验，施加的荷载由位移控制，整个过程控制位移速率为 0.3mm/min。拔拉试验加载装置，如图 3-27 所示。采用荷载传感器直接测量所施加的拔拉荷载，在钢筋自由端安装一个位移传感器用以测量自由端的滑移值，另外两个位移传感器安装在钢筋加载端以测量加载端的滑移值。荷载值、钢筋自由端滑移以及钢筋加载端滑移的数据均由静态数据采集系统同步采集。

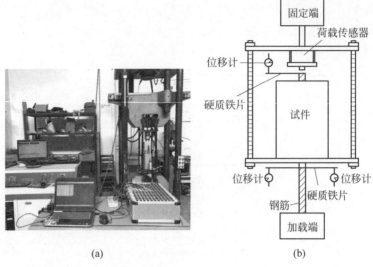

(a)   (b)

图 3-27   黏结-滑移拔出试验加载装置

(a) 加载装置；(b) 加载装置简图

3.2.2   试验结果与分析

3.2.2.1   拔拉试件冻融损伤试验现象

经历不同冻融循环次数后，各组混凝土拔拉试件外观的变化情况，如图 3-28～图 3-33 所示。

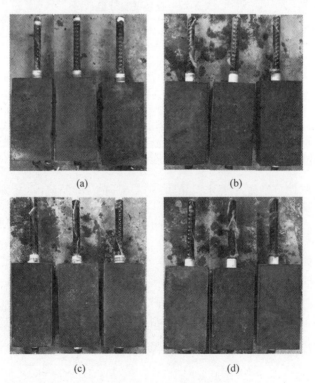

图 3-28   未冻融各组拔拉试件表面

(a) RAC-L-G；(b) RAC-D-G；(c) RAC-L-N；(d) NAC-L-G

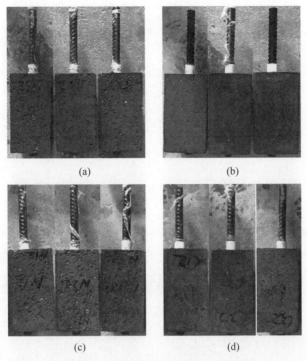

图 3-29 25 次冻融后各组拔拉试件表面
(a) RAC-L-G；(b) RAC-D-G；(c) RAC-L-N；(d) NAC-L-G

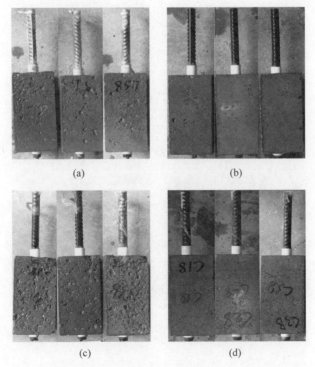

图 3-30 50 次冻融后各组拔拉试件表面
(a) RAC-L-G；(b) RAC-D-G；(c) RAC-L-N；(d) NAC-L-G

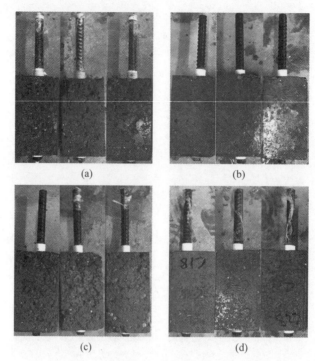

图 3-31　75 次冻融后各组拔拉试件表面

(a) RAC-L-G；(b) RAC-D-G；(c) RAC-L-N；(d) NAC-L-G

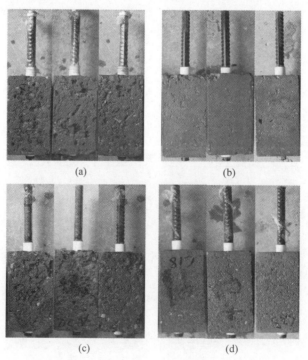

图 3-32　100 次冻融后各组拔拉试件表面

(a) RAC-L-G；(b) RAC-D-G；(c) RAC-L-N；(d) NAC-L-G

图 3-33　125 次冻融后各组拔拉试件表面

(a) RAC-L-G；(b) RAC-D-G；(c) RAC-L-N；(d) NAC-L-G

由图 3-28～图 3-33 可以看出，随着冻融循环次数的增加，混凝土拔拉试件的表面剥落现象愈发显著。与 3.1.2 节中棱柱体试件的冻融破坏现象进行比较可以看出，当经历相同冻融循环次数后，拔拉试件的表面粗糙程度高于棱柱体试件。这是尺寸效应所致，拔拉试件尺寸较小，比表面积大，受盐冻损伤的影响更大，从而导致其表面剥落更为严重。

由图 3-28～图 3-33 还可以看出，无论是再生混凝土还是普通混凝土，经历相同冻融循环次数后，在 NaCl 溶液（盐水）中冻融的拔拉试件的表面粗糙程度远高于在清水中冻融的拔拉试件；再生混凝土拔拉试件的表面粗糙程度明显高于普通混凝土拔拉试件，这与 3.1.2 节所得结论一致，其原因不再赘述。

另外，经历相同冻融循环次数后，配置箍筋拔拉试件的表面粗糙程度明显低于未配置箍筋的拔拉试件。产生这种情况的原因是，箍筋的约束作用在一定程度上抑制了混凝土内部裂缝的发展，从而使拔拉试件的抗冻性能有所提高。

3.2.2.2　冻融损伤后拔拉试件的质量变化

经历不同冻融循环次数后，各组混凝土拔拉试件的质量变化如表 3-18 所示。

表 3-18　冻融循环后拔拉试件的质量变化　　　　　　　　　　　　　　　　g

编号	冻融循环次数								
	0	25	50	60	75	85	100	110	125
NAC-L-G	5581.1	5603.2	5595.1	5592.7	5589.3	5582.8	5574	5570.2	5559.8
RAC-L-G	5014.3	5035.7	5025.2	5020.4	4963.5	4943.5	4886.4	4864.9	4808.9

编号	冻融循环次数								
	0	25	50	60	75	85	100	110	125
RAC-L-N	5048.8	5067.3	5022.3	4995.7	4928.0	4888.5	4812.4	4724.0	4646.3
RAC-D-G	5169.7	5214.0	5217.0	5209.1	5208.9	5207.4	5204.9	5194.1	5170.8

根据 3.1.2 节的方法，计算得到经历不同冻融循环次数后各组拔拉试件的质量损失率，如图 3-34 所示。

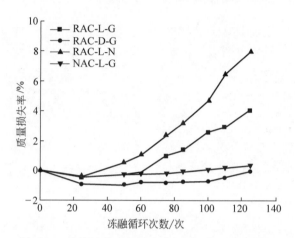

图 3-34　拔拉试件质量损失率与冻融循环次数关系

由表 3-18 以及图 3-34 的结果可以看出，随着冻融循环次数的增加，拔拉试件的质量呈现先增加后降低的趋势。经历相同冻融循环次数后，在 NaCl 溶液（盐水）中的拔拉试件的质量变化大于在清水中的拔拉试件；再生混凝土拔拉试件的质量变化大于普通混凝土拔拉试件的，这与 3.1.2 节得到的结论一致。

通过与 3.1.2 节中棱柱体试件的冻融试验结果进行对比可以看出，经历相同冻融循环次数后，拔拉试件的质量损失大于棱柱体试件的质量损失。经历 125 次盐冻循环后，再生混凝土拔拉试件（RAC-L-G）的质量损失率为 4.10%，而 3.1.2 节中再生混凝土棱柱体试件的质量损失率为 2.60%；普通混凝土拔拉试件（NAC-L-G）的质量损失率为 0.38%，而 3.1.2 节中普通混凝土棱柱体试件的质量损失率为 0.01%。如前文所述，拔拉试件的比表面积大，受盐冻损伤的影响更大，导致其表面剥落更为严重，其质量损失自然更大。

另外可以看出，经历相同冻融循环次数后，配置箍筋拔拉试件的质量损失明显低于未配置箍筋试件的质量损失。经历 125 次盐冻循环后，配置箍筋拔拉试件的质量损失率为 4.10%，而未配置箍筋试件的质量损失率达到了 7.90%。这是箍筋的约束作用在一定程度上抑制了混凝土内部裂缝的发展，试件的冻融损伤程度减小，从而导致冻融循环后试件的质量损失减小。

3.2.2.3　拔拉试件破坏形态

根据拔拉试验结果发现，两种介质（清水及 NaCl 溶液）中的冻融循环均未对拔拉试件的破坏形态产生影响。配置箍筋的再生混凝土拔拉试件及普通混凝土拔拉试件均发生拔出-劈裂破坏；而未配置箍筋的再生混凝土拔拉试件则发生劈裂破坏。冻融循环后拔拉试件典型的破坏形态如图 3-35 所示。

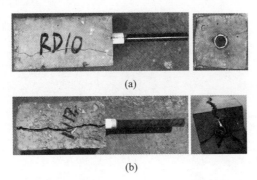

图 3-35　拔拉试件破坏形态
(a) 拔出-劈裂破坏；(b) 劈裂破坏

拔拉试件的破坏特点如下：

（1）拔出-劈裂破坏：当达到极限荷载时，拔拉试件发生轻微的劈裂，劈裂声较小，裂缝基本呈现条状，裂缝宽度较小。当达到极限荷载后，拔拉试件基本处于一个整体，且仍具有一定的黏结力。这是由于箍筋的存在，对拉拔时裂缝的发展起到抑制作用。

（2）劈裂破坏：当达到极限荷载时，拔拉试件无征兆的突然发生劈裂，劈裂裂缝宽度较大，并伴随有较大的破裂声，属于脆性破坏，拔拉试件被劈裂成 2～3 部分。一部分经历较多冻融循环次数的再生混凝土试件出现了再生粗骨料断裂的情况，而普通混凝土试件即便是经历了较多的冻融循环次数也几乎没有出现粗骨料断裂的情况，产生这种情况的原因是再生粗骨料本身就存在初始损伤（内部存在一些初始微裂缝），在冻融循环及拔拉力的作用下内部损伤不断积累，当积累到一定程度时就会导致再生粗骨料的断裂。

另外，在试验加载过程中可以发现，虽然配置箍筋的再生混凝土试件及普通混凝土试件均发生拔出-劈裂破坏，但相比再生混凝土试件，普通混凝土试件发生劈裂更为突然，劈裂裂缝发展更迅速。产生这种情况的原因是普通混凝土的脆性指数（抗压强度与劈裂抗拉强度之比）更高、延性更差[18]，从而导致其发生劈裂更为突然。而在加载过程中，在盐水中冻融的配置箍筋的再生混凝土试件与在清水中冻融的配置箍筋的再生混凝土试件的差别并不明显。

3.2.2.4　试验结果

假设混凝土与钢筋之间的黏结强度沿锚固长度均匀分布，平均黏结强度可根据式(3-9)进行计算：

$$\tau = \frac{F}{\pi d l_a} \tag{3-9}$$

式中，F 为试验测到的拔拉荷载，N；d 为钢筋直径，mm；l_a 为混凝土与钢筋锚固长度，mm。

表 3-19 列出了初始滑移黏结强度 τ_0（钢筋自由端发生滑动时的黏结强度），极限黏结强度 τ_u，残余黏结强度 τ_r，钢筋自由端峰值滑移 S_f 以及钢筋加载端峰值滑移 S_l。试件的命名规则如下：RAC 表示再生混凝土；NAC 表示普通混凝土；G 表示配置箍筋；N 表示未配置

箍筋；L 表示在盐水（浓度为 3.5% 的 NaCl 溶液）中遭受冻融循环；D 表示在清水中遭受冻融循环；数字表示冻融循环次数。如 RAC-L-G-25 表示配置箍筋的再生混凝土拔拉试件遭受 25 次盐冻循环。

表 3-19　试验结果汇总

试件编号	τ_0/MPa	τ_u/MPa	τ_r/MPa	S_f/mm	S_l/mm	破坏模式
RAC-L-G-0	6.94	14.70	1.93	0.225	0.612	拔出-劈裂破坏
RAC-L-G-25	5.85	14.10	1.83	0.365	0.800	拔出-劈裂破坏
RAC-L-G-50	4.48	13.20	2.04	0.590	0.925	拔出-劈裂破坏
RAC-L-G-60	4.07	12.63	1.96	0.630	1.115	拔出-劈裂破坏
RAC-L-G-75	3.38	11.96	1.74	0.765	1.210	拔出-劈裂破坏
RAC-L-G-85	3.01	11.34	1.52	0.920	1.380	拔出-劈裂破坏
RAC-L-G-100	2.67	10.40	1.91	1.100	1.575	拔出-劈裂破坏
RAC-L-G-110	1.98	9.50	1.14	1.210	1.650	拔出-劈裂破坏
RAC-L-G-125	0.90	8.49	0.92	1.240	1.780	拔出-劈裂破坏
RAC-L-N-0	5.92	14.02	—	0.120	0.205	劈裂破坏
RAC-L-N-50	3.82	10.94	—	0.129	0.226	劈裂破坏
RAC-L-N-75	3.06	9.64	—	0.145	0.305	劈裂破坏
RAC-L-N-100	1.61	8.18	—	0.175	0.510	劈裂破坏
RAC-L-N-125	0.53	5.56	—	0.385	0.825	劈裂破坏
RAC-D-G-0	7.19	14.80	1.02	0.200	0.590	拔出-劈裂破坏
RAC-D-G-50	6.76	13.90	2.01	0.510	0.735	拔出-劈裂破坏
RAC-D-G-75	5.45	13.14	1.40	0.640	0.876	拔出-劈裂破坏
RAC-D-G-100	3.71	11.75	1.62	0.805	1.140	拔出-劈裂破坏
RAC-D-G-125	1.57	10.13	1.44	1.140	1.610	拔出-劈裂破坏
NAC-L-G-0	14.40	20.73	2.65	0.090	0.485	拔出-劈裂破坏
NAC-L-G-50	13.64	19.95	2.28	0.190	0.605	拔出-劈裂破坏
NAC-L-G-75	12.99	19.41	2.83	0.235	0.705	拔出-劈裂破坏
NAC-L-G-100	10.49	18.79	2.52	0.365	0.875	拔出-劈裂破坏
NAC-L-G-125	7.72	17.68	2.17	0.575	0.950	拔出-劈裂破坏

3.2.2.5　冻融循环对黏结强度的影响

1. 初始滑移黏结强度

在施加拔拉荷载的初期，主要靠化学胶着力抵抗外部拔拉荷载。随着拔拉荷载的不断增大，混凝土与钢筋在胶结薄弱位置出现"脱胶"现象，化学胶着力失效，钢筋的自由端开始产生滑移，此时的黏结强度即为初始滑移黏结强度。

初始滑移黏结强度与冻融循环次数的关系如图 3-36 所示。

由图 3-36 可以看出，随着冻融循环次数的增加，各组拔拉试件的初始滑移黏结强度不断降低。产生这种情况的原因是混凝土与钢筋之间的化学胶着力随着冻融循环次数的增加不断下降，使得钢筋更容易发生滑移，从而导致了初始滑移黏结强度的下降。以 RAC-L-G 组为例，经历 125 次盐冻循环后的初始滑移黏结强度比未经历盐冻循环时下降了 6.04MPa。由此可见，盐冻循环对再生混凝土与钢筋之间化学胶着力的影响较大。

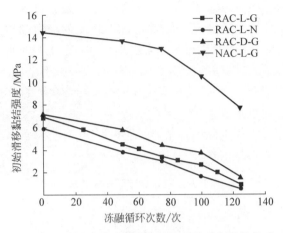

图 3-36　初始滑移黏结强度与冻融循环次数的关系

由图 3-36 还可以看出，经历相同冻融循环次数后，再生混凝土试件的初始黏结滑移强度低于普通混凝土试件的初始黏结滑移强度。经历 125 次盐冻循环后，再生混凝土试件（RAC-L-G）的初始黏结滑移强度为 0.90MPa，而普通混凝土试件（NAC-L-G）的初始黏结滑移强度为 7.72MPa。

另外，在清水中冻融试件的初始黏结滑移强度大于在盐水中冻融试件的初始黏结滑移强度。经历 125 次冻融循环后，在清水中冻融的再生混凝土试件（RAC-D-G）的初始黏结滑移强度比在盐水中冻融的再生混凝土试件（RAC-L-G）的高 0.67MPa；配置箍筋试件的初始黏结滑移强度大于未配置箍筋试件的初始黏结滑移强度。经历 125 次冻融循环后，未配置箍筋的再生混凝土试件（RAC-L-N）的初始黏结滑移强度仅为 0.53MPa，配置箍筋的再生混凝土试件（RAC-L-G）的初始黏结滑移强度比未配置箍筋的再生混凝土试件（RAC-L-N）高 0.37MPa。

2. 极限黏结强度

极限黏结强度是评价再生混凝土与钢筋黏结性能的重要指标之一。极限黏结强度与冻融循环次数的关系如图 3-37 所示。

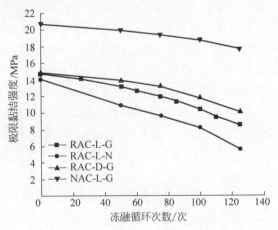

图 3-37　极限黏结强度与冻融循环次数的关系

由图 3-37 可以看出,随着冻融循环次数的增加,各组拔拉试件的极限黏结强度呈现下降的趋势。以 RAC-L-G 组为例,经历 125 次盐冻循环后的极限黏结强度比未经历盐冻循环时下降了 9.14MPa。产生这种情况的原因如下:一方面,混凝土抗压强度随着冻融循环的增加而减小,从而使混凝土与钢筋黏结力不断下降;另一方面,冻融损伤使混凝土内部裂缝不断扩展,混凝土与钢筋黏结面的破坏程度随着冻融循环次数的增加而增大,进而导致混凝土与钢筋之间的黏结性能不断退化。

为进一步研究极限黏结强度随冻融循环的变化情况,计算得到各组拔拉试件经历不同冻融循环次数后的极限黏结强度损失率,如表 3-20 所示。

表 3-20　极限黏结强度损失率　　　　　　　　　　　　　　　　　%

冻融循环次数/次	RAC-L-G	RAC-D-G	RAC-L-N	NAC-L-G
0	0	0	0	0
50	10.20	6.08	21.95	3.76
75	18.64	11.22	31.28	6.37
100	29.25	20.61	41.67	9.36
125	42.24	31.55	60.30	14.71

由表 3-20 可看出,经历相同冻融循环次数后,在 NaCl 溶液(盐水)中冻融的再生混凝土试件的极限黏结强度损失率大于在清水中冻融的再生混凝土试件的极限黏结强度损失率,而且这种差距随着冻融次数的增加而增大。经历 125 次冻融循环后,在盐水中冻融的再生混凝土试件(RAC-L-G)的极限黏结强度损失率达到了 42.24%,而在清水中冻融的再生混凝土试件(RAC-D-G)的极限黏结强度损失率为 31.55%。产生这种情况的原因如下:盐溶液增加了混凝土内部的结冰压力,并使混凝土内部产生应力差。这不仅加剧了混凝土内部微观结构的破坏,而且加剧了混凝土与钢筋之间黏结面的破坏。使混凝土的内部结构变得疏松的同时,也使得混凝土与钢筋的黏结面产生更多的裂缝,从而导致混凝土与钢筋黏结强度的下降更为显著。

由表 3-20 还可以看出,经历相同盐冻循环次数后,再生混凝土试件的极限黏结强度损失率大于普通混凝土试件的极限黏结强度损失率。经历 125 次盐冻循环后,普通混凝土试件(NAC-L-G)的极限黏结强度损失率为 14.71%,远小于再生混凝土试件(RAC-L-G)的极限黏结强度损失率。产生这种情况的原因如下:一方面,相同配合比的情况下,再生混凝土的强度低于普通混凝土,使得再生混凝土与钢筋的黏结力小于普通混凝土试件;另一方面,再生混凝土的抗冻性能较差,当盐冻循环次数相同时,再生混凝土与钢筋黏结面所产生的损伤大于普通混凝土试件,从而导致其与钢筋之间的黏结强度下降更为严重。

另外,未配置箍筋的再生混凝土试件的极限黏结强度损失率远大于配置箍筋的再生混凝土试件的极限黏结强度损失率。经历 125 次盐冻循环后,未配置箍筋的再生混凝土试件(RAC-L-N)的极限黏结强度损失率高达 60.30%。这说明箍筋对盐冻循环后再生混凝土与钢筋黏结强度的下降起到了抑制作用。

普遍认为随着混凝土力学性能的降低,混凝土与钢筋的黏结性能将不断降低。因此,在对混凝土与钢筋的黏结性能进行比较分析时,有必要考虑混凝土抗压强度对黏结性能的影响。因此,需要定义一种相对黏结强度以消除混凝土抗压强度对极限黏结强度的影响。大

多数学者认为抗压强度的平方根是相对黏结强度最合适的参数,因此定义相对黏结强度 τ_{ur}[19]:

$$\tau_{ur} = \frac{\tau_u}{\sqrt{f_c}} \tag{3-10}$$

各组试件的相对黏结强度与冻融循环次数的关系,如图 3-38 所示。

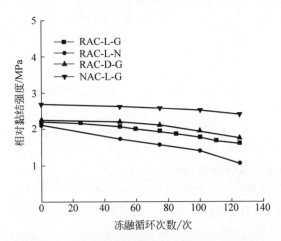

图 3-38 相对黏结强度与冻融循环次数的关系

由图 3-38 可以看出,随着冻融循环次数的增加,各组拔拉试件的相对黏结强度仍呈现降低的趋势。可见,冻融循环后混凝土与钢筋黏结强度的下降不仅与混凝土抗压强度的下降有关,更与冻融循环后混凝土与钢筋黏结面的损伤有关。另外可以看出,当经历相同盐冻循环次数后,再生混凝土的相对黏结强度仍小于普通混凝土的相对黏结强度。文献[19]也得到了类似结论:混凝土与钢筋的相对黏结强度随着再生粗骨料取代率的增加而降低。

由图 3-38 还可以看出,随着冻融循环次数的增加,各组试件相对黏结强度的下降程度远小于其极限黏结强度的下降程度。经历 125 次冻融循环后,RAC-L-G 组、RAC-D-G 组、NAC-L-G 组及 RAC-L-N 组的相对黏结强度的损失率分别为 27.48%、22.09%、10.55% 和50.21%。产生这种情况的原因是相对黏结强度消除了冻融循环后混凝土立方体抗压强度下降对混凝土与钢筋黏结强度的影响。

3. 残余黏结强度

配置箍筋拔拉试件的残余黏结强度与冻融循环次数的关系如图 3-39 所示(未配置箍筋的拔拉试件发生劈裂破坏,不存在残余黏结强度)。

由图 3-39 可以看出,总体看来,各组试件的残余黏结强度随着冻融循环次数的增加大体呈现下降的趋势。在此阶段主要依靠箍筋的约束以及周围混凝土对钢筋的阻塞作用抵抗外部拔拉荷载,由于所配置的箍筋均一致,因此周围混凝土对钢筋的阻塞作用决定了此阶段黏结力的大小。随着冻融循环次数的增加混凝土逐渐变得疏松,混凝土对钢筋的阻塞作用不断减小,因此其残余黏结强度呈现下降的趋势。

另外可以看出,图 3-39 中个别数据点(圆圈标注的点)表现出较为明显的异常,出现这种情况的原因可能是拔拉试件发生拔出-劈裂破坏,当试件发生劈裂时,混凝土的劈裂破坏程度具有一定的随机性。

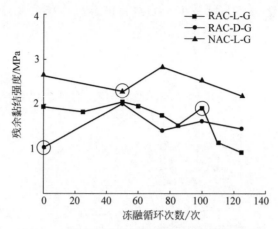

图 3-39　残余黏结强度与冻融循环次数的关系

3.2.2.6　冻融循环对峰值滑移的影响

峰值滑移即达到极限黏结强度时所对应的钢筋滑移值。各组拔拉试件的峰值滑移(包括自由端峰值滑移和加载端峰值滑移)与冻融循环次数之间的关系,如图 3-40 所示。

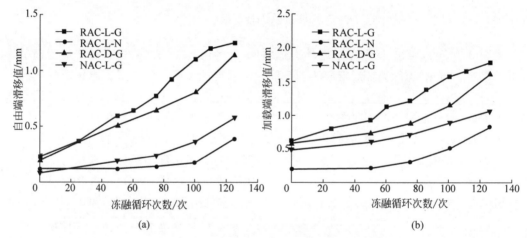

图 3-40　峰值滑移随冻融循环次数的变化曲线

(a) 自由端滑移;(b) 加载端滑移

由图 3-40 可以看出,随着冻融循环次数的增加,各组试件的自由端峰值滑移及加载端峰值滑移均呈现增长的趋势。在 NaCl 溶液中冻融的再生混凝土拔拉试件的自由端峰值滑移以及加载端峰值滑移均大于在清水中冻融的再生混凝土拔拉试件。经历 125 次冻融循环后,在 NaCl 溶液中冻融的再生混凝土试件(RAC-L-G)的自由端峰值滑移及加载端峰值滑移分别为 1.240mm 和 1.780mm;在清水中冻融的再生混凝土试件(RAC-D-G)的自由端峰值滑移及加载端峰值滑移分别为 1.140mm 和 1.610mm。这是由于相比普通冻融循环,盐冻循环对混凝土内部的损伤更为严重,混凝土与钢筋的接触面产生更多的裂缝,所以更多的溶液进入钢筋周围的混凝土中,并在冻结阶段结成冰。当进入融化阶段后,冰重新变成水,使钢筋周围的混凝土变得更加疏松,试件抵抗钢筋滑移的能力下降,从而导致加载过程中钢筋的滑移值增大。

由图 3-40 还可以看出,当盐冻循环次数相同时,再生混凝土拔拉试件的自由端峰值滑移及加载端峰值滑移均大于普通混凝土拔拉试件。经历 125 次盐冻循环后,普通混凝土试件(NAC-L-G)的自由端峰值滑移及加载端峰值滑移分别为 0.575mm 和 0.950mm,远小于再生混凝土试件(RAC-L-G)的峰值滑移。产生这种情况的原因是再生混凝土的抗冻性能较差,盐冻循环后钢筋周围的再生混凝土更为疏松,从而导致钢筋的滑移值更大。

另外,相比配置箍筋的再生混凝土拔拉试件,未配置箍筋的再生混凝土拔拉试件的自由端峰值滑移以及加载端峰值滑移均较小。经历 125 次盐冻循环后,未配置箍筋的再生混凝土试件(RAC-L-N)的自由端峰值滑移及加载端峰值滑移分别为 0.385mm 和 0.825mm。这是由于未配置箍筋的试件在钢筋滑移较小时已经发生了劈裂破坏。

3.2.2.7 拔出-劈裂破坏试件的黏结-滑移曲线

RAC-L-G 组、NAC-L-G 组以及 RAC-D-G 组均发生拔出-劈裂破坏,其黏结-滑移曲线如图 3-41～图 3-43 所示。

由图 3-41～图 3-43 可以看出,虽然拔拉试件发生了劈裂,但由于配置了箍筋,限制了裂缝的发展,在加载过程中仍可以采集到混凝土与钢筋黏结-滑移曲线的下降段。其黏结-滑

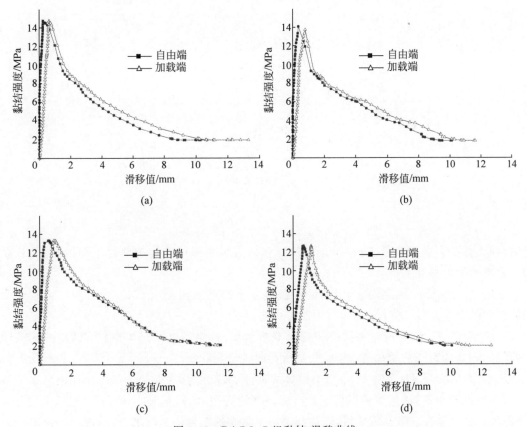

图 3-41 RAC-L-G 组黏结-滑移曲线

(a) 未盐冻循环;(b) 25 次盐冻循环;(c) 50 次盐冻循环;(d) 60 次盐冻循环;

(e) 75 次盐冻循环;(f) 85 次盐冻循环;(g) 100 次盐冻循环;(h) 110 次盐冻循环;(i) 125 次盐冻循环

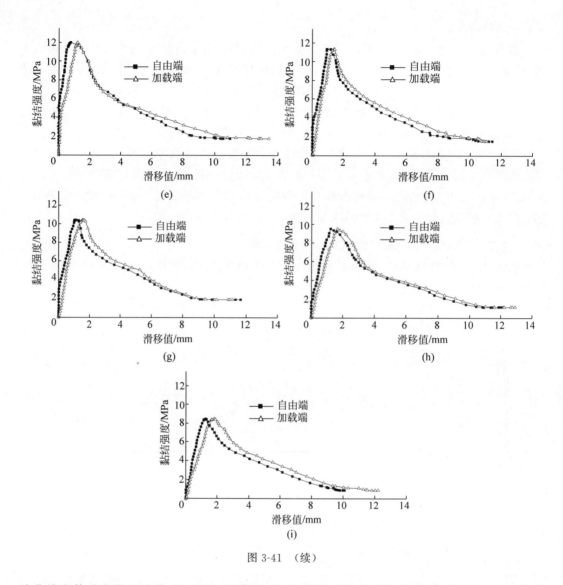

图 3-41 （续）

移曲线大体分为微滑移段、滑移段、下降段（包括劈裂下降段和加速滑移下降段）以及残余段，对各阶段的描述如下：

（1）微滑移段。在此阶段，钢筋的加载端发生轻微的滑动，而钢筋的自由端未产生滑移，说明此时荷载较小，并未传递到钢筋自由端。

（2）滑移段。随着所施加拔拉荷载的不断增加，自由端开始产生滑移；即将达到极限荷载时，钢筋的滑移开始加速，此时黏结-滑移曲线呈现非线性。

（3）下降段。对于发生拔出-劈裂破坏的试件，该阶段分为劈裂下降段和加速滑移下降段。当达到极限荷载时，拔拉试件开始出现轻微的劈裂，此时荷载迅速下降，该阶段为劈裂下降段；之后荷载下降有所减缓，而加载端与自由端的滑移快速增加，该阶段为加速滑移下降段。

（4）残余段。此阶段主要依靠箍筋的约束以及周围混凝土对钢筋的阻塞作用抵抗外部拔拉荷载，混凝土与钢筋的黏结力基本保持不变，滑移值不断增加。

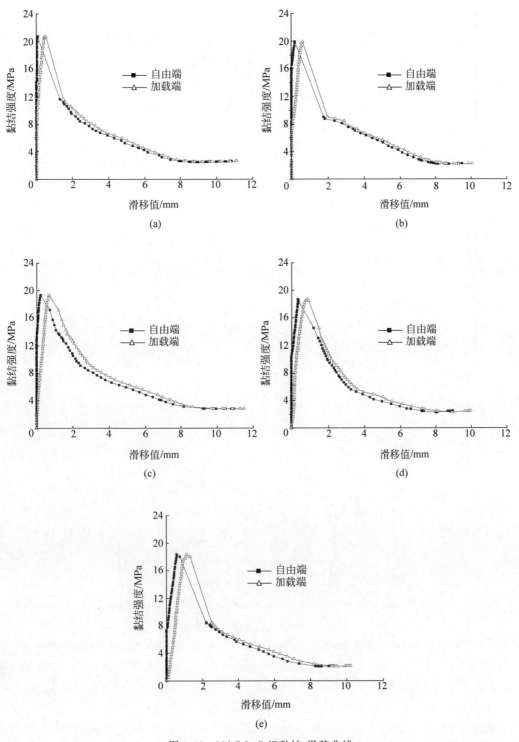

图 3-42　NAC-L-G 组黏结-滑移曲线

（a）未盐冻循环；（b）50 次盐冻循环；（c）75 次盐冻循环；（d）100 次盐冻循环；（e）125 次盐冻循环

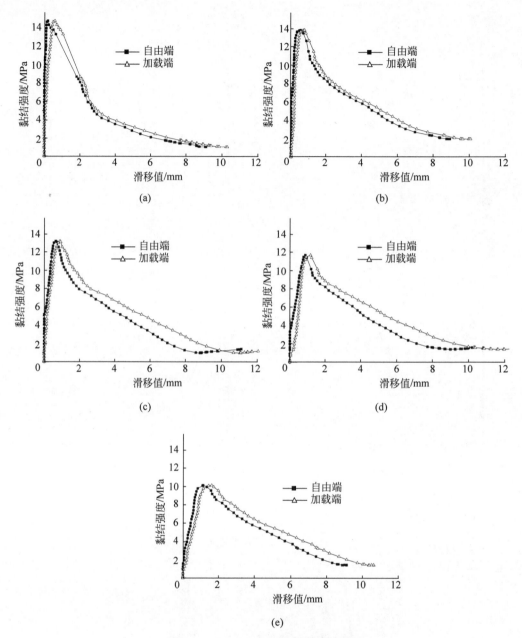

图 3-43　RAC-D-G 组黏结-滑移曲线

（a）未冻融循环；（b）50 次冻融循环；（c）75 次冻融循环；（d）100 次冻融循环；（e）125 次冻融循环

3.2.2.8　劈裂破坏试件的黏结-滑移曲线

RAC-L-N 组发生劈裂破坏，其黏结-滑移曲线如图 3-44 所示。

由图 3-44 可以看出，对于未配置箍筋的拔拉试件，由于发生劈裂破坏，其黏结-滑移曲线并不完整，只有上升段，没有下降段以及残余段。其黏结-滑移曲线大体分为微滑移段、滑移段以及劈裂段。

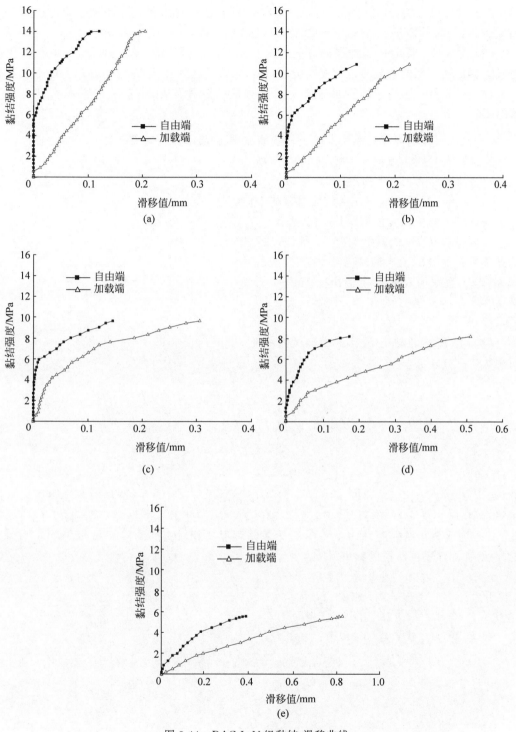

图 3-44　RAC-L-N 组黏结-滑移曲线

(a)未盐冻循环；(b)50 次盐冻循环；(c)75 次盐冻循环；(d)100 次盐冻循环；(e)125 次盐冻循环

（1）微滑移段。在此阶段，钢筋的加载端发生轻微的滑动，而钢筋的自由端未产生滑移。混凝土与钢筋处于完全黏结状态，黏结力和滑移值呈现线性关系。

（2）滑移段。随着所施加拔拉荷载的不断增加，自由端开始产生滑移；即将达到极限荷载时，钢筋的滑移开始加速，黏结-滑移曲线呈现非线性。

（3）劈裂段。随着所施加拔拉荷载的进一步增加，钢筋自由端及加载端的滑移均快速增长。钢筋肋周围的混凝土发生局部破坏，加载端混凝土开始出现裂缝，并向自由端及混凝土表面快速发展。最后裂缝贯穿整个试件，试件最终被劈裂成 2～3 部分，拔拉荷载迅速下降至零。

3.2.2.9　盐冻循环后再生混凝土与钢筋黏结-滑移本构关系模型

盐冻循环后再生混凝土与钢筋的黏结-滑移曲线可分为微滑移段、滑移段、下降段以及残余段。其中，由于试件发生拔出-劈裂破坏，将下降段分为劈裂下降段以及加速滑移下降段。

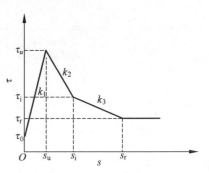

图 3-45　黏结-滑移本构关系模型

根据试验结果，在何世钦等[20]所提出的盐冻循环后普通混凝土与钢筋黏结-滑移模型的基础上，建立盐冻循环后再生混凝土与钢筋的黏结-滑移（自由端滑移）本构关系模型，如图 3-45 所示。

图 3-45 所示的黏结-滑移的本构关系模型，可由式（3-11）表示：

$$\tau = \begin{cases} \tau_0, & s = 0 \\ \tau_0 + k_1 s, & 0 < s \leqslant s_u \\ \tau_u - k_2(s - s_u), & s_u < s \leqslant s_i \\ \tau_i - k_3(s - s_i), & s_i < s \leqslant s_r \\ \tau_r, & s > s_r \end{cases} \tag{3-11}$$

式中，τ_0 为初始滑移黏结强度，MPa；τ_u 为极限黏结强度，MPa；s_u 为极限黏结强度所对应的滑移值，mm；τ_i 为加速滑移黏结强度，MPa；s_i 为加速滑移黏结强度所对应的滑移值，mm；τ_r 为残余黏结强度，MPa；s_r 为残余黏结强度所相对应的滑移值，mm；k_1，k_2，k_3 为黏结-滑移曲线不同阶段的斜率。

k_1，k_2，k_3 可由下式表示：

$$k_1 = \frac{\tau_u - \tau_0}{s_u}, \quad k_2 = \frac{\tau_u - \tau_i}{s_u - s_i}, \quad k_3 = \frac{\tau_i - \tau_r}{s_i - s_r}$$

将 k_1，k_2，k_3 代入式（3-11）中：

$$\tau = \begin{cases} \tau_0, & s = 0 \\ \tau_0 + \dfrac{\tau_u - \tau_0}{s_u}s, & 0 < s \leqslant s_u \\ \tau_u - \dfrac{\tau_u - \tau_i}{s_u - s_i}(s - s_u), & s_u < s \leqslant s_i \\ \tau_i - \dfrac{\tau_i - \tau_r}{s_i - s_r}(s - s_i), & s_i < s \leqslant s_r \\ \tau_r, & s > s_r \end{cases} \tag{3-12}$$

根据试验数据,分别对 τ_0、τ_u、τ_i、τ_r、s_u 以及 s_i 与盐冻循环次数 n 分别进行拟合,结果如下:

$$\tau_{0,n} = 6.9246 - 0.0461n, \quad R^2 = 0.9913 \tag{3-13}$$

$$\tau_{u,n} = -3 \times 10^{-4} n^2 - 0.078n + 14.703, \quad R^2 = 0.9992 \tag{3-14}$$

$$s_{u,n} = 2 \times 10^{-5} n^2 + 0.007n + 0.1985, \quad R^2 = 0.9703 \tag{3-15}$$

$$\tau_{i,n} = 7 \times 10^{-6} n^3 + 0.0016n^2 + 0.0679n + 8.524, \quad R^2 = 0.9001 \tag{3-16}$$

$$s_{i,n} = 5 \times 10^{-6} n^3 + 0.001n^2 - 0.0414n + 1.858, \quad R^2 = 0.8375 \tag{3-17}$$

$$\tau_{r,n} = 1 \times 10^{-6} n^3 + 0.0001n^2 + 0.0021n + 1.911, \quad R^2 = 0.7934 \tag{3-18}$$

为了方便计算,s_r 统一取 8mm。将经历不同盐冻循环后拔拉试件的试验数据代入式(3-13)～式(3-18),即可得到不同盐冻循环后再生混凝土与钢筋的黏结-滑移曲线。

在图 3-46 中对理论曲线和试验曲线进行了比较,可以看出理论曲线与试验曲线具有较好的吻合性。

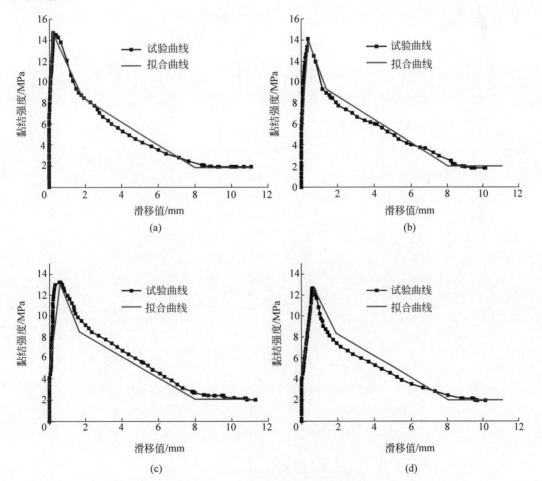

图 3-46　试验曲线与拟合曲线的对比

(a) 未盐冻循环;(b) 25 次盐冻循环;(c) 50 次盐冻循环;(d) 60 次盐冻循环;

(e) 75 次盐冻循环;(f) 85 次盐冻循环;(g) 100 次盐冻循环;(h) 110 次盐冻循环;(i) 125 次盐冻循环

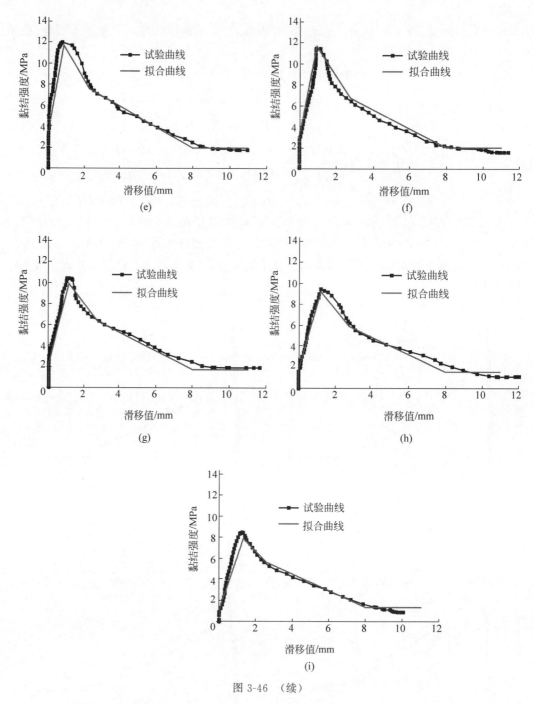

图 3-46 （续）

3.3 冻融环境下再生混凝土构件性能

3.3.1 试验概况

试验梁均为矩形截面简支梁,尺寸均为 $b \times h = 100\mathrm{mm} \times 150\mathrm{mm}$,跨度 $L = 900\mathrm{mm}$,净

跨 L_0＝800mm。混凝土强度等级为 C30,混凝土保护层厚度为 15mm。纵筋为 2 根 HRB 400 级直径为 16mm 的钢筋,箍筋为 HPB 300 级直径为 6mm 的钢筋。受压区钢筋为 HRB 400 级直径为 8mm 的钢筋。HPB 300 级钢筋的抗拉强度为 $467N/mm^2$;HRB 400 级钢筋的抗拉强度为 $499N/mm^2$。

为测量钢筋的应变,钢筋混凝土梁浇筑之前,在每根梁纵筋表面粘贴一片应变片,在剪弯段的 2 个箍筋分别粘贴一片应变片。

浇筑了 4 批共 48 个 100mm×100mm×300mm 的棱柱体试件,同时每个编号的试件还浇筑了 6 个共计 96 个 100mm×100mm×100mm 的立方体试件,用于冻融前测量原始强度以及冻融到预定循环时测量冻融后强度。各批次的配合比如表 3-21 所示。浇筑后,在室内空调房内停放 24h,拆模,浇水养护 7d,后静置养护至试验开始。

表 3-21　各批次浇筑混凝土配合比　　　　　　kg・m^{-3}

类别	试件编号	水的用量（含粗骨料的预加水）	水泥的用量	砂的用量	粗骨料的用量		减水剂的用量	引气剂的用量
					再生粗骨料	天然粗骨料		
再生混凝土	1～8	186.0	404.7	646.5	1011.6	0	2.430	0.243
普通混凝土	9～16	150.0	404.7	646.5	0	1011.6	2.430	0.243

本试验采用 TDRF-2 型混凝土快速冻融机进行冻融试验。冻融试验后进行静力加载试验。在混凝土跨中、两端支座处分别布置位移传感器,用于测量不同荷载下的混凝土跨中位移和支座位移。在梁中部均匀布置 5 条混凝土应变片,在梁的剪弯区对称布置混凝土应变花,用于测量不同荷载下的混凝土应变。荷载通过分配梁对称加载。试验中压力传感器的示数由一台静态应变仪直接显示。钢筋应变片、混凝土应变片和位移计的示数均通过连接静态应变仪的计算机采集。试验加载装置如图 3-47 所示。

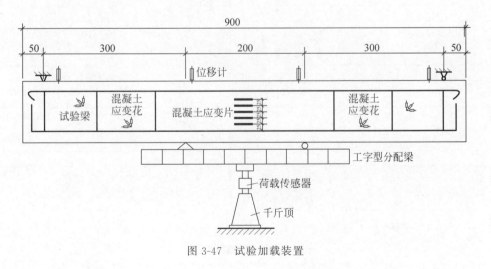

图 3-47　试验加载装置

3.3.2 冻融后梁斜截面受剪试验结果与分析

3.3.2.1 试件斜截面裂缝的发展及破坏形式

根据试验过程中描画的裂缝发展线条,利用画图软件描绘出裂缝位置,8根普通混凝土梁和8根再生混凝土梁的裂缝发展见图3-48。

从图3-48中的裂缝发展过程可以看出,普通混凝土梁和再生混凝土梁均发生了剪压破坏。如图3-49和图3-50所示,当荷载小于混凝土的开裂荷载时,梁内应力较低,无裂缝出现。荷载增大,达到混凝土的抗拉强度时,首先在梁的跨中纯弯段部分出现受拉裂缝,裂缝与梁长方向垂直,即自下而上发展延伸。荷载继续增大,梁的剪跨段内弯矩增大,出现弯剪裂

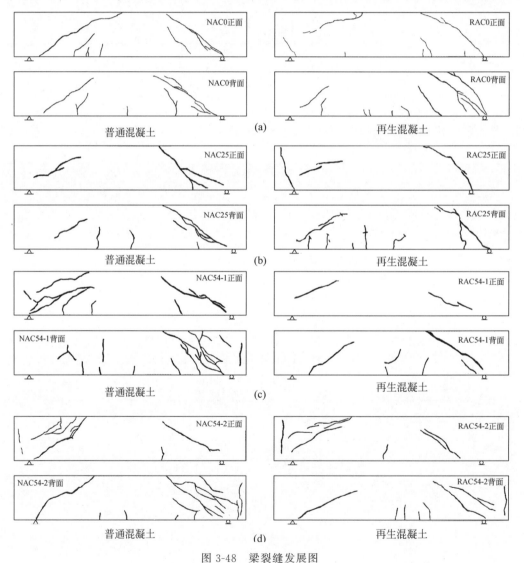

图 3-48 梁裂缝发展图

(a) 未冻融循环;(b) 25次冻融循环;(c) 54次冻融循环(梁1);(d) 54次冻融循环(梁2);
(e) 79次冻融循环;(f) 104次冻融循环;(g) 129次冻融循环;(h) 154次冻融循环

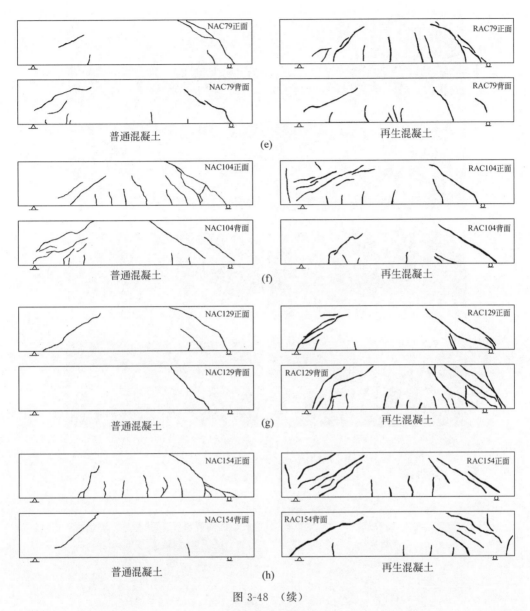

图 3-48　（续）

缝,在底部与纵筋轴线垂直,向上延伸时倾斜角逐渐减小,大约与主压应力轨迹一致,即垂直于各点主拉应力方向。荷载继续增大,已有弯剪裂缝发展延伸,同时,腹剪裂缝出现,此时跨中的竖向裂缝不再发展。荷载继续增大,腹剪裂缝同时向两个方向发展,向上延伸,倾斜角逐渐减小达到荷载板下方;向下延伸,倾斜角逐渐增大,至与钢筋处近似垂直相交,形成临界荷载裂缝。荷载继续增大,裂缝的宽度继续扩展,直至梁失去承载力。

3.3.2.2　平截面假定验证

平截面假定在混凝土与钢结构中应用广泛,满足平截面假定的梁叫作欧拉-伯努利梁,不能忽略剪切变形(即不符合平截面假定)的梁叫铁木辛柯梁。加载过程中,选取具有代表性的荷载,在每一级荷载读取试验梁截面应变值,得到试验梁跨中截面应变分布如图3-51

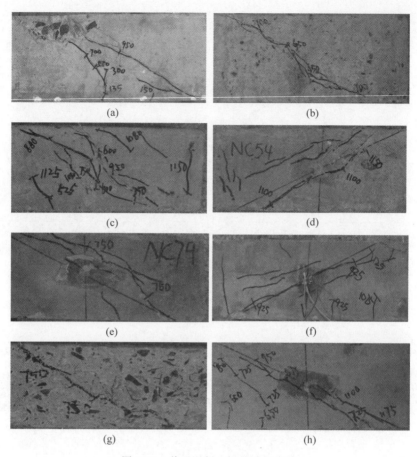

图 3-49　普通混凝土梁的破坏形式

（a）未冻融循环；（b）25 次冻融循环；（c）54 次冻融循环（梁 1）；（d）54 次冻融循环（梁 2）；
（e）79 次冻融循环；（f）104 次冻融循环；（g）129 次冻融循环；（h）154 次冻融循环

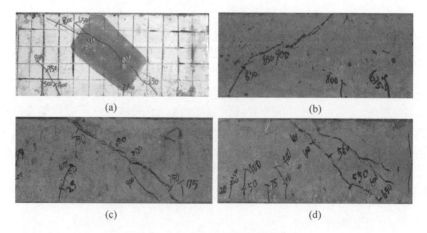

图 3-50　再生混凝土梁的破坏形式

（a）未冻融循环；（b）25 次冻融循环；（c）54 次冻融循环（梁 1）；（d）54 次冻融循环（梁 2）；
（e）79 次冻融循环；（f）104 次冻融循环；（g）129 次冻融循环；（h）154 次冻融循环

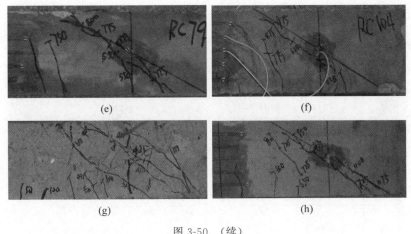

图 3-50 （续）

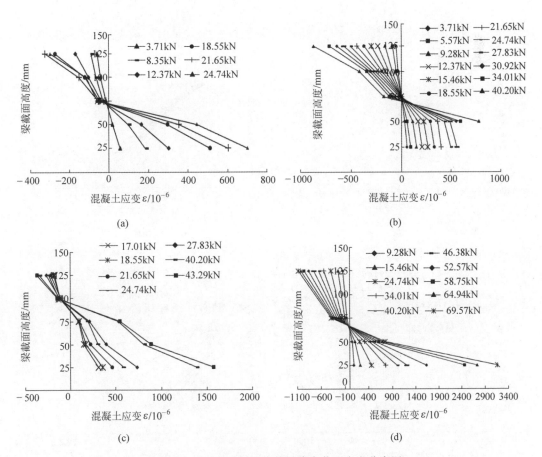

图 3-51 不同冻融循环次数梁跨中截面应变分布图

(a) 普通混凝土未冻融循环；(b) 再生混凝土未冻融循环；(c) 普通混凝土 25 次冻融循环；(d) 再生混凝土 25 次冻融循环；(e) 普通混凝土 54 次冻融循环(梁 1)；(f) 再生混凝土 54 次冻融循环(梁 1)；(g) 普通混凝土 54 次冻融循环(梁 2)；(h) 再生混凝土 54 次冻融循环(梁 2)；(i) 普通混凝土 79 次冻融循环；(j) 再生混凝土 79 次冻融循环；(k) 普通混凝土 104 次冻融循环；(l) 再生混凝土 104 次冻融循环；(m) 普通混凝土 129 次冻融循环；(n) 再生混凝土 129 次冻融循环；(o) 普通混凝土 154 次冻融循环；(p) 再生混凝土 154 次冻融循环

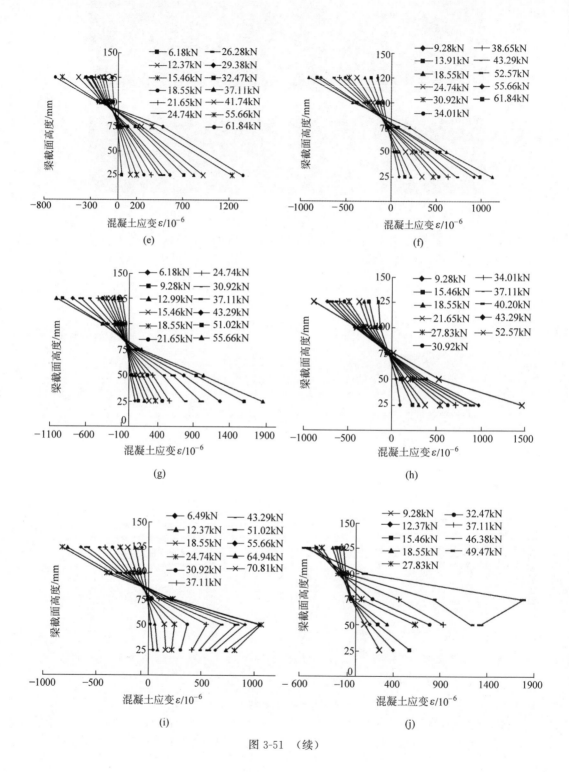

图 3-51 （续）

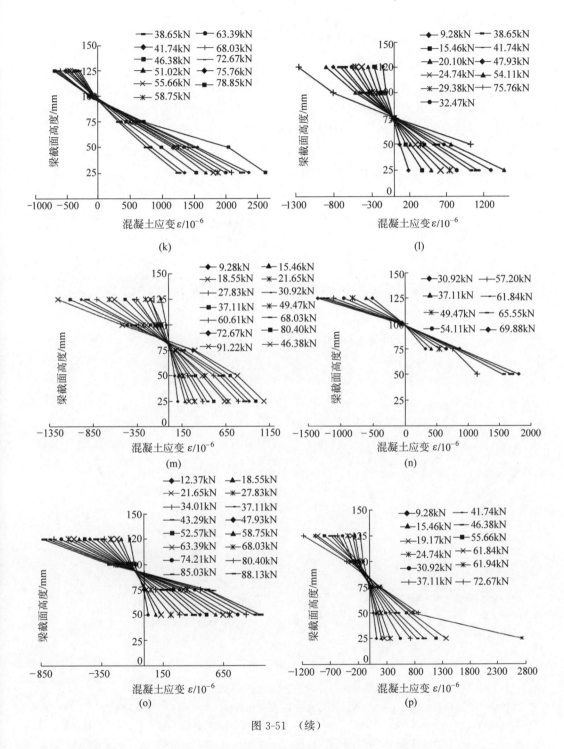

图 3-51 （续）

所示。经历冻融后，不论是普通混凝土梁，还是再生混凝土梁，试验梁跨中截面均能较好地符合平截面假定。且从图 3-51 中可以看出，随着荷载的不断增大，无论是再生混凝土梁还是普通混凝土梁，中性轴都在慢慢上移。比较同一冻融循环下的再生混凝土梁与普通混凝土梁,在同一荷载作用下,再生混凝土梁的中心轴低于普通混凝土,这是由在梁的配筋相同的情况下同一配合比的再生混凝土的强度低于普通混凝土所致。

3.3.2.3 冻融后梁钢筋应变分析

冻融后再生混凝土梁内纵筋、箍筋应变大小和变化规律反映了梁的受力状态,本节对冻融后再生混凝土梁内纵筋和箍筋的应变进行分析,为冻融后再生混凝土梁抗剪承载力计算模型提供依据。

下面对不同冻融循环次数的再生混凝土梁和普通混凝土梁纵筋应变测试结果进行分析,给出荷载-纵筋应变曲线,如图 3-52 所示。

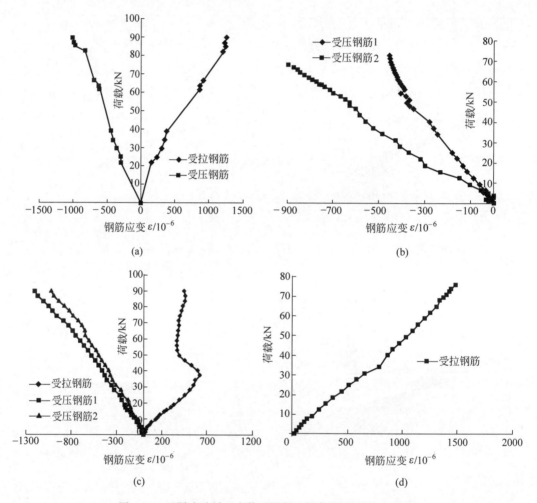

图 3-52 不同冻融循环次数下混凝土梁荷载-纵筋应变关系

(a) 普通混凝土未冻融循环;(b) 再生混凝土未冻融循环(受拉钢筋应变片坏);(c) 普通混凝土 25 次冻融循环;(d) 再生混凝土 25 次冻融循环(受压钢筋应变片坏);(e) 普通混凝土 54 次冻融循环(梁1);(f) 再生混凝土 54 次冻融循环(梁1);(g) 普通混凝土 54 次冻融循环(梁2);(h) 再生混凝土 54 次冻融循环(梁2);(i) 普通混凝土 79 次冻融循环;(j) 再生混凝土 79 次冻融循环;(k) 普通混凝土 104 次冻融循环;(l) 再生混凝土 104 次冻融循环;(m) 普通混凝土 129 次冻融循环;(n) 再生混凝土 129 次冻融循环

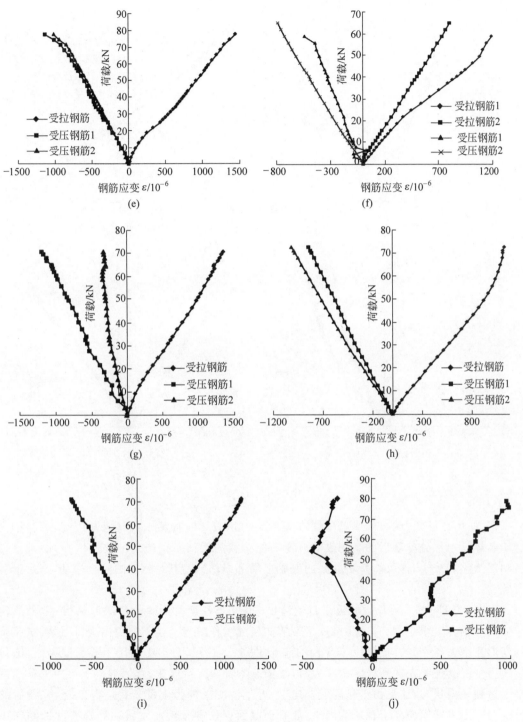

图 3-52　（续）

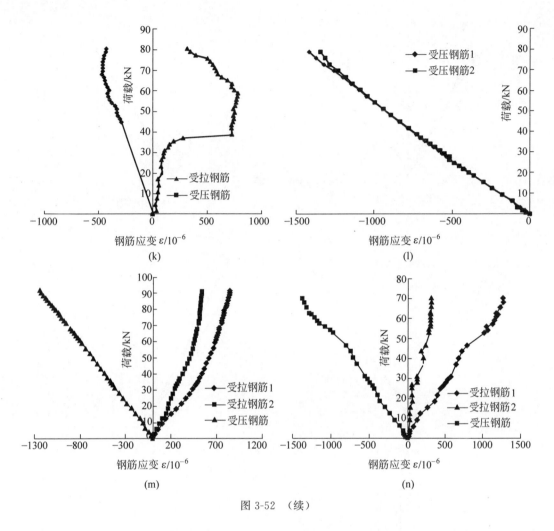

图 3-52 （续）

据图 3-52 可知,试验梁纵筋应变在梁发生剪切破坏时都还未到其屈服应变,试验梁为剪压破坏。但部分冻融后的梁的纵筋应变随着荷载的增加不是严格的线性增加,而是出现波动甚至应变减小,这可能是由冻融的混凝土局部损伤致使其与钢筋的咬合松动,产生滑移所致。

由图 3-53 可知:从开始加载到斜裂缝出现之前,各试验梁的剪切变形都很小,箍筋的应变增加幅度也很小,此时试验梁处于带弯曲裂缝工作阶段。当斜裂缝出现以后,各试验梁的变形在增大,箍筋的应变也在急剧增加。从图 3-53 中可以发现,相比于普通混凝土,冻融后的再生混凝土梁在达到极限承载力时,箍筋基本都未发生屈服,普通混凝土梁中的箍筋基本都达到屈服状态,这是由于相同配合比下,再生混凝土的强度低于普通混凝土,冻融后的再生混凝土内部损伤高于普通混凝土,混凝土截面损伤导致箍筋对斜裂缝发展的抑制作用被削弱了。

此外,试验梁不同位置处的箍筋在斜裂缝未出现之前应变值几乎相等,在斜裂缝出现后不同位置处箍筋应变发展情况不同。这与试验结果是一致的,在试验中发现斜裂缝与箍筋相交时,箍筋的应变值较大,而斜裂缝在箍筋之间产生时,箍筋的应变较小。

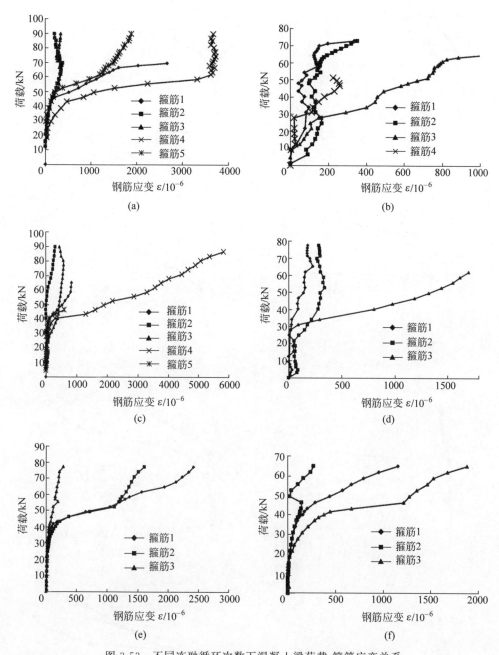

图 3-53　不同冻融循环次数下混凝土梁荷载-箍筋应变关系

(a) 普通混凝土未冻融循环；(b) 再生混凝土未冻融循环；(c) 普通混凝土 25 次冻融循环；(d) 再生混凝土 25 次冻融循环；(e) 普通混凝土 54 次冻融循环(梁 1)；(f) 再生混凝土 54 次冻融循环(梁 1)；(g) 普通混凝土 54 次冻融循环(梁 2)；(h) 再生混凝土 54 次冻融循环(梁 2)；(i) 普通混凝土 79 次冻融循环；(j) 再生混凝土 79 次冻融循环；(k) 再生混凝土 104 次冻融循环(普通混凝土未采集到有效数据)；(l) 再生混凝土 129 次冻融循环(普通混凝土未采集到有效数据)；(m) 普通混凝土 154 次冻融循环；(n) 再生混凝土 154 次冻融循环

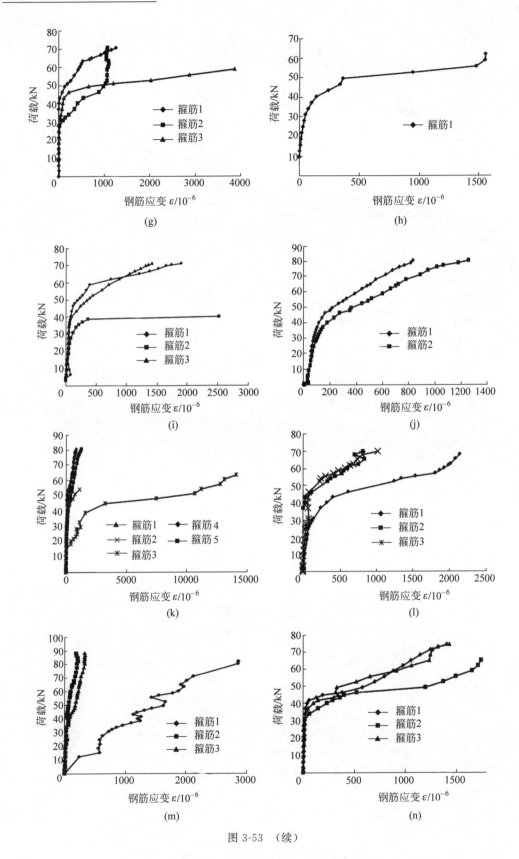

图 3-53 （续）

3.3.2.4 荷载-挠度曲线

图 3-54～图 3-59 是再生混凝土梁和普通混凝土梁分别经过 0 次(未进行)、25 次、54 次、104 次、129 次、154 次冻融循环后的荷载-挠度曲线,从图中可以发现:①荷载-挠度曲线

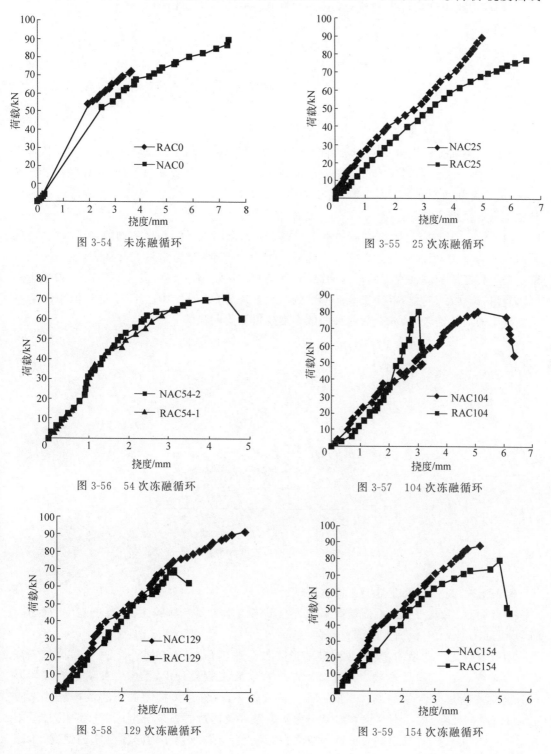

图 3-54　未冻融循环

图 3-55　25 次冻融循环

图 3-56　54 次冻融循环

图 3-57　104 次冻融循环

图 3-58　129 次冻融循环

图 3-59　154 次冻融循环

随着荷载的逐渐增大,斜率减缓,即刚度变小;②同一冻融循环次数、不同的荷载状态下,普通混凝土梁的刚度高于再生混凝土梁。这是因为同一水灰比情况下,普通混凝土的强度高于再生混凝土。

根据《混凝土结构设计规范》(GB 50010—2010)[21],可知钢筋混凝土受弯构件的短期刚度计算公式:

$$B_s = \frac{E_s A_s h_0^2}{1.15\psi + 0.2 + \dfrac{6\alpha_E \rho}{1 + 3.5\gamma'_f}} \tag{3-19}$$

$$\gamma'_f = \frac{(b'_f - b)h'_f}{bh_0} \tag{3-20}$$

式中,E_s 为钢筋弹性模量;A_s 为受拉钢筋面积;h_0 为有效高度;ψ 为裂缝间纵向受拉普通钢筋应变不均匀系数,对于本节的试验梁取值为0;α_E 为钢筋弹模与混凝土弹模的比值,即 E_s/E_c;ρ 为截面配筋率,对钢筋混凝土受弯构件,取为 $A_s/(bh_0)$;γ'_f 为受拉翼缘截面面积与腹板有效截面面积的比值,对于矩形截面,值为0。

由式(3-19)分析可知,冻融后的再生混凝土表面会出现不同程度的剥蚀,配筋率会出现不同程度的增大,因而梁的短期刚度会降低。剥蚀越严重,配筋率越大,因此锈蚀梁的抗弯刚度退化程度随着剥蚀程度的增加而减小,即随着冻融循环次数的增加而降低。从图 3-60可以看出,冻融后的再生混凝土梁的刚度低于没有冻融的,但规律性不强,这可能是由于再生混凝土的离散性较大,冻融后这种离散型表现得更为明显。

图 3-60

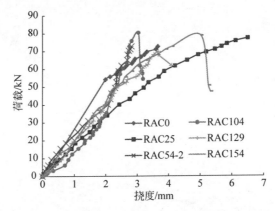

图 3-60　不同冻融循环次数的再生混凝土梁荷载-挠度曲线

3.3.2.5　冻融后再生混凝土梁抗剪承载力

一般而言,混凝土梁斜截面受剪承载力的影响因素主要有剪跨比、混凝土强度、箍筋配筋率、纵筋配筋率、斜截面上的骨料咬合力等。

随着剪跨比 λ 的增加,梁的剪切破坏形式可分为斜压($\lambda<1$)、剪压($1\leqslant\lambda\leqslant3$)和斜拉($\lambda>3$)破坏三种,其抗剪承载力则逐步减小。在实际工程设计中,梁的三种斜截面破坏形式都应设法避免,但采用的方式不同:对于斜压破坏,通常通过控制截面的最小尺寸来防止;对于斜拉破坏,则用满足箍筋的最小配筋率条件及构造要求来防止;对于剪压破坏,须通过计算,才能使构件的斜截面抗剪承载力得到满足。因此,对于剪跨比一定的情况下,冻融循环次数对其破坏形式影响不大。

斜截面破坏是由混凝土达到极限强度而产生,因此混凝土的强度对梁的受剪承载力影响很大。梁的受剪承载力随箍筋配筋率增大而增大,两者呈线性关系。纵筋受剪产生的销栓力抑制斜裂缝的伸展,使剪压区的高度增大,纵筋的配筋率越大,梁的受剪承载力也就越高。经过冻融后,混凝土强度出现了明显降低,势必影响混凝土梁的斜截面承载力。由上述分析可知:当钢筋混凝土梁经过一定的冻融循环后,首先混凝土的强度降低,使混凝土承担的剪力减少;其次,冻融后混凝土内部损伤较为严重,降低了箍筋与混凝土之间的黏结性能,易使箍筋和混凝土之间出现滑移。

多年来,关于钢筋混凝土梁抗剪承载力的计算理论主要有极限平衡法、桁架理论、统计分析法、塑性理论和有限元分析法等。桁架理论中,能够比较清晰反映梁斜截面受剪机理的结构模型主要有拱形桁架模型、桁架模型等。

拱形桁架模型把开裂后的有腹筋梁作为拱形桁架,拱体作为上弦杆,裂缝间的混凝土齿块是受压的斜腹杆,箍筋则是受拉腹杆,受拉纵筋是下弦杆,如图 3-61 所示。这种结构模型考虑箍筋的受拉、斜裂缝间混凝土的受压作用。

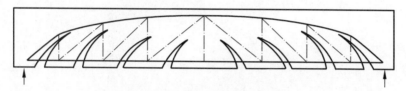

图 3-61 拱形桁架模型

桁架模型把有斜裂缝的钢筋混凝土梁比拟为一个铰接桁架,压区混凝土为上弦杆,受拉钢筋为下弦杆,腹筋为竖向拉杆,斜裂缝间的混凝土则为斜压杆,如图 3-62 所示,图中混凝土斜向压杆的倾角为 β,压力为 C_d,腹筋与梁纵轴的夹角为 α,拉力为 T。

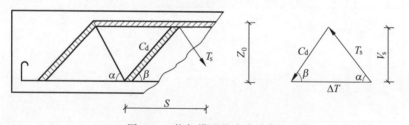

图 3-62 桁架模型的内力分析

尽管国内外许多专家学者对钢筋混凝土(reinforced concrete,RC)梁的抗剪承载力提出较多的计算公式,但终因问题的复杂性而不能实际应用。我国《混凝土结构设计规范》[21]中所采用的计算表达式,是由剪压破坏而建立的半理论半经验的计算公式。公式假定梁发生剪压破坏时,斜截面所承受的剪力设计值由三部分组成,如图 3-63 所示。

用公式可表示为

$$V_u = V_c + V_s + V_{sb} \tag{3-21}$$

式中,V_u 为梁斜截面受剪承载力设计值;V_c 为混凝土剪压区受剪承载力设计值;V_s 为与斜裂缝相交的箍筋的受剪承载力设计值;V_{sb} 为与斜裂缝相交的弯起钢筋的受剪承载力设计值。

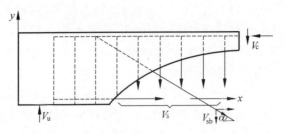

图 3-63　受剪承载力的组成

因此,对于 RC 梁的抗剪承载力计算来说,许多研究者也是根据混凝土抗剪、箍筋抗剪(试验中一般没有弯起钢筋)两部分叠加的思想建立的。

$$V_{cs} = \frac{1.75}{\lambda + 1} f_{tk} b h_0 + f_{yv} \frac{A_{sv}}{s} h_0 \tag{3-22}$$

式中,V_{cs} 为构件斜截面上混凝土和箍筋的受剪设计值;λ 为计算截面的剪跨比;f_{tk} 为混凝土轴心抗拉强度标准值;b 为截面宽度;h_0 为截面有效高度;f_{yv} 为箍筋的抗拉强度设计值;A_{sv} 为配置在同一截面内箍筋各肢的全部截面面积;s 为沿构件长度方向的箍筋间距。

本试验中,利用裂缝观测仪观察正截面和斜截面裂缝出现,试验确定正截面开裂荷载。但斜截面的开裂荷载还需参考荷载-箍筋应变关系曲线,因为梁初始斜裂缝穿越箍筋时,开裂前由混凝土承担的剪力将逐渐转化为由箍筋来承担,箍筋的应变会有明显的转折点。临界斜裂缝出现荷载也是根据试验测得,本节所指的临界斜裂缝出现荷载是斜裂缝贯穿时千斤顶所施加的试验力,跨中最大挠度是相对应极限承载力时的挠度值。利用裂缝观测仪对多条弯曲裂缝和斜裂缝的最大宽度跟踪观测,取最大值作为试验结果,主要试验结果见表 3-22。

表 3-22　试验梁荷载和裂缝宽度

混凝土类别	冻融循环次数/次	正截面开裂荷载/kN	斜截面开裂荷载/kN	贯穿斜裂缝出现荷载/kN	极限荷载/kN	跨中最大挠度/mm	斜裂缝最大宽度/mm
再生混凝土	0	5.57	6.49	43.29	72.67	3.65	1.4
	25	1.55	24.74	—	64.94	6.51	1.54
	54	1.55	18.55	46.38	61.84	3.05	0.8
	79	0.62	30.92	49.47	58.75	3.04	0.7
	104	0.62	18.55	—	57.20	3.22	0.6
	129	1.86	12.37	—	52.57	3.66	1.2
普通混凝土	0	6.49	18.55	61.84	89.67	7.37	1.2
	25	4.64	27.83	43.29	89.67	4.97	1.5
	54	3.09	27.83	51.02	70.50	4.40	0.45
	79	4.64	6.49	51.02	70.81	4.69	1.6
	104	1.55	23.19	38.65	80.40	5.10	1.4
	129	0.62	37.11	49.47	91.22	5.83	1.2

由表 3-22 可知,随冻融循环次数的增大,无论是普通混凝土梁还是再生混凝土梁的正

截面开裂荷载总体减小。这是由于冻融后的混凝土立方体抗压强度降低,相应抗拉强度也降低。梁截面的开裂荷载由混凝土的抗拉强度决定,故有此规律。

将冻融后的再生混凝土梁的极限承载与未冻融的再生混凝梁的极限承载力相比,得到不同冻融循环次数的再生混凝土梁与冻融循环次数的关系,如图 3-64 所示。

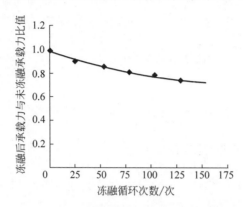

图 3-64 相对极限承载力与冻融循环次数关系

进行拟合,得到冻融 N 次后再生混凝土梁的极限承载力 V_D 与未冻融的再生混凝土梁的承载力 V_0 关系

$$V_D/V_0 = 7 \times 10^{-6} N^2 - 0.0028N + 0.985$$

$$R^2 = 0.9682 \tag{3-23}$$

张闻[22]基于式(3-22),结合试验数据,给出了再生混凝土的受剪承载力计算公式(3-24),即:

$$V_0 = 0.88 \times 0.175 f_{ck} bh_0/(\lambda+1) + 1.07 h_0 f_{yv} A_{sv}/s \tag{3-24}$$

将式(3-24)代入式(3-23)得到再生混凝土冻融后的承载力的计算公式(3-25):

$$\begin{cases} V_D = \eta(N)\left[0.88 \times 0.175 f_{ck} bh_0(\lambda+1) + 1.07 h_0 f_{yv} A_{sv}/s\right] \\ \eta(N) = 7 \times 10^{-6} N^2 - 0.0028N + 0.985 (N > 0) \\ R^2 = 0.9682 \end{cases} \tag{3-25}$$

理论值与计算值比较结果见表 3-23。

表 3-23 再生混凝土冻融后理论值与试验值计算结果对比

冻融循环 次数/次	极限荷载 试验值/kN	极限荷载 理论值/kN	理论值与 试验值比值
0	72.67	76.21	0.954
25	64.94	67.45	0.963
54	61.84	62.67	0.987
79	58.75	59.25	0.991
104	57.20	56.46	1.013
129	52.57	54.31	0.968

再生混凝土梁的理论值与试验值之比的均值为 0.979,标准差为 0.0199,变异系数为 0.0203。从标准差和变异系数两个指标来看,基于本章提出的公式计算所得的理论值与实

际值能够较好的相吻合,有一定的参考意义。

参考文献

[1]　中国建筑科学研究院.普通混凝土用砂、石质量及检验方法标准:JGJ 52—2006[S].北京:中国建筑工业出版社,2007.

[2]　全国水泥标准化技术委员会.通用硅酸盐水泥:GB 175—2007[S].北京:中国标准出版社,2007.

[3]　中华人民共和国国家质量监督检验检疫总局.混凝土外加剂:GB 8076—2008[S].北京:中国标准出版社,2008.

[4]　中华人民共和国住房和城乡建设部.混凝土外加剂应用技术规范:GB 50119—2013[S].北京:中国建筑工业出版社,2014.

[5]　中华人民共和国住房和城乡建设部.普通混凝土长期性能和耐久性能试验方法标准:GB/T 50082—2009[S].北京:中国建筑工业出版社,2009.

[6]　中华人民共和国住房和城乡建设部.普通混凝土拌合物性能试验方法标准:GB/T 50080—2016[S].北京:中国建筑工业出版社,2017.

[7]　国家能源局.水工混凝土试验规程:DL/T 5150—2017[S].北京:中国电力出版社,2017.

[8]　ASTM. ASTM/C666. Standard Test Method for Resistance of Concrete to Rapid Freezing and Thawing[S]. West Conshohocken,PA,US,2015.

[9]　罗骐先.用纵波超声换能器测量砼表面波速和动弹性模量[J].水利水运科学研究,1996(3):264-270.

[10]　GOKCE A,NAGATAKI S,SAEKI T,et al. Freezing and thawing resistance of air-entrained concrete incorporating recycled coarse aggregate:The role of air content in demolished concrete[J]. Cement and Concrete Research,2004,34(5):799-806.

[11]　过镇海.混凝土的强度和本构关系:原理与应用[M].北京:中国建筑工业出版社,2004,17-18.

[12]　尚永康.再生混凝土抗冻性及力学性能试验研究[D].哈尔滨:哈尔滨工业大学,2010.

[13]　中华人民共和国质量监督检验检疫总局.混凝土用再生粗骨料:GB/T 25177—2010[S].北京:中国标准出版社,2010.

[14]　中国建筑科学研究院.普通混凝土配合比设计规程:JGJ 55—2011[S].北京:中国建筑工业出版社,2011.

[15]　全国钢标准化技术委员会.金属材料 拉伸试验 第1部分:室温试验方法:GB/T 228.1—2010[S].北京:中国标准出版社,2011.

[16]　全国钢标准化技术委员会.钢筋混凝土用钢 第1部分:热轧光圆钢筋:GB/T 1499.1—2017[S].北京:中国标准出版社,2018.

[17]　全国钢标准化技术委员会.钢筋混凝土用钢 第2部分:热轧带肋钢筋 GB/T 1499.2—2018[S].北京:中国标准出版社,2018.

[18]　PRINCE M J R,SINGH B. Bond behaviour of normal-and high-strength recycled aggregate concrete[J]. Structural Concrete,2015,16(1):56-70.

[19]　SEARA-PAZ S,GONZÁLEZ-FONTEBOA B,EIRAS-LÓPEZ J,et al. Bond behavior between steel reinforcement and recycled concrete[J]. Materials & Structures,2014,47(1-2):323-334.

[20]　何世钦,贡金鑫,王海超.盐冻循环下混凝土与钢筋的黏结机理与退化模型[J].工业建筑,2005,35(12):19-22.

[21]　中华人民共和国住房和城乡建设部.混凝土结构设计规范:GB 50010—2010[S].北京:中国建筑工业出版社.2011.

[22]　张闻.再生粗骨料钢筋混凝土梁抗剪性能试验研究[D].南京:南京航空航天大学,2008.

第4章

氯盐环境下再生混凝土及构件性能

氯离子容易穿透混凝土保护层,到达钢筋表面。当氯离子在钢筋表面富集到一定浓度时,就会导致钢筋锈蚀。工程调查表明,氯离子是造成钢筋锈蚀的最主要因素,在降低混凝土结构耐久性的研究中,氯盐侵蚀被列为影响混凝土结构耐久性的第一因素。因此,研究氯离子在再生混凝土中的扩散性能及氯盐环境下再生混凝土构件性能,对于评价再生混凝土的耐久性具有重要意义。

4.1 氯离子在再生混凝土中扩散性能

4.1.1 试验概况

4.1.1.1 试验材料

试验中再生骨料的性能在很大程度上决定了再生混凝土的性能,由不同来源的废旧混凝土加工而成的再生粗骨料的性能具有较大的随机性和变异性。为保证再生骨料的质量和来源的统一,试验中选取的废旧混凝土全部来自废弃混凝土块,并经人工破碎、清洗、分级成了粒径5~31.5mm的连续级配的再生粗骨料。再生粗骨料的筛分试验情况见表4-1。

表4-1 再生粗骨料的筛分结果

筛孔直径/mm	筛余/%	累计筛余/%	规范连续粒级/%
31.5	2.25	2.25	5~0
25.0	18.21	20.46	
20.0	15.76	36.22	45~15
16.0	14.38	50.60	
10.0	32.52	83.12	90~70
5.0	10.41	93.53	100~90
2.5	6.33	99.86	100~95

参考《普通混凝土用砂、石质量及检验方法标准》(JGJ 52—2006)[1]测得再生粗骨料吸水率为5.7%,压碎指标值为10.4%,满足《混凝土用再生粗骨料》(GB/T 25177—2010)[2]Ⅱ级再生粗骨料的要求。

所用的水泥为 P·Ⅱ 42.5R 硅酸盐水泥，其性能满足《通用硅酸盐水泥》(GB 175—2007)[3]的要求，具体见表 4-2。

表 4-2　水泥的物理性能及力学性能

品种等级	比表面积 /(m² · kg⁻¹)	标准稠度 用水量/%	初凝(终凝) 时间/min	安定性 /mm	28d 抗折 强度/MPa	28d 抗压 强度/MPa
P·Ⅱ42.5R	398	30.8	146(211)	1.0	8.1	52.0

砂的细度模数和颗粒级配对混凝土试块的性能有一定的影响。砂的细度模数过小，则它的颗粒越多，总表面积越大，孔隙率也越高，从而影响其抗渗性能，而细度模数过大，同样对抗渗性和和易性不利。所以本章试验所用的天然河砂为中砂，其性能满足《普通混凝土用砂、石质量及检验方法标准》[1]中规定的要求。

设计了两组相同水灰比，再生粗骨料取代率分别为 0、100% 混凝土试块，即普通混凝土和再生混凝土。

再生混凝土设计强度为 C30，其配合比在《普通混凝土配合比设计规程》(JGJ 55—2011)[4]的基础上，考虑再生骨料吸水率的影响，对三种水灰比混凝土进行试配，对试配的再生混凝土立方体试块进行标准养护 28d 后，测得各水灰比混凝土的实际抗压强度，再根据试配的结果，对配合比进行适当调整，取最接近设计强度的配合比，见表 4-3。

表 4-3　再生混凝土配合比与抗压强度

再生粗骨料 取代率/%	净水 灰比	水泥含量 /(kg · m⁻³)	水含量 /(kg · m⁻³)	再生粗骨料含量 /(kg · m⁻³)	砂含量 /(kg · m⁻³)	28d 抗压 强度/MPa
100	0.39	513.2	198.3	978.8	534.5	35.9

4.1.1.2　荷载作用下混凝土氯离子测试装置

混凝土氯离子扩散系数的测试装置如图 4-1 所示，由主机、导线、电极、橡皮筒以及具有固定倾斜隔板的硬塑料溶液箱等组成。混凝土试件加载后，整个加载装置太长，难以放入溶液箱，本节用大塑料盆来代替溶液箱。整个非稳态电迁移过程中混凝土试件需要倾斜放置。

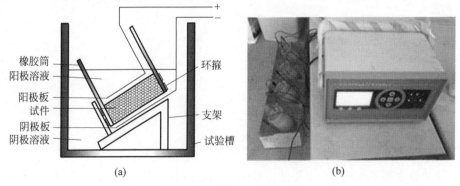

图 4-1　混凝土氯离子扩散系数的测试装置

(a) RCM 试验原理；(b) RCM 装置

本节利用木块等制作了两个可供反力架倾斜放置的架子,垫在塑料盆底部,将加载完成的反力架与试件直接摆放于木架子上即可。本节混凝土试件为 100mm×100mm×50mm 的长方体。混凝土试件的 6 个面中,上下两个面为测试面,分别与电源正负极溶液接触,另外两个相对面与钢板或钢垫块粘接,其余的两个相对面需要密封,以防止侧面氯离子的渗入。快速氯离子迁移系数(rapid chloride migration,RCM)法是一种氯离子扩散系数的快速电迁移试验,混凝土试件各面的粘接或者密封应当防水和绝缘,混凝土试件与钢板或钢垫块的黏结又需要足够的强度,普通的环氧树脂、502 胶、AB 胶、504 胶等均不能满足要求。对于钢板、钢垫块和橡胶筒与混凝土试件的粘接,本节选择了一种改性环氧灌封胶作为黏结剂,此胶有良好的流动性,便于操作,固化后可以提供足够的黏结强度。但是,考虑到混凝土试件需要加载,侧面的胶黏剂可能会影响加载力的大小,因此本节使用了一种固化后强度较低、延性优良的绝缘灌封胶将表面密封。将反力架放入塑料盆中含 5% 氯化钠的 0.2mol/L 氢氧化钾溶液中,将测试正极放入橡胶筒内,并加入一定量的 0.2mol/L 氢氧化钾溶液,用木块将测试负极固定于试件下面,即可以进行氯离子扩散系数测试。改造后混凝土氯离子扩散系数的测试装置如图 4-2 所示。

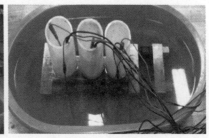

图 4-2　改造后混凝土氯离子扩散系数的测试装置

改造后的测试装置既可以提供压力又可以提供拉力,克服了一般的加载测试装置只能提供一种荷载的缺点,提高了装置的利用率。只是将加载装置稍加改造,即改变了加载方式。本装置是针对 RCM 法设计的,RCM 法测试过程中,需要将试件浸入溶液中,试件侧面应该密封。但是,一般加载装置只是提供荷载,未考虑侧面密封,只有将试件卸载后才能进行氯离子扩散系数测试。所以,本装置在加载过程中考虑了密封的问题,加载完成,侧面密封也已完成,可以直接进行通电测试。此装置一次可以测试 3 个试件,相比于单个试件加载,既可以缩短试验周期,又可以节约试验成本。另外,3 个试件所受的加载力相同,3 个试件为一组,取 3 个数据的平均值为测定值,可以有效地减小偶然因素造成的误差。

1. 轴压荷载加载方法

如图 4-3 所示,压力加载装置包括顶部的垫块、上部碟簧、上部螺母、压板、螺杆、钢垫块和混凝土试件等。该压力加载装置使用上文提到的绝缘灌封胶将混凝土试件黏结到加载架上,待绝缘灌封胶固化后,使用压力试验机通过顶部垫块对上部碟簧施加压力,然后由碟簧将所受的压力传输给混凝土试件,最后通过顶部螺母对螺纹杆上端进行固定。为保证加载力值在测试期间基本保持恒定,采用螺距间距较小的细牙螺纹,其自锁能力较好,一般不会出现松动。

反力架上设计了若干组串联的碟簧,加载时,碟簧将产生较大的压缩量,混凝土徐变等

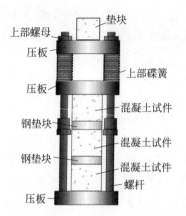

图 4-3　压力加载装置

导致的压缩量减小可忽略不计。根据《碟形弹簧》(GB/T 1972—2005)[5]可知碟形弹簧(简称碟簧)的变形问题属于大变形非线性问题,在变形较小时可认为碟形弹簧材料为线弹性体,变形和力之间遵从胡克定律,但当变形达到一定量级后将伴随有塑性变形,将不再遵从胡克定律。目前对碟簧的承载能力计算一般采用传统近似计算法 Almen-Laszlo 公式,但该方法忽略了径向应力、几何中面的挠曲变形和横截面上的扭曲变形,误差较大[6]。苏军等[7]使用有限元方法,对碟簧荷载位移特性的非线性问题进行分析,其精度较高,但在碟簧计算机辅助优化设计方面计算工作量大。因此,本节采用实测的碟簧荷载位移曲线来进行加载,既保证了加载精度,又使用方便。在压力荷载加载前后测量碟簧长度,得到碟簧实测荷载位移特性曲线如图 4-4 所示。

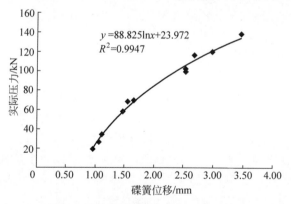

图 4-4　碟簧实测荷载位移特性曲线(1)

由于试验施加的压力荷载较大,碟簧发生塑性变形,本节用《碟形弹簧》[5]所建议的对数函数来拟合碟簧实测荷载位移特性曲线,具体表达式如式(4-1)所示:

$$y = 88.825\ln x + 23.972 \tag{4-1}$$

式中,y 为实际加载力,kN;x 为碟簧压缩量,mm。

为验证整个测试过程中加载力基本不会发生改变,试验结束时测量碟簧长度并利用碟簧实测特性曲线公式计算出试验后加载力,见表 4-4。如表所示,试验前后加载力变化率都在 4% 之内,可以认定整个测试过程,加载力基本不会发生变化。

表 4-4 试验前后加载力变化情况

初始实际 加载力/kN	初始碟簧 变形量/mm	最终碟簧 变形量/mm	最终加 载力/kN	加载力 变化率/%
20.00	0.96	0.948	19.23	−3.86
59.00	1.48	1.499	59.93	1.57
27.34	1.05	1.028	26.42	−3.35
120.33	2.97	2.955	120.21	−0.10
136.26	3.458	3.485	134.87	−1.02

2. 轴拉荷载加载方法

如图 4-5 所示,拉力加载装置则由中部碟簧、中部螺母、两端压板、螺杆、钢垫块、混凝土试件等组成。该轴拉加载装置使用黏结剂将混凝土试块黏结到加载架上,待黏结剂固化后,使用扳手通过拧紧中部螺母对中部碟簧施加轴拉荷载,碟簧通过反向力对混凝土试件施加轴拉荷载,荷载大小可用游标卡尺测量碟簧的压缩量来控制。考虑到混凝土试块重力影响,加载时需将加载架水平放置于地面上以使三个试块所受拉力相同,如图 4-5 所示。为准确地对混凝土试块施加荷载,加载前需要用压力试验机对碟簧进行多次反复标定,如图 4-6 所示,以确定其荷载与位移关系曲线,如图 4-7 所示。

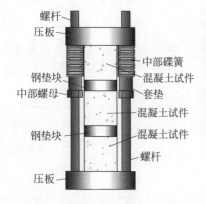

图 4-5 拉力加载装置

图 4-6 碟簧的力与位移关系标定装置

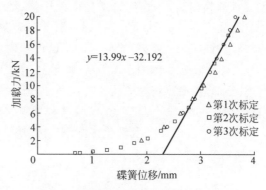

$y=13.99x-32.192$

图 4-7 碟簧实测荷载位移特性曲线(2)

由图 4-7 可以看出，3 次标定的碟簧力与压缩量关系曲线十分接近，这说明碟簧机械性能稳定，可重复性好，利用碟簧可以对混凝土试块精确施加轴拉荷载。由图 4-7 还可以看出，由于本节施加的轴拉荷载较小，碟簧变形较小，除去碟簧的初始位移，碟簧所受荷载和变形之间符合胡克定律。因此，本节用线性函数来拟合小变形下碟簧实测荷载位移特性曲线，其具体表达式如下所示：

$$y = 13.99x - 32.192 \tag{4-2}$$

式中，y 为实际加载力，kN；x 为碟簧压缩量，mm。

与压力加载试验不同，轴拉荷载试验要求混凝土与钢板或钢垫块之间所用的黏结剂有很高的抗拉强度，以保证施加轴拉荷载的过程中混凝土试件与钢板之间的粘接剂破坏能够不先于混凝土试件拉裂破坏[8]。压力加载试验所用的绝缘灌封胶已不能满足轴拉荷载试

图 4-8　混凝土试件粘接面表面处理

验的要求。因此，为确保混凝土试块与钢板之间的黏结强度，除需要选用黏结强度很高的粘钢胶将试件黏结到加载架上，还需要对混凝土试件中与钢板黏结的两个相对面进行处理，打磨除去试件表面的砂浆，暴露出石子，如图 4-8 所示。此外，为满足 RCM 法氯离子测试法测试要求，混凝土试件的其余两个相对面则需使用上文所提到的黏结强度较低的绝缘灌封胶进行密封，保证氯离子单方向渗透混凝土试块。表 4-5 列出了本节所用的粘钢胶和绝缘灌封胶主要性能指标。

表 4-5　特殊胶黏剂性能

类别	外观 （固化后）	黏度 (25℃)/(cP·s)	混合比率 （质量比）	可操作时间 (25℃)/h	黏结强度 /MPa
绝缘灌封胶	白色	3000～5000	5:1	1.5～2	>5
粘钢胶	灰色	15～25	3:1	1	>33

3. 荷载作用下混凝土氯离子扩散系数测试方法

为了得到较为准确的测试结果，应保证试件的黏结密封良好。将混凝土试件与钢板垫块等表面用酒精清洁，干燥后将试件侧面用绝缘灌封胶密封，并与加载架的钢板和垫块粘接。为节约试验时间，将加载架放入烘箱内，60℃加热 4h，取出后，胶黏剂已完全固化。待试件冷却后，对混凝土试块施加荷载。待试件加载完成后放入清水中浸泡 12h 以上，使混凝土基本处于饱水状态。如图 4-2 所示，将经过饱水处理后的试块置于混凝土氯离子扩散系数的改进测试装置中。将橡胶筒粘在混凝土表面，在橡胶筒内放入电源正极，在倾斜架和试件之间放置电源负极，并固定。在橡胶筒和塑料盆内分别加入 0.2mol/L 氢氧化钾溶液和含 5% 氯化钠的 0.2mol/L 氢氧化钾溶液，并通电。主机自动根据初始电流，确定试验时间，如表 4-6 所示。

表 4-6　RCM 法初始电流及通电时间

初始电流(I_0)/mA	通电时间/h
$I_0 < 5$	168
$5 \leqslant I_0 < 10$	96
$10 \leqslant I_0 < 30$	48
$30 \leqslant I_0 < 60$	24
$60 \leqslant I_0 < 120$	8
$I_0 \geqslant 120$	4

如图 4-9 所示,通电完成后,将试件卸载,沿轴向劈开,并立即在劈开的断面上喷洒 0.1mol/L 的硝酸银溶液,测量变色深度,代入 NT Build 492-1999(Nordtest,1999)[9] 提出公式,即可得到氯离子扩散系数,如式(4-3)和式(4-4)所示:

$$D_{RCM} = 2.872 \times 10^{-6} \frac{Th(X_d - \alpha\sqrt{X_d})}{t} \tag{4-3}$$

$$\alpha = 3.338 \times 10^{-3}\sqrt{Th} \tag{4-4}$$

式中,D_{RCM} 为 RCM 法测定的氯离子扩散系数,m^2/s;T 为阳极溶液的初始和结束温度的平均值,℃;h 为试件的厚度,mm;X_d 为氯离子渗透扩散深度,mm;α 为辅助变量。

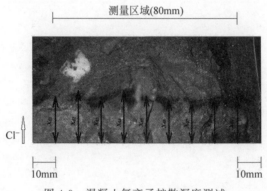

图 4-9　混凝土氯离子扩散深度测试

4.1.2　压应力对再生混凝土氯离子扩散系数的影响

4.1.2.1　试验方案设计

待混凝土试件标准养护至设计龄期后,按照设计压应力比 0、0.10、0.20、0.30、0.40、0.50、0.60、0.70、0.80 对混凝土试件施加压力荷载,加载方案考虑了混凝土龄期的影响,分别测试了龄期为 14d、28d、56d、90d 荷载作用下混凝土氯离子扩散系数。其中,压应力比采用实际所受压力与抗压承载力之比来表示。由于加载试验混凝土试件的尺寸为 100mm× 100mm×50mm,与 150mm×150mm×150mm 的立方体试件相差较大,两者强度之间存在较大的尺寸效应,不可直接换算,混凝土试件的抗压承载力需要重新测定,由压力试验机测试试件的抗压承载力。所施加的荷载大小是由压力试验机的读数来控制。表 4-7 列出了再生混凝土试件和普通混凝土所受的压应力工况及各工况下混凝土氯离子扩散系数测试结果。

表 4-7 混凝土氯离子扩散系数测试结果

混凝土类别	混凝土龄期/d	试件承载力/kN	实际加载力/kN	实际加载比例/%	氯离子渗透系数/($10^{-12} m^2 \cdot s^{-1}$)
再生混凝土	14	98.39	0.00	0.00	14.320
			20.00	20.33	12.730
			39.98	40.63	10.460
			59.00	59.97	8.803
			68.93	70.06	13.830
			80.22	81.53	15.560
	28	143.78	0.00	0.00	12.610
			14.06	9.78	11.290
			27.34	19.02	10.470
			43.12	29.99	9.393
			57.04	39.67	9.597
			73.94	51.43	7.557
			86.18	59.94	8.980
			101.00	70.25	10.960
			116.00	80.68	12.010
	56	170.55	0.00	0.00	11.540
			16.50	9.67	11.210
			51.50	30.20	10.140
			68.02	39.88	9.297
			85.05	49.87	8.115
			102.36	60.02	7.966
			120.33	70.55	9.831
			136.26	79.89	12.300
	90	202.69	0.00	0.00	9.754
			20.30	10.02	8.356
			40.23	19.85	8.301
			60.04	29.62	7.101
			81.68	40.30	6.780
			101.01	49.83	6.217
			119.64	59.03	6.081
			140.40	69.27	9.188
普通混凝土	28	183.00	0.00	0.00	5.112
			54.09	29.56	3.875
			108.90	59.51	4.332
	56	198.55	0.00	0.00	4.617
			61.78	31.12	3.521
			120.03	60.45	3.832
	90	220.06	0.00	0.00	4.374
			66.32	30.14	3.213
			132.16	60.06	3.989

4.1.2.2　压应力对再生混凝土氯离子扩散系数的影响分析

与普通混凝土相似,再生混凝土抗氯离子渗透性能与再生混凝土孔隙(包括微裂缝)的多少、孔径的大小以及孔隙的连通性密切相关。但是,氯离子在再生混凝土中的扩散并不是简单通过平滑的孔道,因为再生混凝土内部有多种可溶于水的离子,并带有一定的电荷,会在孔壁处形成电离层,影响离子的传输。而且,再生混凝土复杂的孔隙结构会吸附一定的氯离子,有些再生混凝土成分还会与氯离子发生化学反应,固化氯离子,甚至生成一些容易阻塞孔隙的物质,如弗里德尔(Friedel)盐等。所以再生混凝土抗氯离子渗透性能是多方面因素共同作用的结果。荷载作用一般不会改变再生混凝土的物质组成,对再生混凝土的化学结合能力的影响较小。荷载作用主要是改变了再生混凝土内部孔隙的大小、多少以及连通性能。但是,孔径的改变可能影响再生混凝土的物理吸附性能。而且,当孔隙的孔径降低到一定程度后可以认为基本是封闭的,因为此时微孔势能大大增强,氯离子与水分更难以进入再生混凝土孔隙。在荷载作用下,某些孔隙的闭合和扩展到一定的程度时可能会改变整个孔隙结构的连通性能,再生混凝土的氯离子扩散系数可能会呈现几何级数的变化。荷载作用对再生混凝土氯离子扩散系数的影响是一个较为复杂的问题,目前对于该问题的研究主要以试验为主。本章根据试验测得的数据,对该问题作进一步的分析和总结。

图 4-10 给出了龄期分别为 14d、28d、56d 和 90d 的再生混凝土与普通混凝土氯离子扩散系数随压应力的变化曲线(其中 RAC 系列表示对再生混凝土施加压力荷载,NAC 系列表示对普通混凝土施加压力荷载)。

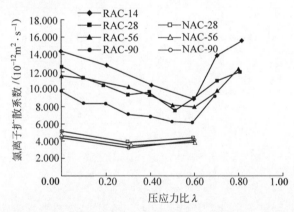

图 4-10　不同龄期的再生混凝土与普通混凝土氯离子扩散系数随压力的变化曲线

由图 4-10 可以看出,对于普通混凝土,龄期 28d、56d 和 90d 的氯离子扩散系数先随着压应力比的增大先减小后增大。当压应力比增加到 0.30 时,氯离子扩散系数相对空载大概减小 25%,但当压应力继续增加时,氯离子扩散系数开始增加。对于再生混凝土,14d、28d、56d 和 90d 龄期的氯离子扩散系数随着压应力的增加先减小后增加。压应力比为 0.60 时,14d 龄期的再生混凝土的氯离子扩散系数达到最低,为空载时再生混凝土氯离子扩散系数的 61.5%,此时压力已经达到了该龄期再生混凝土最大承载力的 60%。28d 龄期的再生混凝土氯离子扩散系数最小为 7.557×10^{-12} m²/s,与空载时相比,降低了近 40%,此时压应力比为 0.51。压力继续增大,氯离子扩散系数开始增大,但是直至压应力比达到 0.81,氯离子扩散系数仍然小于空载值。压力为 102.36kN 时,56d 龄期再生混凝土的氯离子扩散系数即达到了最低,降低到空载时的 69.0%,压力继续增大,氯离子扩散系数开始增大,压应力比为 0.80 时,氯离子扩散系数超过了空载值,增加了 6.6%。90d 龄期的再生混凝土最小的氯离子扩散系数为 $6.081 \times 10^{-12} \mathrm{m}^2/\mathrm{s}$,为空载时再生混凝土氯离子扩散系数的 62.3%,此时压应力比为 0.59,压力继续增加,氯离子扩散系数开始增大,压应力比为 0.69 时,氯离子扩散系数为空载时的 94.2%。

试验结果表明,压应力对再生混凝土抗氯离子渗透性能的影响与普通混凝土相似,其氯离子扩散系数随着压力荷载的增大呈现先减小后增大的趋势。再生混凝土的氯离子扩散系数随着压应力比的变化趋势,可以从其微观结构进行分析。压应力下,再生混凝土氯离子扩散系数变化取决于微裂缝的出现、扩展和贯穿。由于再生粗骨料在制备过程中采用机械破碎的方式,再生混凝土浇筑时的泌水、收缩以及温度变化等原因,界面过渡区以及再生粗骨料和水泥石内部已含有微裂缝。当压应力比较小时,再生混凝土内部不产生新的裂缝,垂直于压应力方向的初始横向裂纹会出现一定的闭合,因内部已有裂缝开始闭合,氯离子扩散系数降低,抗氯离子渗透性能提高。当压应力比继续增加达到一定值时,与压力垂直方向的微裂纹和孔隙被压实,但与压力方向平行的部分微裂纹和孔隙因压力而产生、扩展和连通,打开了氯离子的渗透通道,导致氯离子扩散系数增大[10-13]。图 4-11 显示了压应力作用下再生混凝土内部孔隙和微裂缝的变化。

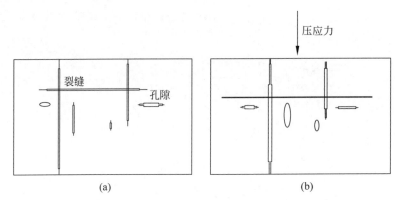

图 4-11　压应力作用下再生混凝土内部孔隙和微裂缝的变化示意
(a) 压应力加载前；(b) 压应力加载后

但是,再生混凝土氯离子扩散系数随压应力的变化趋势与普通混凝土随压应力的变化趋势又有所不同。14d、28d、56d、90d 龄期的再生混凝土氯离子扩散系数在压应力比为 0.50～0.60 时达到最小,而普通混凝土则在压应力比为 0.30 时达到最小。该临界应力值是一个较为复杂的问题,可能与混凝土内部微裂缝对压应力的敏感度、加载方法、混凝土材料等有关,需要进一步研究。

由图 4-10 还可以看出,以各龄期下再生混凝土和普通混凝土空载(即压应力比为 0)时的氯离子扩散系数为基准,随着压应力的增加,14d、28d、56d、90d 再生混凝土的氯离子扩散系数最大减幅分别为 38.5%、40.1%、31%、37.7%,而 28d、56d、90d 普通混凝土氯离子扩散系数最大减幅分别为 24.2%、17%、26.5%。再生混凝土氯离子扩散系数最大减幅明显大于普通混凝土的,即相对于普通混凝土,再生混凝土抗氯离子渗透性能对压应力更敏感。产生这种现象的原因可能是再生骨料本身的高孔隙率以及骨料内部大量初始微裂缝的存在。在压应力的作用下,相对普通混凝土,再生混凝土内部有更多的微裂缝闭合,导致了再生混凝土氯离子扩散系数降低幅度更大。

值得注意的是,各个龄期下的再生混凝土,在不同的压应力比下,氯离子扩散系数都大于与其相同龄期的普通混凝土扩散系数,即再生混凝土的抗氯离子渗透性能明显低于普通混凝土。以 28d 龄期的再生混凝土和普通混凝土为例,当所施加的压应力比分别为 0、0.30、0.60 时,再生混凝土氯离子扩散系数分别为 $12.610 \times 10^{-12} \, m^2/s$、$9.393 \times 10^{-12} \, m^2/s$、$8.980 \times 10^{-12} \, m^2/s$,而普通混凝土氯离子扩散系数分别为 $5.112 \times 10^{-12} \, m^2/s$、$3.875 \times 10^{-12} \, m^2/s$、$4.332 \times 10^{-12} \, m^2/s$,再生混凝土氯离子扩散系数为普通混凝土的 2~3 倍。这与 Olorunsogo 等[14] 和 Rasheeduzzafar 等[15] 的研究结果近似。导致这一现象产生的原因是在破碎过程中再生骨料产生的裂缝及其表层附着的老水泥砂浆高孔隙率,还有再生骨料内部存在各种新老界面过渡区,界面结构更加复杂、疏松,数量也更多,这都会改变再生混凝土内部的孔结构,增大孔隙率,为氯离子的渗透提供了更多的通道,从而导致其氯离子扩散系数增大。

4.1.2.3　压应力下再生混凝土氯离子扩散系数计算模型

目前压应力下再生混凝土氯离子扩散系数的计算模型未见报道,而压应力下普通混凝土氯离子扩散系数计算模型主要包括两种[16-19]。Li 等[18] 给出了荷载作用下氯离子扩散系数与空载时氯离子扩散系数的比值随着荷载变化的多项式函数关系式,而袁承斌等[16]、Wang 等[17]、孙继成等[19] 则给出了荷载作用下氯离子扩散系数与空载时氯离子扩散系数的比值随着荷载比变化的多项式函数关系式。基于此,本章分别考虑不同龄期的再生混凝土 D/D_0 与压应力及 D/D_0 与压应力比之间的关系给出了图 4-12 和图 4-13,其中 D 为荷载作用下混凝土氯离子扩散系数(m^2/s),D_0 为空载时混凝土氯离子扩散系数(m^2/s)。

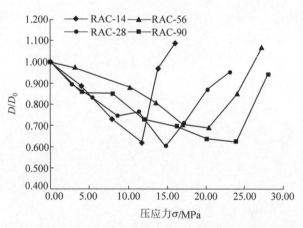

图 4-12　不同龄期的再生混凝土 D/D_0 随压应力的变化曲线

由图 4-12 可以看出,不同龄期的再生混凝土氯离子扩散系数随着压应力变化而变化的规律相差较大,14d、28d、56d 和 90d 的再生混凝土氯离子扩散系数虽然都随着压应力的增大先减小后增加,但是增加的起始点和增加的多少均不相同。从此处来看,再生混凝土氯离子扩散系数随着荷载的变化而变化的规律应与再生混凝土龄期有关。由图 4-13 可以看出,不同龄期的混凝土氯离子扩散系数随着压应力比的变化而变化的规律已经非常接近,14d、28d、56d、90d 龄期的再生混凝土氯离子扩散系数在压应力比为 0.50~0.60 时开始增加,且

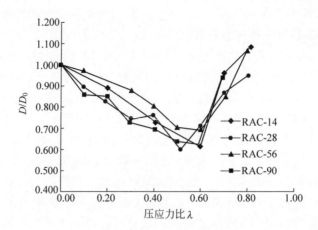

图 4-13　不同龄期的再生混凝土 D/D_0 随压应力比的变化曲线

增加量也较为接近。

对比图 4-12 和图 4-13 可以看出,再生混凝土氯离子扩散系数与压应力比的相关性明显优于压应力,氯离子扩散系数随着压应力比的变化呈现出较为明显的先减小后增加的趋势。本章拟根据试验结果建立再生混凝土氯离子扩散系数与压应力比的经验公式。由图 4-13 可以看出,再生混凝土氯离子扩散系数随着压应力比变化而变化的趋势可以分为下降段和上升段。本章拟用一元线性方程来回归氯离子扩散系数与压应力比的经验公式,如式(4-5)所示。

$$D/D_0 = A_1\lambda + A_2 \tag{4-5}$$

式中,D 为各压应力比下再生混凝土氯离子扩散系数,m^2/s; D_0 为空载时再生混凝土氯离子扩散系数,m^2/s; λ 为压应力比; A_1、A_2 为经验系数。

再生混凝土氯离子扩散系数在下降段及上升段的经验公式分别如式(4-6)、式(4-7)所示,拟合曲线如图 4-14 所示。

$$D/D_0 = -0.6561\lambda + 1.0000, \quad \lambda \in (0, 0.50] \tag{4-6}$$

$$D/D_0 = 1.2555\lambda - 0.0070, \quad \lambda \in (0.50, 0.80] \tag{4-7}$$

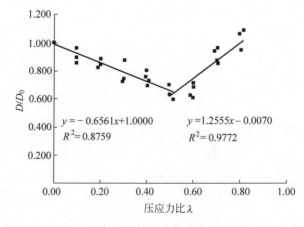

图 4-14　再生混凝土氯离子扩散系数随着压应力比的变化曲线

由图 4-14 可以看出,经验公式的计算值与试验值之间的相对误差以及相对误差的方差较小,相关系数 R^2 较大,可以认为,本章经验公式可以较好地反映压应力下再生混凝土氯离子扩散系数的变化规律。此外还可以看出,上升段的斜率明显大于下降段的斜率,这是由于当压应力比增加到 0.50 时,再生混凝土内部的微裂缝开始出现、扩展甚至连通,导致再生混凝土氯离子渗透性能快速下降。

4.1.3 龄期对压应力下再生混凝土氯离子扩散系数的影响

4.1.3.1 试验方案设计

如表 4-8 所示,待混凝土试件标准养护至设计龄期后,按设计压应力比 0、0.30、0.60、0.80,采用 4.1.1.2 节所提出的压力荷载作用下混凝土氯离子扩散系数试验方法测试各设计压应力比下混凝土氯离子扩散系数。表 4-8 列出了再生混凝土试件和普通混凝土所受的压应力工况及各工况下混凝土氯离子扩散系数测试结果。

表 4-8 混凝土氯离子扩散系数测试结果

混凝土类别	混凝土龄期/d	试件承载力/kN	实际加载力/kN	实际加载比例/%	氯离子渗透系数 /(10^{-12} $m^2 \cdot s^{-1}$)
再生混凝土	14	98.39	0.00	0.00	14.320
			59.00	59.97	8.803
			80.22	81.53	15.560
	28	143.78	0.00	0.00	12.610
			43.12	29.99	9.393
			86.18	59.94	8.980
			116.00	80.68	12.010
	56	170.55	0.00	0.00	11.540
			51.50	30.20	10.140
			102.36	60.02	7.966
			136.26	79.89	12.300
	90	202.69	0.00	0.00	9.754
			60.04	29.62	7.101
			119.64	59.03	6.081
	135	211.24	0.00	0.00	8.668
			63.51	30.00	7.252
			125.90	59.60	6.448
			176.56	80.25	10.078
	180	220.00	0.00	0.00	8.552
			65.73	29.88	7.903
			134.37	61.08	6.132
			176.56	80.25	10.001
	270	233.81	0.00	0.00	8.561
			71.87	30.74	7.046
			142.73	61.05	5.654
			185.44	79.31	9.844

续表

混凝土类别	混凝土龄期/d	试件承载力/kN	实际加载力/kN	实际加载比例/%	氯离子渗透系数/(10^{-12} m²·s⁻¹)
普通混凝土	14	123.82	0.00	0.00	7.262
			37.02	29.90	5.156
			73.98	59.75	7.117
	28	183.00	0.00	0.00	5.112
			54.09	29.56	3.875
			108.9	59.51	4.332
	56	198.55	0.00	0.00	4.617
			61.78	31.12	3.521
			120.03	60.45	3.832
	90	220.06	0.00	0.00	4.374
			66.32	30.14	3.213
			132.16	60.06	3.989

4.1.3.2 龄期对无应力下再生混凝土氯离子扩散系数的影响分析

对于普通混凝土,一些研究者[20-21]给出了氯离子扩散系数与龄期之间的关系。本章拟研究再生混凝土 D/D_0 与 t/t_0 之间的关系,其中 D 为龄期 t 再生混凝土氯离子扩散系数(m^2/s),D_0 为参考龄期再生混凝土氯离子扩散系数(m^2/s),t_0 为参考龄期(本章中参考龄期取 28d)。另外考虑到试验数据有限,本章引入相关文献[14,22-26]的数据进行对比分析。图 4-15 所示为同配比再生混凝土及普通混凝土 D/D_0 与 t/t_0 的变化曲线。

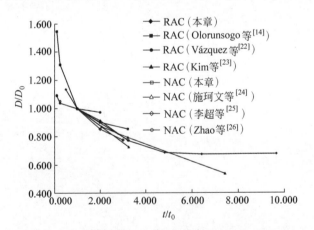

图 4-15 混凝土氯离子扩散系数随着龄期的变化曲线

由图 4-15 可以看出:再生混凝土氯离子渗透系数随龄期的变化趋势,同普通混凝土相似。随着养护龄期的延长,再生混凝土氯离子渗透系数减小,并且前期减小较快,后期减小不明显。其主要原因在于:再生混凝土的凝结和硬化是水泥和水之间发生化学和物理反应的结果[27],水化初期再生混凝土中大的毛细孔较多,孔隙的总体积大,随着养护时间的增加,毛细孔体系的细密程度增加,孔的体积和可贯穿孔结构都迅速减小,混凝土的抗氯离子渗透性能明显提高。但是再生混凝土内部的化学反应和物理反应大多发生在养护前期,导致其前期抗氯离子渗透性能提高效应显著,而养护后期发生的化学反应和物理反应减少许多,使得再生混凝土氯离子扩散系数减小不明显。这与王军伟等[28]对普通混凝土氯离子扩散系数随着龄期变化而变化的规律相似。

值得注意的是,龄期小于28d时(t/t_0<1.000),再生混凝土氯离子扩散系数普遍大于普通混凝土氯离子扩散系数,但龄期在28~90d时(1.000<t/t_0<3.210),再生混凝土的氯离子扩散系数小于普通混凝土的,即在龄期小于90d时,再生混凝土的氯离子扩散系数降低幅度较普通混凝土的大,抗氯离子渗透性能提高较快。产生这种现象的原因可能是再生混凝土"内养护"作用,即再生粗骨料的高吸水率使其在混凝土拌和过程中吸收了一定量的水,这部分水随着水泥水化的进行逐渐释放,增加了混凝土的养护湿度,使得水泥水化更加充分,从而提高再生混凝土的密实度,促进再生混凝土抗氯离子扩散性能的提高[29]。这一试验现象表明了早期养护对提高再生混凝土的抗氯离子渗透性能的重要性。

4.1.3.3 压应力下龄期对再生混凝土氯离子扩散系数的影响

图 4-16、图 4-17 分别为不同压应力比下普通混凝土和再生混凝土氯离子扩散系数随着龄期的变化曲线。对于普通混凝土,压应力比分别为 0.00、0.30、0.60 时,14d、28d、56d、90d 龄期的氯离子扩散系数分别为 28d 龄期的普通混凝土氯离子扩散系数的 1.331 倍、1.000 倍、0.903 倍、0.856 倍、1.331 倍、1.000 倍、0.909 倍、0.829 倍、1.643 倍、1.000 倍、0.885 倍、0.921 倍。对于再生混凝土,压应力比分别为 0.00、0.60 时,14d、28d、56d、90d、135d、180d、270d 龄期的氯离子扩散系数分别为 28d 龄期的再生混凝土氯离子扩散系数的 1.136 倍、1.000 倍、0.915 倍、0.774 倍、0.687 倍、0.676 倍、0.679 倍、0.980 倍、1.000 倍、0.887 倍、0.677 倍、0.718 倍、0.683 倍、0.630 倍。可以明显看出,无论多大的压应力比被施加到混凝土上,除个别点外,普通混凝土和再生混凝土氯离子扩散系数都随着龄期的增大而减小。其主要原因在于:水化初期混凝土中大的毛细孔较多,孔隙的总体积大,随着养护时间的增加,毛细孔体系的细密程度增加,凝胶孔增多,孔的体积和可贯穿孔结构都迅速减小,混凝土抗氯离子渗透性能也随之不断提高。

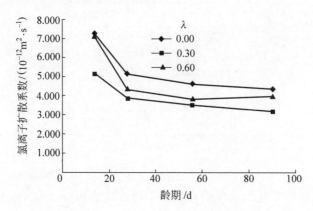

图 4-16 不同压应力比下普通混凝土氯离子扩散系数随着龄期的变化曲线

此外,再生混凝土氯离子扩散系数随龄期变化规律与普通混凝土氯离子扩散系数的变化规律又有所不同。以各压应力作用下,28d 龄期下再生混凝土和普通混凝土的氯离子扩

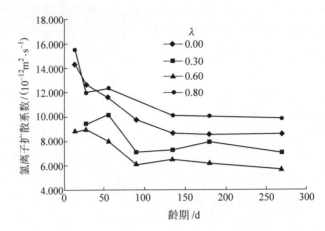

图 4-17　不同压应力比下再生混凝土氯离子扩散系数随着龄期的变化曲线

散系数为基准,当压应力比分别为 0.00、0.30、0.60 时,90d 的再生混凝土的氯离子扩散系数分别减小了 22.6%、24%、33.3%,而普通混凝土氯离子扩散系数分别减小了 14.4%、17.1%、7.9%。这说明,再生混凝土 90d 的抗氯离子渗透性能较 28d 抗氯离子渗透性能的增长幅度均大于普通混凝土,即再生混凝土抗氯离子渗透性能在这段时间内提高较多。这表明,上文所提到的再生混凝土"内养护"作用在压应力作用下仍然能够促进再生混凝土抗氯离子渗透性能的提高。

4.1.3.4　压应力下再生混凝土氯离子扩散系数与养护龄期的关系模型

由以上分析发现,再生混凝土氯离子扩散系数与龄期有很好的相关性。考虑到 Mangat 等[20] 和 Hong 等[30] 用幂函数来表征普通混凝土氯离子扩散系数随龄期的变化规律,本章拟根据试验数据建立各压应力比下,普通混凝土及再生混凝土氯离子扩散系数与龄期的幂函数关系公式、拟合公式(表 4-9)及拟合曲线(图 4-18、图 4-19)。

表 4-9　拟合公式

混凝土类别	压应力比	拟合公式	相关系数 R^2
NAC	0.00	$D/D_0 = (t/t_0)^{-0.264}$	0.8862
	0.30	$D/D_0 = (t/t_0)^{-0.244}$	0.9379
	0.60	$D/D_0 = (t/t_0)^{-0.308}$	0.7604
RAC	0.00	$D/D_0 = (t/t_0)^{-0.195}$	0.9571
	0.30	$D/D_0 = (t/t_0)^{-0.120}$	0.8529
	0.60	$D/D_0 = (t/t_0)^{-0.170}$	0.8702

注:NAC 为普通混凝土;RAC 为再生混凝土。

由图 4-18 和图 4-19 可以看出,无论是普通混凝土还是再生混凝土,压应力比为 0.30 的氯离子扩散系数随龄期变化而变化的曲线斜率比压应力比为 0.00 和 0.60 的曲线斜率都小。这意味着压应力比可以改变养护龄期对混凝土氯离子扩散系数的影响。这可能与压应力下混凝土内部微裂纹的闭合和扩展有关。当压应力较小时,混凝土内部的微裂缝部分闭合导致养护龄期对混凝土氯离子扩散系数的影响较小。而当压应力较大时,混凝土内部的微裂缝扩展甚至贯通,延长养护龄期对混凝土抗氯离子扩散性能提高作用明显。

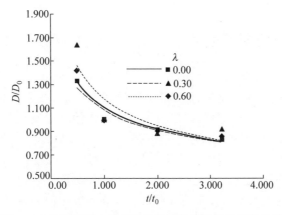

图 4-18　普通混凝土氯离子扩散系数随龄期的变化曲线

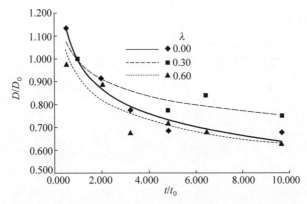

图 4-19　再生混凝土氯离子扩散系数随龄期的变化曲线

为了验证以上回归公式的有效性,本节收集了部分学者的试验数据。搜集的试验数据需满足以下要求:①所有的混凝土试件配比与本节配置的混凝土试件相近,水灰比均采用0.4 左右,再生粗骨料取代率均取 100%,且均不添加粉煤灰、矿粉等矿物掺和料;②均采用快速电迁移测试方法测试氯离子扩散系数。本节将氯离子扩散系数代入回归公式中,得到 D/D_0 计算值,并与试验值进行比较(表 4-10),验证公式有效性。

表 4-10　混凝土氯离子扩散系数拟合公式验证结果

研究者	混凝土类别	压应力比 λ	龄期/d	D/D_0 试验值	D/D_0 计算值	相对误差/%	相对误差方差
Olorunsogo 等[14]	RAC	0	3	1.571	1.546	1.62	
	RAC	0	7	1.381	1.310	5.41	
本节	RAC	0	90	0.774	0.796	−2.76	0.0024
Vázquez 等[22]	RAC	0	90	0.773	0.796	−2.89	
Kim 等[23]	RAC	0	90	0.727	0.796	−8.67	

通过对比发现,经验公式的计算值与试验值之间的相对误差均小于 10%,相对误差的方差接近 0,本节经验公式可以较好地反映压应力下再生混凝土氯离子扩散系数随龄期的变化规律。

4.1.4 轴拉应力对再生混凝土氯离子扩散系数的影响

4.1.4.1 试验方案设计

如表 4-11 所示,待混凝土试件标准养护至设计龄期后,按设计拉应力比 0.00、0.15、0.30、0.45、0.60,采用 4.1.1.2 节所提出的轴拉荷载作用下混凝土氯离子扩散系数试验方法测试各设计拉应力比下混凝土氯离子扩散系数。本章拉应力比是指实际受拉应力与混凝土抗拉承载力的比值。混凝土试件的抗拉承载力可通过本章的拉力荷载加载装置测得。待混凝土试件固定于加载装置后,对混凝土进行加载,加载至混凝土试件按照图 4-20 所示在中间部分断裂时测得碟簧变形量,再根据 4.1.1.2 节所标定出的拉力荷载作用下碟簧实测荷载位移特性曲线推算出混凝土试件的抗拉承载力。以 3 次测得的试件抗拉承载力平均值作为试件抗拉承载力的测定结果。受拉应力的大小是通过碟簧的压缩量来控制的。通过计算得到所需施加的应力大小,根据碟簧实测荷载位移特性曲线确定相应的碟簧变形量,当加载到相应的变形时,即为所需施加的荷载大小。表 4-11 列出了再生混凝土和普通混凝土试件所受的轴拉应力工况及各工况下混凝土氯离子扩散系数测试结果。

表 4-11 轴拉应力下混凝土氯离子扩散系数测试结果

混凝土类别	混凝土龄期/d	试件承载力/kN	实际加载力/kN	实际加载比例/%	氯离子渗透系数/$(10^{-12}\,\mathrm{m^2 \cdot s^{-1}})$
再生混凝土	56	8.200	0.00	0.00	11.540
			1.30	15.00	11.793
			2.61	30.00	13.210
			3.91	45.00	15.420
			5.22	60.00	18.850
	90	9.184	0.00	0.00	9.754
			1.37	15.00	8.886
			2.75	30.00	10.900
			4.13	45.00	14.200
			5.51	60.00	18.170
	135	9.840	0.00	0.00	8.668
			1.47	15.00	9.443
			2.95	30.00	10.400
			4.42	45.00	13.210
			5.90	60.00	17.630
普通混凝土	56	9.700	0.00	0.00	4.617
			2.91	30.00	4.660
			5.82	60.00	5.592
	90	10.217	0.00	0.00	4.374
			3.06	30.00	4.583
	135	11.254	0.00	0.00	4.426
			3.37	30.00	4.566
			6.75	60.00	6.250

图 4-20　混凝土试件受拉破坏形态(拉应力比为 1.00)

4.1.4.2　拉应力对混凝土氯离子扩散系数的影响

齢期分别为 56d、90d 和 135d 的再生混凝土与普通混凝土氯离子扩散系数随着拉应力比变化的关系曲线如图 4-21 所示(其中 RT 系列表示对再生混凝土施加轴拉荷载,NT 系列表示对普通混凝土施加轴拉荷载)。由图 4-21 可以看出,轴拉荷载对再生混凝土和普通混凝土氯离子扩散系数均有明显影响,且不同齢期下再生混凝土与普通混凝土氯离子扩散系数随着拉应力比的变化规律相似,都随着拉应力比的增加而增加。但齢期为 90d 的再生混凝土氯离子扩散系数(即 RT-90 系列)在拉应力比为 0.15 时相对空载出现了下降,该现象可能是由试验误差导致。

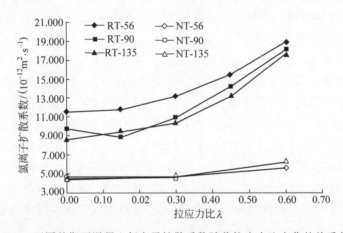

图 4-21　不同齢期下混凝土氯离子扩散系数随着拉应力比变化的关系曲线

此外,再生混凝土在拉应力比小于 0.30 时氯离子扩散系数增加幅度小,当拉应力比达到 0.30 倍以上时,氯离子扩散系数持续快速增加,以齢期为 56d 的再生混凝土(RT-56 系列)为例,相对未加载的再生混凝土,轴拉应力比为 0.30、0.60 下的再生混凝土氯离子扩散系数分别增加了 19.98%、100.34%。原因分析如下:再生混凝土由于在成型、养护过程中泌水、收缩以及再生骨料由废混凝土破碎、加工而来等,其内部存在大量微小原始裂缝,而再生混凝土抗氯离子渗透性能与其内部微裂缝的形成、扩展与贯通密切相关[31]。在较小拉应力作用下(拉应力比为 0.00～0.30),再生混凝土内部的原始微裂缝和孔结构发生轻微变化,氯离子扩散系数增长幅度不大;但随着拉应力的进一步增大(拉应力比大于 0.30),混凝土内部微裂缝发生损伤贯通,并可能产生新的微裂缝,这导致混凝土内部氯离子的扩散和渗透速度加快,再生混凝土氯离子扩散系数明显增大[32]。

其次,再生混凝土的氯离子扩散系数随着拉应力增加而增加的幅度明显高于普通混凝土。拉应力比为 0.6 时,56d 和 135d 龄期的再生混凝土氯离子扩散系数(RT-56 和 RT-135 系列)与空载相比增加量分别为 63.3% 和 100.3%,而相同龄期的普通混凝土氯离子扩散系数(NT-56 和 NT-135 系列)增加量只有 21.1% 和 41.2%。这是再生骨料表面包裹的水泥浆以及混凝土块在解体破碎过程中产生大量微小裂缝使再生骨料孔隙率大,导致了再生混凝土的氯离子扩散系数对拉应力更敏感[33]。

从图 4-21 中还可以看出,不管荷载应力水平如何,同一应力水平下再生混凝土氯离子扩散系数随着龄期增加而减小,养护 135d 的再生混凝土(RT-135 系列)氯离子扩散系数最小,养护 56d 的再生混凝土(RT-56 系列)氯离子扩散系数最大。这说明,养护龄期对再生混凝土抗氯离子渗透性能具有一定的影响,适当延长养护龄期可以有效提高再生混凝土的抗氯离子扩散性能。随着养护龄期的延长,再生混凝土中水泥的水化程度提高,毛细孔的连通性减弱,再生混凝土的渗透性也随之降低,从而导致在相同的轴拉应力比下养护龄期长的再生混凝土抵抗氯离子渗透的性能强[34]。

4.1.4.3　拉应力下与压应力下再生混凝土氯离子扩散系数对比

引入同配比再生混凝土在压应力下的氯离子扩散系数试验数据,给出了不同应力状态下再生混凝土氯离子扩散系数随着拉压应力比的变化曲线,如图 4-22 所示(其中 RT 系列表示对再生混凝土施加轴拉荷载,RAC 系列表示对再生混凝土施加轴压荷载)。如图 4-22 所示,再生混凝土所受应力状态不同,其氯离子扩散系数随应力比的变化趋势也明显不同。在压应力作用下,当压应力比较小时(小于 0.50),再生混凝土中的氯离子扩散系数随应力比的增大呈减小趋势,当压应力比继续增大时(大于 0.50),氯离子扩散系数反而增大,然而在轴拉应力作用下,氯离子扩散系数则随着应力比持续增加。究其原因可能是不同应力状态下混凝土内部微裂缝发展趋势不同。当再生混凝土所受持续压应力较小时,垂直于压应力方向的初始横向裂纹会发生一定的闭合,再生混凝土氯离子扩散系数减小,但当压应力继续增加达到一定值时,混凝土中原始裂缝尖端产生很大的应力集中而沿界面发展,因而混凝土中原始裂缝出现扩展,甚至贯通,并导致新的微裂缝产生,混凝土渗透性增大,从而导致抗氯离子渗透性能降低。然而持续轴拉荷载下,再生混凝土内部微裂缝始终处于扩展状态,并

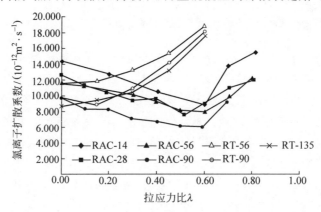

图 4-22　不同应力状态下再生混凝土氯离子扩散系数随拉应力比的变化曲线

未出现闭合现象,随着拉应力的增大,裂纹持续扩张,氯离子扩散系数持续增大。因此,在评估实际工程中混凝土抗氯离子渗透性能时,除了考虑混凝土所受应力大小,还必须考虑其所受的应力状态。

此外,与压应力作用下渗透性相比较,再生混凝土氯离子扩散系数受拉应力作用的影响更大,即再生混凝土氯离子扩散系数对于拉应力更加敏感。当拉应力比增加到 0.60 时,氯离子扩散系数相对无应力时至少增加了 63.3%,但当压应力比增加到 0.80 左右时,其氯离子扩散系数仅增加了 10% 左右。这与其他学者对普通混凝土在荷载作用下氯离子扩散系数性能的研究结论一致[35]。因此,对拉应力下的混凝土试件应采取必要的预防氯离子侵蚀的措施,从而提高其耐久性[36]。

4.1.4.4　拉应力下再生混凝土氯离子扩散系数计算模型

参考 4.1.2.3 节建立的再生混凝土氯离子扩散系数与压应力比的计算模型,本节考虑不同龄期的再生混凝土 D/D_0 与拉应力比之间的关系如图 4-23 所示,其中 D 为荷载作用下混凝土氯离子扩散系数,m^2/s；D_0 为空载时混凝土氯离子扩散系数,m^2/s。

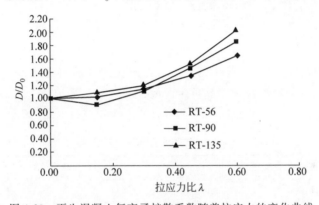

图 4-23　再生混凝土氯离子扩散系数随着拉应力的变化曲线

从图 4-23 可以看出,再生混凝土氯离子扩散系数与轴拉应力比的相关性较好,且 56d、90d 和 135d 龄期的再生混凝土氯离子扩散系数随着拉应力比的变化趋势十分接近,都随着拉应力比的增加而增加,拉应力比小于 0.30 时增加量较小,拉应力比大于 0.30 时快速增加,且各龄期下再生混凝土氯离子扩散系数增加量也较为接近。因此,本章依然采用一元线性方程分两段对再生混凝土氯离子扩散系数与拉应力比的关系进行拟合,拟合的经验公式分别如式(4-8)、式(4-9)所示,拟合曲线如图 4-24 所示。

$$D/D_0 = 0.5134\lambda + 1.0000, \quad \lambda \in (0, 0.3] \tag{4-8}$$

$$D/D_0 = 2.298\lambda + 0.4446, \quad \lambda \in (0.3, 0.6] \tag{4-9}$$

式中,D 为荷载作用下再生混凝土氯离子扩散系数,m^2/s；D_0 为不同龄期下再生混凝土空载时氯离子扩散系数,m^2/s；λ 为拉应力比。

由图 4-24 可以看出,式(4-8)和式(4-9)的拟合相似度 R^2 分别为 0.846 和 0.8668,这表明本节提出的计算模型能够较好地预测拉应力下再生混凝土氯离子扩散系数,但该模型的有效性还需进一步研究证明。

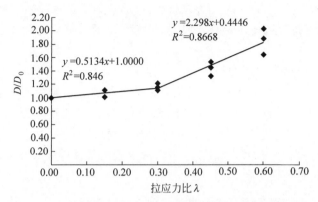

图 4-24　再生混凝土氯离子扩散系数随着拉应力的拟合曲线

4.2　氯盐环境下再生混凝土梁性能

4.2.1　试验设计

试验设计 8 根 100％骨料取代率钢筋再生混凝土和 4 根普通混凝土正截面试验梁,仅锈蚀纵筋;8 根 100％骨料取代率钢筋再生混凝土和 4 根普通混凝土斜截面试验梁,仅锈蚀箍筋。试件编号和设计锈蚀率如表 4-12 所示。

表 4-12　试件编号与设计锈蚀率

试验试件编号		设计箍筋锈蚀率/%
正截面试验试件编号	斜截面试验试件编号	
RAC-F0	RAC-S0	0
RAC-F1	RAC-S1	1
RAC-F3	RAC-S3	3
RAC-F5	RAC-S5	5
RAC-F7	RAC-S7	7
RAC-F9	RAC-S9	9
RAC-F11	RAC-S11	11
RAC-F13	RAC-S13	13
NAC-F0	NAC-S0	0
NAC-F5	NAC-S5	5
NAC-F9	NAC-S9	9
NAC-F13	NAC-S13	13

注:RAC 表示再生混凝土梁;NAC 表示普通混凝土梁;F 表示正截面试验;S 表示斜截面试验。

试验梁截面尺寸设计均为 120mm×200mm,长度均为 1500mm。正截面试验梁试件底部配置 2 根直径 10mm 的 HRB 400 级热轧螺纹钢筋,在梁端部弯折并预留体外段,用于梁的锈蚀通电。架立筋采用 2 根直径 6mm 的 HPB 300 级钢筋,箍筋采用直径 6mm 的 HPB 300 级钢筋,间距 60mm,跨中纯弯段不配置箍筋。试验梁的设计尺寸、配筋和加载方式如图 4-25 所示。

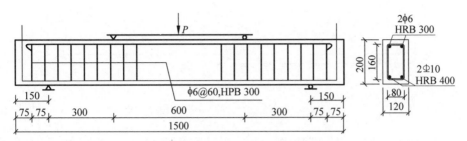

图 4-25　正截面试验梁设计尺寸、配筋和加载方式

试验梁采用单筋截面,为使钢筋尽快锈蚀,根据现行《混凝土结构设计规范》(GB 50010—2010)[37]规定(简称"规范"),二 a 环境中,梁的纵向受力钢筋外边缘距混凝土表面不小于 25mm,因此,保护层厚度取值最小为(25-6)mm=19mm≈20mm(混凝土受拉边缘至箍筋外表面的距离),则 a_s=(20+6+10/2)mm=31mm,h_0=(200-31)mm=169mm。

斜截面试验梁的剪跨比均为 2.42。为使构件发生剪切破坏,在梁底部配置 2 根直径为 18mm 的 HRB 400 级抗弯钢筋,配筋率为 2.12%,架立筋采用 2 根直径为 8mm 的 HPB 300 级钢筋,箍筋采用直径为 6mm 的 HPB 300 级钢筋,支座间箍筋间距 200mm,支座外箍筋间距 175mm,配箍率为 0.236%,a_s=(20+6+18/2)mm=35mm,h_0=(200-35)mm= 165mm,如图 4-26 所示。

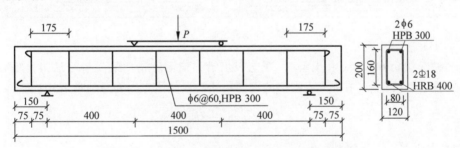

图 4-26　斜截面试验梁设计尺寸、配筋和加载方式

试验设计混凝土强度为 C30。正截面试验梁每根纵筋中部粘贴 2 个相邻的应变片,在梁外表面贴 7 个应变片,布置如图 4-27 所示。斜截面试验梁在每根纵筋中部粘贴 1 个应变片,一侧 3 根箍筋中部贴应变片,在梁跨中表面贴 5 个应变片。加载点与支座点连线的中点处粘贴应变花,布置如图 4-28 所示。

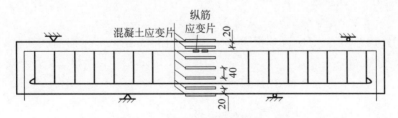

图 4-27　正截面试验梁应变片布置

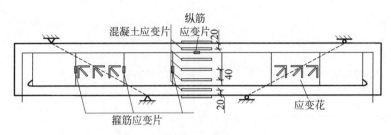

图 4-28 斜截面试验梁应变片布置

为使钢筋在较短时间内达到理想的锈蚀率,试验采用电化学方法对梁内钢筋加速锈蚀。正截面试验梁纵筋锈蚀的具体方法如下:将梁部分浸入含量为 5% 的 NaCl 溶液中,待没入溶液部分充分润湿,将梁纵筋预留部分一端与恒压恒流源正极相接,恒压恒流源负极与没入溶液的不锈钢条连接,通过 NaCl 溶液形成回路(图 4-29),使阳极钢筋锈蚀。

斜截面试验梁箍筋锈蚀具体做法如下:钢筋笼制作完成后,用一根直径为 6mm 的 HPB 300 级钢筋将待锈蚀的箍筋焊接,且一端留出一定长度的垂直段,用于连接电源,恒压恒流源负极与没入溶液的不锈钢条连接,通电回路设计如图 4-29 所示。

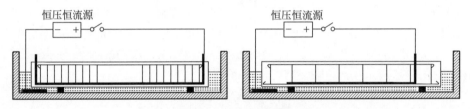

图 4-29 锈蚀通电回路

根据法拉第定律可知:在电解时,在电极上析出或溶解物质的质量与通过的电量成正比;如果通过电量相同,则析出或溶解的不同物质的质量跟它们物质的量成正比,可表示为

$$Q = It = 2\frac{\Delta m}{M}F = 2\frac{\Delta m}{M}N_A e \tag{4-10}$$

因此,由式(4-10)可得到

$$\Delta m = \frac{MIt}{2N_A e} \tag{4-11}$$

式中,Q 为通电电量,C;I 为通电电流,A;t 为通电时间,s;F 为法拉第常量,C/mol;M 为铁的摩尔质量,56g/mol;N_A 为阿伏伽德罗常量,$6.02 \times 10^{23} mol^{-1}$;$e$ 为电子电量,1.6×10^{-19} C;Δm 为电解析出的锈蚀铁质量,g。

同时,钢筋的锈蚀量还可以表示为

$$\Delta m = mL\rho \tag{4-12}$$

式中,ρ 为钢筋锈蚀率,%;L 为单根钢筋长度,约 1800mm;m 为钢筋线质量,直径 10mm 的 HRB 400 为 0.617g/mm。

因此,联立式(4-11)和式(4-12),得到

$$\rho = \frac{MIt}{2N_A emL} \tag{4-13}$$

本试验中,采用串联通电,钢筋中电流可表示为

$$I = iS = 2\pi rLi \tag{4-14}$$

式中, i 为电流密度, A/mm^2; S 为电流通过钢筋的表面积, mm^2; r 为钢筋的半径, $5mm$。

因此,联立式(4-13)和式(4-14),得到时间 t 的表达式,单位: h。

$$t = \frac{1}{3600} \cdot \frac{2N_A emL\rho}{Mi2\pi rL} = \frac{1}{3600} \cdot \left(\frac{N_A em}{Mi\pi r}\right)\rho$$

$$= \frac{1}{3600} \cdot \left(\frac{6.02 \times 10^{23} \times 1.6 \times 10^{-19} \times 0.617}{56 \times i \times \pi \times 5}\right)\rho = \frac{1.877 \times 10^{-2}\rho}{i} \quad (4\text{-}15)$$

根据国内外学者对于钢筋通电锈蚀的试验经验,锈蚀电流密度不宜超过 $3 \times 10^{-5} A/mm^2$,一般取 $1 \times 10^{-5} \sim 2 \times 10^{-5} A/mm^2$。对于正截面试验梁,单根纵筋表面积为

$$S = 2\pi rL = 2\pi \times 5 \times 1800 mm^2 = 56520 mm^2 \quad (4\text{-}16)$$

$$1 \times 10^{-5} A/mm^2 \leqslant I(A)/S(mm^2) \leqslant 2 \times 10^{-5} A/mm^2$$

$$\Rightarrow 0.56A \leqslant I \leqslant 1.13A \quad (4\text{-}17)$$

由式(4-17)可知,本试验可采用 $1A$ 的电流来完成,则电流密度为

$$i = \frac{1(A)}{56520(mm^2)} = 1.769 \times 10^{-5} A/mm^2 \quad (4\text{-}18)$$

将式(4-18)代入式(4-15)可得正截面试验梁纵筋锈蚀时间:

$$t = \frac{1.877 \times 10^{-2}\rho}{i} = \frac{1.877 \times 10^{-2}\rho}{1.769 \times 10^{-5}} = 1061.05\rho \quad (4\text{-}19)$$

同理,计算斜截面试验梁箍筋锈蚀率通电时间如下:

$$t = \frac{1}{3600}\left(\frac{N_A em}{Mi\pi r}\right)\rho = \frac{1.125 \times 10^{-2}\rho}{i} \quad (4\text{-}20)$$

对于本试验,电流通过 6 根箍筋的总表面积为

$$S = (6 \times \pi \times 6 \times 530 + \pi \times 6 \times 1400)mm^2 = 86287.20 mm^2$$

式中,每根试验梁有 6 个直径为 $6mm$ 箍筋锈蚀,每个箍筋长度为 $530mm$;后一项为连接各箍筋的外伸通电钢筋,其直径为 $6mm$,总长度为 $1400mm$。

$$1 \times 10^{-5} A/mm^2 \leqslant I(A)/S(mm^2) \leqslant 2 \times 10^{-5} A/mm^2$$

$$\Rightarrow 0.86A \leqslant I \leqslant 1.72A \quad (4\text{-}21)$$

由式(4-21)可知,本试验可采用 $1A$ 的电流来完成,则电流密度为

$$i = \frac{1A}{86287.20 mm^2} = 1.159 \times 10^{-5} A/mm^2 \quad (4\text{-}22)$$

将式(4-22)代入式(4-20)可得

$$t = \frac{1.125 \times 10^{-2}\rho}{1.159 \times 10^{-5}} = 970.66\rho \quad (4\text{-}23)$$

本试验预计得到 8 个不同的纵筋锈蚀率和箍筋锈蚀率,分别为 0、1%、3%、5%、7%、9%、11%、13%。代入式(4-19)和式(4-23)可得到对应的通电时间如表 4-13 所示。

表 4-13 钢筋锈蚀的通电时间

正截面试验梁编号	通电时间/h	斜截面试验梁编号	通电时间/h
RAC-F0	0	RAC-S0	0
RAC-F1	10.61	RAC-S1	9.71
RAC-F3	31.83	RAC-S3	29.12
RAC-F5	53.05	RAC-S5	48.53

正截面试验梁编号	通电时间/h	斜截面试验梁编号	通电时间/h
RAC-F7	74.27	RAC-S7	67.95
RAC-F9	95.50	RAC-S9	87.36
RAC-F11	116.72	RAC-S11	106.77
RAC-F13	137.94	RAC-S13	126.19
NAC-F0	0	NAC-S0	0
NAC-F5	53.05	NAC-S5	48.53
NAC-F9	95.50	NAC-S9	87.36
NAC-F13	137.94	NAC-S13	126.19

4.2.2 氯盐环境下再生混凝土梁正截面受弯性能

4.2.2.1 实测纵筋锈蚀率

纵筋锈蚀率实测值如表 4-14 所示。

表 4-14 纵筋锈蚀率实测值

正截面试验梁编号	纵筋锈蚀率实测值 ρ_L/%	纵筋锈蚀率设计值 $\rho_{L,0}$/%
RAC-F0	0.68	0
RAC-F1	1.19	1
RAC-F3	2.51	3
RAC-F5	5.84	5
RAC-F7	5.04	7
RAC-F9	8.68	9
RAC-F11	11.90	11
RAC-F13	9.56	13
NAC-F0	0.55	0
NAC-F5	6.83	5
NAC-F9	7.63	9
NAC-F13	10.51	13

4.2.2.2 纵筋锈胀裂缝

再生混凝土梁纵筋锈胀裂缝最大宽度实测值见表 4-15,加速锈蚀后 12 根梁的纵筋锈胀裂缝底面分布如图 4-30 所示,由图 4-30 及表 4-15 可知,纵筋锈胀裂缝发展程度随锈蚀率增大而加深。当纵筋实际锈蚀率大于 1.19% 时,再生混凝土梁底面均出现了锈胀裂缝。

表 4-15 再生混凝土梁纵筋锈胀裂缝最大宽度

梁的编号	RAC-F0	RAC-F1	RAC-F3	RAC-F7	RAC-F5	RAC-F9	RAC-F13	RAC-F11
纵筋锈蚀率/%	0.68	1.19	2.51	5.04	5.84	8.68	9.56	11.90
锈胀裂缝最大宽度/mm	0	0	0.20	0.48	0.72	0.94	1.28	1.60

其他文献中纵筋锈胀裂缝宽度与锈蚀率的关系如图 4-31 所示。文献中纵筋直径均为

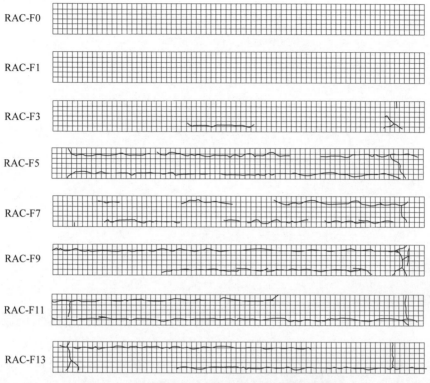

图 4-30　纵筋锈蚀再生混凝土梁底面锈胀裂缝形态

10mm,与本节相同,因此可以用来对比。由图 4-31 可以看出,当锈蚀率较小时,3 条曲线较为接近,锈蚀率超过 10% 时,本节和文献[38]测得的最大宽度均大于文献[39]的数据。这可能因为文献[39]反映的是大气环境下的钢筋锈蚀混凝土梁的锈胀裂缝宽度的变化,此时钢筋锈蚀比较缓慢,锈蚀产物会沿着裂缝渗出,裂缝宽度因此不再增加。

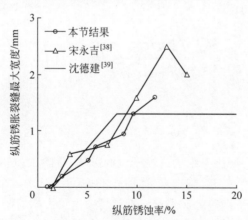

图 4-31　纵筋锈胀裂缝宽度与锈蚀率的关系

4.2.2.3　纵筋锈蚀后电化学特性

试验测量了 4 组不同温度下钢筋锈蚀电位和 1 组混凝土电阻率,所得结果均值见表 4-16。

表 4-16 纵筋锈蚀后的电化学特性指标实测值

抗弯梁试件编号	纵筋锈蚀电位平均值/mV				混凝土电阻率平均值/(kΩ·cm)
	23℃	25℃	27℃	30℃	
RAC-F0	37.4	98.2	108.2	65.6	163.67
RAC-F1	−283.6	−327.2	−366.6	−375.4	32.33
RAC-F3	−311.0	−389.6	−404.8	−425.2	33.67
RAC-F7	−389.2	−422.0	−432.4	−474.0	31.67
RAC-F5	−316.2	−326.8	−378.0	−433.0	26.00
RAC-F9	−316.0	−347.2	−383.8	−450.8	30.67
RAC-F13	−380.2	−402.2	−423.4	−438.0	29.33
RAC-F11	−350.8	−382.0	−398.6	−406.4	24.00
NAC-F0	−104.4	−180.4	−222.2	−315.2	143.00
NAC-F5	−332.6	−348.2	−369.6	−414.6	29.33
NAC-F9	−301.2	−330.0	−368.6	−449.6	32.00
NAC-F13	−326.0	−427.0	−446.0	−462.0	14.33

从表 4-16 中可以看出,除 RAC-F0 和 NAC-F0 外,其余梁中的纵筋锈蚀电位平均值均小于−283.6mV。不同温度下纵筋锈蚀电位与纵筋锈蚀率的关系如图 4-32 所示。从图 4-32 中可以看出,再生混凝土梁和普通混凝土梁的纵筋锈蚀电位均随锈蚀率的增大而减小;另外,在相同温度下,再生混凝土梁的纵筋锈蚀电位比普通混凝土的要低。

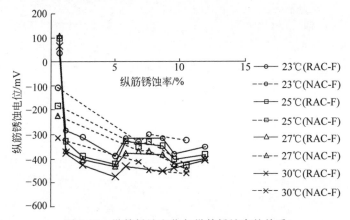

图 4-32 纵筋锈蚀电位与纵筋锈蚀率的关系

为研究温度对再生混凝土梁纵筋锈蚀电位的影响,将除 RAC-F0 之外的再生混凝土梁的纵筋锈蚀电位与温度关系图绘制出来,如图 4-33 所示。从图 4-33 中可以看出,随着温度的升高,纵筋锈蚀电位呈下降趋势。温度对钢筋锈蚀电位影响的原因在于随着温度升高,大气环境中的氧气和水分在混凝土内的扩散速度增大,钢筋锈蚀电池阴极、阳极锈蚀产物的迁移速度加快,导致钢筋锈蚀速度加快,锈蚀电位减小。

再生混凝土抗弯梁混凝土电阻率与纵筋锈蚀率的关系如图 4-34 所示。从图中可以看出,再生混凝土抗弯梁混凝土电阻率在纵筋锈蚀后变化不大。

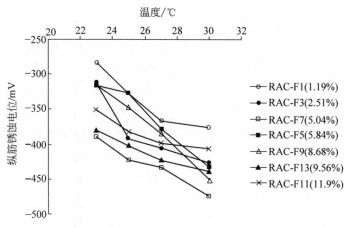

图 4-33　再生混凝土梁纵筋锈蚀电位与温度的关系

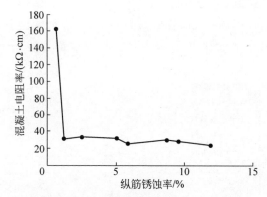

图 4-34　再生混凝土抗弯梁混凝土电阻率与纵筋锈蚀率的关系

4.2.2.4　正截面受弯性能试验结果分析

1. 梁的破坏模式

加载过程中，当钢筋屈服后，梁的挠度迅速增加，裂缝持续发展，当裂缝宽度达到 1.5mm 时，即判定再生混凝土梁弯曲破坏。当锈蚀率较小时，如 RAC-F0、RAC-F1 和 NAC-F0，大约在 5% 极限荷载时，再生混凝土梁在受拉区边缘开始出现裂缝，当外荷载增加到极限承载力的 50% 左右时，数条裂缝已延伸至形心轴的位置，随着外荷载的增加，裂缝的数量不再增加，此时受拉区裂缝宽度约 0.2mm，并穿过形心轴沿梁高向下延伸，当外荷载增加至极限承载力的 60%～70% 时，此时受拉区裂缝宽度约 0.4mm；外荷载进一步增加到约 80% 极限荷载时，受拉区内的裂缝均逐渐变宽，宽度值为 0.6～0.8mm。当外荷载达到极限时，受拉区 2～3 条裂缝宽度达到 1.5mm，并延伸至受压区，梁宣告破坏，破坏形态为适筋梁弯曲破坏，受压区混凝土没有被压碎。

当锈蚀率进一步增大，如 RAC-F3、RAC-F7、RAC-F5、RAC-F9、NAC-F5 和 NAC-F9，由于锈蚀导致的钢筋和混凝土之间的黏结性能退化，减弱了钢筋与混凝土的应力传递，梁在加载过程中竖向裂缝变得稀少，间距增大，靠近支座处的斜裂缝逐渐与沿受拉主筋方向的纵向裂缝连接。当荷载达到极限承载力的 80% 时，受拉区内某一条裂缝宽度急剧发展，其他裂缝发展缓慢。极限荷载时，受拉区内最大裂缝宽度达到1.5mm，并延伸至受压区，梁宣告破坏，但受压区混凝土没有被压碎。

当锈蚀率较大时，如RAC-F13、RAC-F11和NAC-F13，破坏时较宽的竖向裂缝更为稀少。梁底裂缝往往仅某一处发展，梁破坏时仅此处的裂缝很明显，钢筋不能充分发挥其塑性性能，延性降低。斜裂缝数目较少，但宽度较大。裂缝分布有向跨中靠拢的趋势。破坏时裂缝延伸至受压区，但受压区混凝土没有被压碎。

比较再生混凝土梁和普通混凝土梁，两者弯曲裂缝随纵筋锈蚀率发展规律类似，但普通混凝土梁裂缝数量更少，这是由普通混凝土强度较高导致的。

比较锈胀裂缝和弯曲裂缝的关系可知，当纵筋未锈蚀时（RAC-F0、NAC-F0），梁的弯曲裂缝形态是连续不间断的；当纵筋发生锈蚀时，由于锈胀裂缝影响，弯曲裂缝在有锈胀裂缝的地方形态是不连续的，连接这些间断的弯曲裂缝的正是初始的锈胀裂缝。随着锈蚀率的增大，裂缝数量有减少的趋势，分布则向跨中靠拢。

2. 跨中截面混凝土应变

在加载过程中，选取5级具有代表性的荷载，在每一级荷载读取试验梁截面应变值，得到不同锈蚀率下普通混凝土梁和再生混凝土梁跨中截面应变分布如图4-35和图4-36所示。

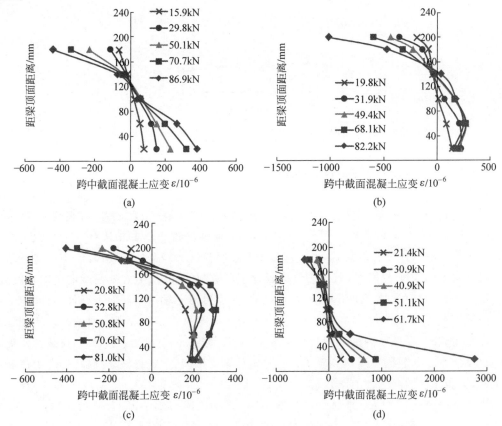

图4-35　普通混凝土梁跨中截面混凝土应变与距梁顶面的距离的关系

(a) NAC-F0；(b) NAC-F5；(c) NAC-F9；(d) NAC-F13

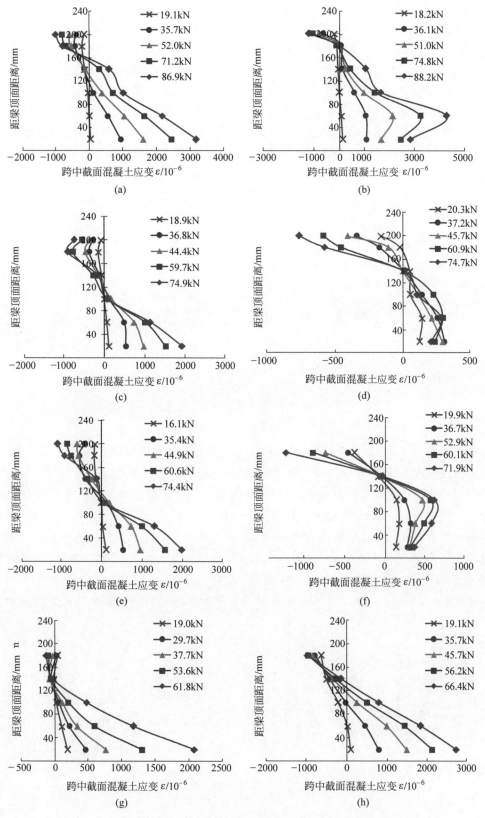

图 4-36 再生混凝土梁跨中截面混凝土应变与距梁顶面距离的关系

(a) RAC-F0；(b) RAC-F1；(c) RAC-F3；(d) RAC-F5；(e) RAC-F7；

(f) RAC-F9；(g) RAC-F11；(h) RAC-F13

由图 4-35 和图 4-36 可知,当锈蚀率小于 5%时(RAC-F0、RAC-F1、RAC-F3、RAC-F7、NAC-F0),再生混凝土梁和普通混凝土梁跨中截面应变能较好符合平截面假定;当锈蚀率在 5%～9%(RAC-F5、RAC-F9、NAC-F5、NAC-F9)时,尤其是顺筋裂缝较宽,再生混凝土保护层已脱落时,整个截面近似满足平截面假定;当锈蚀率大于 9%(RAC-F13、RAC-F11、NAC-F13)时,混凝土剩余部分更加减少,受压区混凝土应变变化很小,甚至 RAC-F11 和 NAC-F13 梁受拉区混凝土应变也已经不是线性增加,因此整个截面应变不再满足平截面假定。

不同纵筋锈蚀率的再生混凝土和普通混凝土梁在相同荷载下(20kN)跨中应变分布如图 4-37 所示。

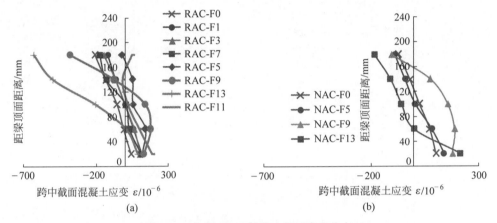

图 4-37　荷载 20kN 时跨中截面应变分布

由图 4-37 可知,当锈蚀率小于 5%时,再生混凝土梁和普通混凝土梁在相同荷载下,随着纵筋锈蚀率的增加,压应变增大;当锈蚀率为 5%～9%时,由于纵筋的保护层已经与梁分离,不能共同受力,其截面高度的损失,促使中性轴的位置向上移动;当锈蚀率大于 9%时,截面高度损失更大,使得中性轴已接近混凝土受压区边缘。

锈蚀率小于 9%的梁受拉区(距梁底 20mm)和受压区(距梁底 180mm)荷载-应变关系曲线如图 4-38 所示。由图可知,锈蚀率大于 5%后(RAC-F5、RAC-F9),由于锈胀裂缝等原因,再生混凝土梁受拉区混凝土应变基本没有变化[图 4-38(a)]。从图 4-38(b)中还可以看出,普通混凝土梁受拉区应变都小于 $500\mu\varepsilon$,这是由于普通混凝土强度过高(大于 80MPa)导致的。

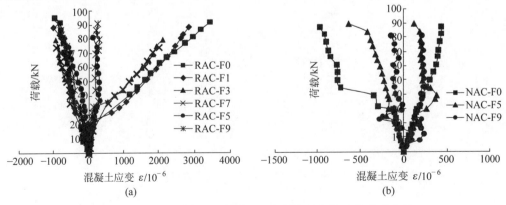

图 4-38　正截面受弯试验梁受压区和受拉区荷载-应变关系曲线

3. 荷载-跨中挠度

不同锈蚀率下,正截面受弯试验梁荷载-跨中挠度关系曲线如图 4-39 所示。从图中可以看出:荷载-挠度曲线可分为 2 个阶段:①梁正截面开裂前至纵筋屈服,此时跨中挠度随荷载增加而增加,呈线性关系;②纵筋屈服后至试件破坏,荷载基本不变,挠度线性增加。

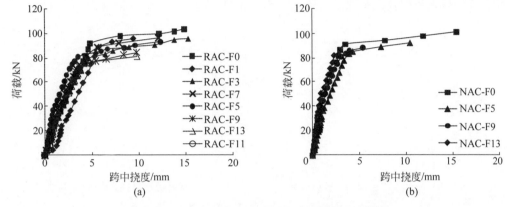

图 4-39　正截面受弯试验梁荷载-跨中挠度关系曲线

不同荷载下,梁跨中挠度与纵筋锈蚀率关系曲线如图 4-40 所示。可以看出,当荷载较小时,随着纵筋锈蚀率的变化,再生混凝土梁跨中挠度变化不大。荷载继续增大,接近极限荷载(75kN)时,跨中挠度随纵筋锈蚀率的增大而增大的趋势已变得比较明显。由此可知,再生混凝土梁的刚度因纵筋锈蚀发生了一定的退化。导致刚度退化的主要原因是再生混凝土梁截面和纵筋横截面积减小以及二者之间黏结性能的退化。由于黏结作用降低,受拉钢筋的应变趋于均匀,使裂缝间纵向受拉钢筋应变不均匀系数增大,跨中挠度随之增大。而普通混凝土梁接近极限荷载(75kN)时,跨中挠度还没有明显的增加趋势,说明锈蚀率对普通混凝土梁刚度的影响小于再生混凝土。

将图 4-40 网格线进行比较,可以发现,相同荷载下,普通混凝土梁的跨中挠度都要小于再生混凝土梁的。

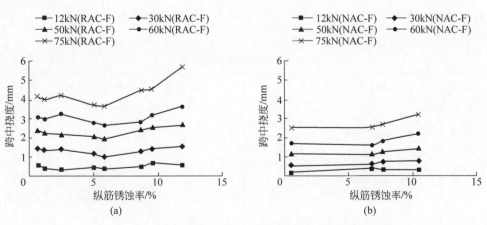

图 4-40　正截面受弯试验梁跨中挠度与纵筋锈蚀率关系曲线

4. 极限荷载

参照《混凝土结构试验方法标准》(GB/T 50152—2012)[40]中承载力的确定方法,取受拉纵筋处最大垂直裂缝宽度达到 1.5mm 时,千斤顶荷载值 P_{max} 为抗弯极限荷载。抗弯极限时千斤顶荷载与纵筋锈蚀率关系曲线,如图 4-41 所示。由图可知,再生混凝土梁和普通混凝土梁的抗弯极限荷载都随纵筋锈蚀率增大而减小。

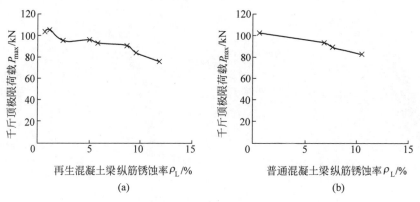

图 4-41　抗弯极限荷载与纵筋锈蚀率关系曲线

(a) RAC-F;(b) NAC-F

由于所测得的立方体抗压强度有差异,为了比较再生混凝土梁和普通混凝土梁的抗弯能力,引入比值 λ_1,该比值反映梁抗弯极限荷载下降程度,表达式如式(4-24)所示,所得结果对比如表 4-17 所示。

$$\lambda_1 = \frac{P_{0-max} - P_{max}}{P_{0-max}} \times 100\% \tag{4-24}$$

式中,λ_1 为比值,%;P_{max} 为设计锈蚀率大于 0 的正截面试验梁极限荷载,kN;P_{0-max} 为设计锈蚀率为 0 的正截面试验梁极限荷载,kN。

由表 4-17 可知,锈蚀率接近时,再生混凝土梁与普通混凝土梁的抗弯极限荷载比值 λ_1 十分接近。当锈蚀率约为 9% 时,再生混凝土梁极限荷载下降约 12%;当锈蚀率约为 12% 时,再生混凝土梁极限荷载下降约 27%,所以,纵筋锈蚀对再生混凝土梁抗弯承载力影响是很大的。

表 4-17　抗弯极限荷载比值 λ_1

正截面试验梁编号	纵筋锈蚀率 ρ_L/%	λ_1/%	正截面试验梁编号	纵筋锈蚀率 ρ_L/%	λ_1/%
RAC-F0	0.68	0	NAC-F0	0.55	0
RAC-F1	1.19	−2.32	—	—	—
RAC-F3	2.51	7.74	—	—	—
RAC-F5	5.04	7.07	—	—	—
RAC-F7	5.84	9.87	NAC-F5	6.83	8.59
RAC-F9	8.68	12.20	NAC-F9	7.63	12.73
RAC-F11	9.56	18.88	NAC-F13	10.51	18.85
RAC-F13	11.90	26.62	—	—	—

4.2.3　氯盐环境下再生混凝土梁斜截面受剪性能

4.2.3.1　实测箍筋锈蚀率

箍筋锈蚀率实测值如表 4-18 所示。

表 4-18　箍筋锈蚀率实测值

斜截面试验梁编号	箍筋锈蚀率实测值 ρ_S/%	箍筋锈蚀率设计值 ρ_{S0}/%
RAC-S0	0.42	0
RAC-S1	1.54	1
RAC-S3	2.51	3
RAC-S5	5.60	5
RAC-S7	4.53	7
RAC-S9	9.47	9
RAC-S11	10.80	11
RAC-S13	8.19	13
NAC-S0	0.61	0
NAC-S5	4.92	5
NAC-S9	8.55	9
NAC-S13	11.63	13

4.2.3.2　箍筋锈蚀后电化学特性

试验中测得的不同温度下的钢筋锈蚀电位和混凝土电阻率结果的平均值如表 4-19 所示。

表 4-19　不同温度下钢筋锈蚀电位平均值

抗弯梁试件编号	钢筋锈蚀电位平均值/mV				混凝土电阻率平均值 /(kΩ·cm)
	23℃	25℃	27℃	30℃	
RAC-S0	−297.4	−272.6	−219.4	−241.1	105.33
RAC-S1	−497.8	−493.8	−498.2	−531.2	62.67
RAC-S3	−515.0	−511.2	−535.4	−586.0	58.00
RAC-S7	−388.0	−386.0	−400.2	−433.2	68.00
RAC-S5	−535.4	−503.6	−525.4	−553.0	53.33
RAC-S13	−345.2	−341.8	−378.0	−430.8	54.33
RAC-S9	−440.2	−452.4	−457.4	−473.4	67.67
RAC-S11	−406.0	−414.6	−408.2	−417.0	56.33
NAC-S0	−327.6	−314.8	−326.2	−310.2	143.67
NAC-S5	−358.4	−507.0	−530.4	−570.6	58.00
NAC-S9	−495.0	−423.4	−482.6	−546.2	71.67
NAC-S13	−364.0	−385.4	−388.6	−428.6	53.67

从表 4-19 中可以看出,包括 RAC-S0 和 NAC-S0 在内的梁中,钢筋均发生了锈蚀。

不同温度下钢筋锈蚀电位与箍筋锈蚀率的关系如图 4-42 所示。从图中可以看出,再生混凝土梁和普通混凝土梁的钢筋锈蚀电位变化趋势均是随箍筋锈蚀率增大而先减小后增大。

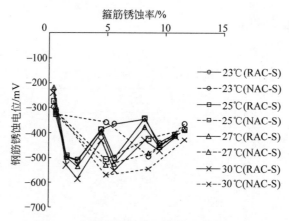

图 4-42　钢筋锈蚀电位与箍筋锈蚀率的关系

同抗弯梁方法类似,将除 RAC-S0 之外的再生混凝土梁的箍筋锈蚀电位与温度关系图绘制出来,如图 4-43 所示。从图中可以看出,随着温度的升高,箍筋锈蚀电位呈下降趋势,原因与抗弯梁纵筋一样。但是,箍筋锈蚀电位的下降速度没有纵筋锈蚀电位的剧烈,显得较为缓和。

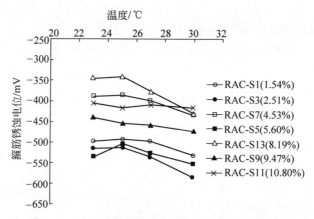

图 4-43　再生混凝土梁箍筋锈蚀电位与温度的关系

再生混凝土抗剪梁混凝土电阻率与箍筋锈蚀率的关系如图 4-44 所示。同抗弯梁类似,再生混凝土抗剪梁混凝土电阻率在纵筋锈蚀后变化不大。

4.2.3.3　斜截面受剪性能试验结果分析

1. 梁的破坏模式

加载过程中梁的破坏特征见表 4-20,由表可知,梁的初始斜裂缝类型均为弯剪斜裂缝,并未出现竖向裂缝发展成的腹剪斜裂缝,加载过程中,箍筋屈服后,斜裂缝宽度增加,当斜裂缝宽度超过 1.5mm 时,即判定梁剪切破坏。

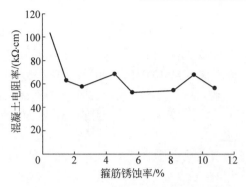

图 4-44 再生混凝土抗剪梁电阻率与箍筋锈蚀率的关系

表 4-20 斜截面受剪试验梁的破坏特征

试件编号	箍筋锈蚀率 ρ_s/%	$P_{cr\text{-}f}$/kN	$P_{cr\text{-}s}$/kN	初始斜裂缝类型	P'_{max}/kN	加载过程描述
RAC-S0	0.42	15.1	75.4	弯剪	137.0	(1) 加载至 $P_{cr\text{-}f}$ 时,梁受拉边缘出现弯
RAC-S1	1.54	14.9	71.3	弯剪	143.1	曲裂缝;
RAC-S3	2.51	13.8	65.9	弯剪	157.1	(2) 加载至 $P_{cr\text{-}s}$ 时,梁侧面剪压区出现
RAC-S7	4.53	13.0	60.9	弯剪	147.6	斜裂缝;
RAC-S5	5.60	13.7	60.6	弯剪	135.3	(3) 加载至接近极限荷载时,一条斜裂
RAC-S13	8.19	16.2	66.1	弯剪	133.3	缝发展为临界斜裂缝;
RAC-S9	9.47	16.4	60.9	弯剪	148.9	(4) 继续加载,箍筋应变增加,直至屈服;
RAC-S11	10.80	15.6	55.7	弯剪	132.6	(5) 继续加载,斜裂缝宽度增大,跨中挠
NAC-S0	0.61	21.1	97.0	弯剪	205.4	度有所增加;
NAC-S5	4.92	23.1	97.7	弯剪	185.4	(6) 加载至 P'_{max} 时,梁破坏,此时斜裂缝
NAC-S9	8.55	18.5	90.4	弯剪	154.3	宽度超过 1.5mm,或沿斜拉裂缝梁
NAC-S13	11.63	20.3	95.6	弯剪	160.1	被劈裂,跨中挠度最大

注:$P_{cr\text{-}f}$ 为正截面开裂时千斤顶荷载;$P_{cr\text{-}s}$ 为斜截面开裂时千斤顶荷载;P'_{max} 为抗剪极限时千斤顶荷载。

金伟良[41]进行了箍筋锈蚀普通混凝土梁抗剪试验,根据试验结果描述,当剪跨比适中时,箍筋锈蚀后梁的剪切失效模式可以分为两类:当箍筋锈蚀程度较小时,发生剪压面混凝土压碎破坏,即剪压破坏;当锈蚀率较大时,发生的是箍筋被拉断破坏模式。

综合分析表 4-19、表 4-20,本节试验中 12 根梁发生的都是剪压破坏,没有发生箍筋被拉断的情况,箍筋锈蚀梁破坏过程如下:

(1) 在极限荷载的 9%～10%时,再生混凝土梁和普通混凝土梁均在受拉区内开始出现正截面弯曲裂缝;

(2) 当外荷载增加到极限承载力的 40%～50%时,再生混凝土梁和普通混凝土梁均在剪弯段内出现斜裂缝,此时继续加载,受拉区竖向弯曲裂缝将停滞发展;

(3) 当外荷载增加至接近极限承载力时,一条主要斜裂缝贯穿剪弯区发展为临界斜裂缝,此时斜裂缝宽度约 0.8mm;

(4) 外荷载达到极限荷载时,受拉区内的裂缝宽度为 0.1～0.2mm,此时,有的梁破坏形式是斜裂缝宽度超过 1.5mm,有的梁则是荷载增大到一定程度后,斜裂缝突然变宽使梁体沿斜裂缝被劈裂破坏。

综合分析图表还可知,当箍筋锈蚀率小于 5%时,如 RAC-S0、RAC-S1、RAC-S3、RAC-S7、NAC-S0、NAC-S5,梁破坏时两端剪弯区斜裂缝基本对称出现,此时梁体尚完好;当箍筋锈蚀率在 5%~10% 时,如 RAC-S5、RAC-S13、RAC-S9、NAC-S9,破坏形式转化为沿斜裂缝突然劈裂破坏,此时,两端斜裂缝不是对称出现,在一端很少或基本不出现;当箍筋锈蚀率大于 10% 时,如 RAC-S11、NAC-S13,临界斜裂缝不明显,破坏时在剪弯区会产生几条平行的斜裂缝。

比较再生混凝土梁和普通混凝土梁,可以看出,两者斜裂缝随锈蚀率发展规律类似,但普通混凝土梁裂缝数量更少,这是由普通混凝土强度较高导致的。

2. 跨中截面混凝土应变

在加载过程中,选取 5 级具有代表性的荷载,在每一级荷载读取试验梁截面应变值,得到不同锈蚀率下再生混凝土梁和普通混凝土梁跨中截面应变分布如图 4-45 和图 4-46 所示。

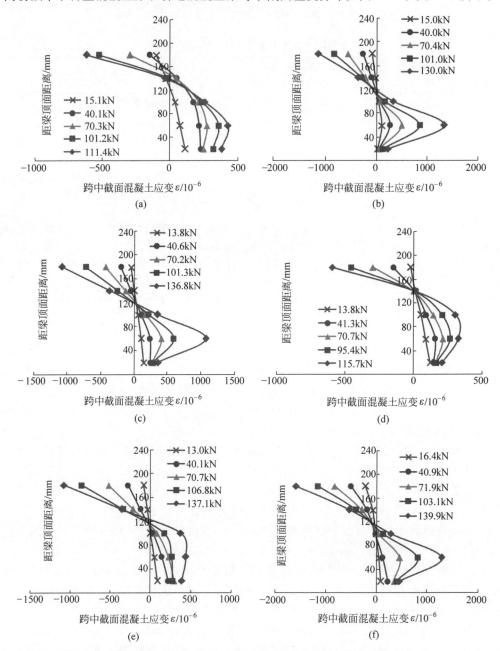

图 4-45 斜截面受剪试验再生混凝土梁跨中截面混凝土应变分布

(a) RAC-S0;(b) RAC-S1;(c) RAC-S3;(d) RAC-S5;(e) RAC-S7;(f) RAC-S9;(g) RAC-S11;(h) RAC-S13

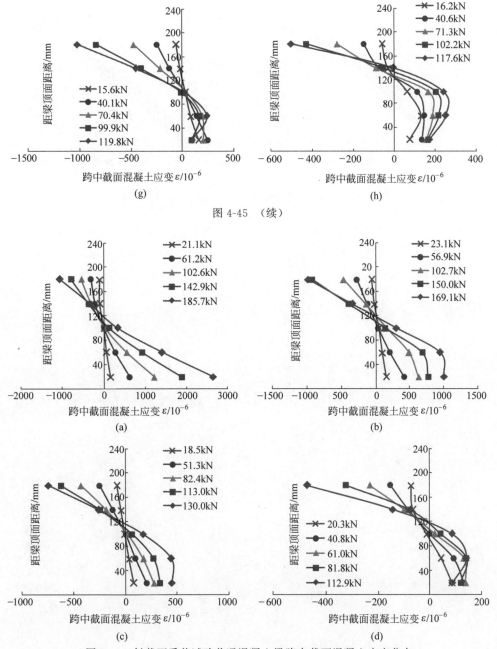

图 4-45 （续）

图 4-46 斜截面受剪试验普通混凝土梁跨中截面混凝土应变分布

（a）NAC-S0；（b）NAC-S5；（c）NAC-S9；（d）NAC-S13

由图 4-45 和图 4-46 可知，再生混凝土梁和普通混凝土梁跨中截面应变基本可看成符合平截面假定。与正截面试验梁相比，斜截面试验梁的跨中截面混凝土应变基本都小于 $1000\mu\varepsilon$，说明受剪梁跨中挠度变化小，破坏主要发生在剪压区。

3. 荷载-跨中挠度

不同锈蚀率下，斜截面试验梁荷载-跨中挠度关系曲线如图 4-47 所示。从图中可以看出：当达到极限荷载发生剪切破坏时，纵筋还没有屈服，斜截面试验梁挠度比相同情况下的正截面试验梁要小。

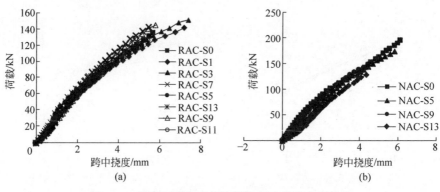

图 4-47　斜截面受剪试验梁荷载-跨中挠度关系曲线

不同荷载下斜截面试验再生混凝土梁挠度沿梁长变化如图 4-48 所示。由图可知,再生混凝土梁的整体变形是对称的,相同荷载下,梁纯弯段挠度基本相同,不同荷载下,梁纯弯段挠度随荷载增加线性增大。

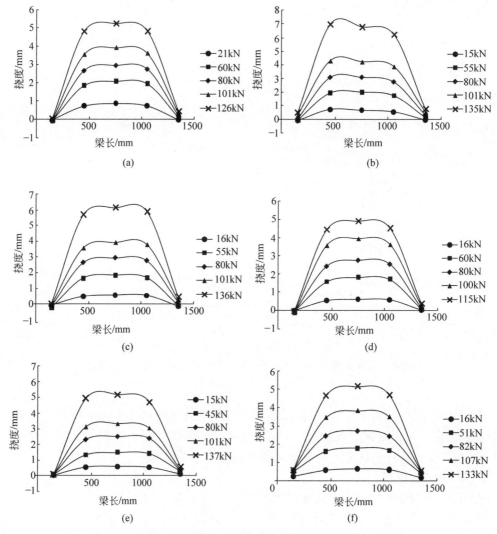

图 4-48　不同荷载下斜截面试验再生混凝土梁挠度沿梁长变化

(a) RAC-S0;(b) RAC-S1;(c) RAC-S3;(d) RAC-S5;(e) RAC-S7;(f) RAC-S9;(g) RAC-S11;(h) RAC-S13

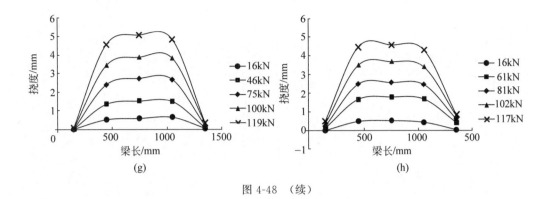

图 4-48　（续）

4. 极限荷载

由表 4-20 得抗剪极限时千斤顶荷载与箍筋锈蚀率关系曲线,如图 4-49 所示。由图 4-49 可知,再生混凝土梁的抗剪极限荷载随箍筋锈蚀率增大先增加后减小,普通混凝土梁由于锈蚀率间隔偏大没有出现先增大的现象。

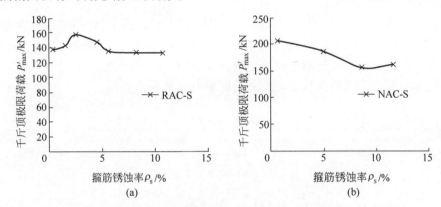

图 4-49　抗剪极限荷载与箍筋锈蚀率关系曲线

由于所测得的抗压强度有差异,为了比较再生混凝土和普通混凝土梁的抗剪能力,引入比值 λ_2,该比值反映梁抗剪极限荷载下降程度,表达式如式(4-25),所得结果对比如表 4-21 所示。

$$\lambda_2 = \frac{P'_{0-\max} - P'_{\max}}{P'_{0-\max}} \times 100\% \qquad (4\text{-}25)$$

式中,λ_2 为比值,%;$P'_{\max}$ 为设计锈蚀率大于 0 斜截面试验梁极限荷载,kN;$P'_{0-\max}$ 为设计锈蚀率为 0 斜截面试验梁极限荷载,kN。

由表 4-21 可知,锈蚀率接近时,再生混凝土梁与普通混凝土梁的抗剪极限荷载比值 λ_2 相差较大,普通混凝土梁抗剪极限荷载下降程度要大于再生混凝土梁。

表 4-21　抗剪极限荷载比值 λ_2

斜截面试验梁编号	箍筋锈蚀率 ρ_s/%	λ_2/%	斜截面试验梁编号	箍筋锈蚀率 ρ_s/%	λ_2/%
RAC-S0	0.42	0	NAC-S0	0.61	0
RAC-S1	1.54	−4.45	—	—	—

续表

斜截面 试验梁编号	箍筋锈 蚀率 ρ_s/%	λ_2/%	斜截面 试验梁编号	箍筋锈 蚀率 ρ_s/%	λ_2/%
RAC-S3	2.51	-14.67	—	—	—
RAC-S7	4.53	-7.74	—	—	—
RAC-S5	5.6	1.24	NAC-S5	4.92	9.74
RAC-S9	9.47	-8.68	NAC-S9	8.55	24.88
RAC-S11	10.8	3.21	—	—	—
RAC-S13	8.19	2.70	NAC-S13	11.63	22.05

4.3 氯盐环境下再生混凝土板性能

4.3.1 试验设计

试验板尺寸为 80mm×300mm×2400mm，计算跨度为 2100mm。构件布置 3 根直径为 8mm 的 HPB 235 级纵向受拉钢筋，配筋率为 0.825%；11 根直径为 8mm 的 HPB 235 级分布钢筋，间距为 240mm。试验再生混凝土设计强度为 C25，再生骨料取代率 100%，混凝土保护层厚度取 15mm。构件具体尺寸及截面配筋图如图 4-50 所示。

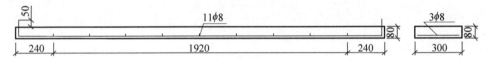

图 4-50　再生混凝土板配筋图

试验共设计 9 个目标锈蚀率，另外设计一个未锈蚀试件作对比用。由于本次试验实行四点加载，主要针对再生混凝土板中间纯弯段进行研究，所以为简便起见，每块板采取只对中间 1m 长度纵筋进行通电锈蚀，在其上面用海绵覆盖，然后洒浓度 5% 的 NaCl 溶液保持湿润，海绵表面与 3 根纵筋对应的位置布置 3 根不锈钢。整个电路电源正极与钢筋相连，负极与不锈钢相连，通过海绵中的 NaCl 溶液形成回路。为了使每块板中的 3 根纵筋在电路中处于基本相同的情况，试验采用同一台恒压恒流源对同一块再生混凝土板中的 3 根纵筋同时进行锈蚀，即同一块板中的 3 根纵筋并联接入恒压恒流源的正极，海绵表面的 3 根不锈钢并联接入恒压恒流源的负极。电路中所用电源为延吉市永恒电化学仪器厂生产的 HYL-A 型恒压恒流源。其相关性能指标如下：交流输入，220V±10V；工作温度，−25～35℃；恒电压控制精度，1%；恒电流控制精度，1%；输出波纹，<100mV；电压控制，300V；电流控制，2.0A；电量累计，99.99A·h；时间累计，100h。

本试验为简支板静载试验，试验板一端为固定铰支座，另一端为活动铰支座，两端支承长度各为 150mm，计算跨度为 2100mm，采用两点对称加载，中部为纯弯段，其长度为 700mm。10 块试验板均采用单个千斤顶手动加载，加载力通过分配梁分别施加于再生混凝土板上对称两点。在千斤顶上安放有压力传感器，并与事先标定好的静态应变仪连接，以便能够准确测量施加荷载。再生混凝土板表面与支座之间用钢板垫平，以保证加载的均匀。

5个位移计分别安装在试验板两端支座、两个加载点处以及跨中位置,用以测量两支座处的沉降位移及跨中位置处的挠度,以得到试验板整体的变形情况。加载试验完成后,用跨中挠度值减去两支座沉降位移的平均值即可求得外荷载作用下板的跨中实际变形值。在试验板跨中位置沿高度方向平均粘贴5个应变片,用以测量混凝土应变,验证其是否符合平截面假定。具体加载及测量装置示意图如图4-51所示。

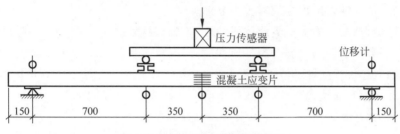

图4-51　加载及测量装置示意图

4.3.2　试验结果与分析

4.3.2.1　纵筋锈蚀率测定

钢筋的实际锈蚀率通过称量法确定。公式如下所示:

$$\lambda = \frac{m_0 - m}{m_0} \times 100\% \tag{4-26}$$

式中,λ 为钢筋实测锈蚀率,%;m_0 为钢筋未锈蚀时的质量,g;m 为钢筋锈蚀后的质量,g。

加载试验完成后,将试验板中部纯弯段的再生混凝土打碎,在每根纵筋断裂处左右各截取一段约10cm的锈蚀钢筋试样。图4-52为截取的锈蚀钢筋试样表面特征图。由图4-52可以看出,在钢筋锈蚀率较低时,钢筋表面的锈蚀较为均匀。随着锈蚀率的增加,钢筋锈蚀的离散性增大,出现了较为明显的锈坑,此时钢筋的应力集中现象将会明显表现出来,对钢筋的受力性能产生不利的影响。

图4-52　锈蚀钢筋试样表面特征图

刮掉试样表面的混凝土,用砂轮机将钢筋的端头打磨平整,便于准确测定所截钢筋的长度。用事先准备好的10%稀盐酸溶液对其酸洗直至出现气泡,经蒸馏水漂净后,用熟石灰水中和,再以蒸馏水冲洗干净,擦干后放于烘箱内烘干。用天平称量,计算锈蚀失重,求得各块板纵筋实测锈蚀率[42],并与设计锈蚀率进行比较,其结果如表4-22所示。

表 4-22　再生混凝土板纵筋锈蚀率对比　　　　　　　　　　　%

板编号	B1	B2	B3	B6	B7	B10	B4	B8	B5	B9
设计锈蚀率	0	2	4	6	8	10	12	14	16	18
实测锈蚀率	0	4.1	6.2	10	12.3	14.4	15.4	16.2	17.4	18.2

4.3.2.2　加速锈蚀后再生混凝土板顺筋裂缝

钢筋锈蚀后,锈蚀产物会达到原体积的 3～4 倍。铁锈体积膨胀,对钢筋周围混凝土产生拉应力,使混凝土沿钢筋方向开裂,严重时可使混凝土保护层成片剥落,由此形成顺筋裂缝。加速锈蚀后各块板底部的顺筋裂缝分布如图 4-53 所示。(注:B10 在加速锈蚀过程中,可能由于纵筋与分布筋绝缘不好,导致分布筋发生锈蚀,出现横向裂缝。)

B1、B2、B3 由于锈蚀率比较小,肉眼基本没有观察到顺筋裂缝,其余 7 块再生混凝土板侧面和底面均出现了顺筋裂缝。在荷载作用下,裂缝的出现虽具有随机性,但主要还是集中在纯弯段附近,最大裂缝宽度也主要集中在纯弯段,并且在一些主要裂缝间交互出现;在剪跨段,也出现有斜裂缝,但其宽度都明显小于纯弯段主要裂缝宽度。

4.3.2.3　锈蚀钢筋再生混凝土板破坏形态

《混凝土结构试验方法标准》(GB/T 50152—2012)[40]中指出混凝土受弯构件正截面破坏标志为:纵向受拉钢筋屈服,或受压区混凝土压碎,或受拉纵筋处最大垂直裂缝宽度达到1.5mm,或跨中挠度达到跨度的 1/50。

根据以上判定标准,本次试验的 10 块再生混凝土板均发生弯曲破坏。当锈蚀率较小时,如再生混凝土板 B2 和 B3,外加荷载在极限承载力的 25% 时,板在纯弯段内出现首条裂缝,较之未锈蚀板 B1,出现裂缝的荷载略有增加,但相差不大;当外加荷载增大到极限承载力的 50% 左右时,多条裂缝相继出现,并随着外加荷载的继续增大沿板高不断向上延伸;当外加荷载增大到极限承载力的 60%～70% 时,板在剪弯段靠近形心轴的位置开始出现斜裂缝,此时纯弯段内最大裂缝宽度已达到 0.4mm 左右;当外加荷载继续增大到极限荷载的80% 时,纯弯段内的裂缝迅速变宽,宽度为 0.8～1.0mm;当外加荷载达到极限荷载时,纯弯段最大裂缝宽度达到 1.5mm 以上,跨中最大挠度达到 42mm 以上,此时板宣告破坏,破坏形态为适筋板弯曲破坏。由于轻度的锈蚀增加了钢筋和混凝土之间的黏结,板极限承载力比未锈蚀板有所提高。

随着钢筋锈蚀率增大,如再生混凝土板 B6 和 B7,出现受力裂缝的荷载逐渐变小,垂直裂缝变得稀少,间距增大,靠近支座处的斜裂缝逐渐与顺筋裂缝连接。当外加荷载达到极限承载力的 80% 时,再生混凝土板 B6 和 B7 与再生混凝土板 B2 和 B3 相同,纯弯段内的裂缝迅速变宽,跨中挠度也迅速增加,以致达到破坏。根据测量数据,相对于再生混凝土板 B1,再生混凝土板 B6 和 B7 的承载力开始出现下降。当钢筋锈蚀率继续进一步增大时,如再生混凝土板 B10、B4 和 B8,破坏状态与 B6、B7 大体一致,钢筋屈服后,板跨中挠度迅速增加,很快达到破坏标准,相应的极限承载力继续下降。

当钢筋锈蚀率接近和达到本次试验的最大锈蚀率时,如再生混凝土板 B5 和 B9,外加荷载达到极限承载力的 10% 时就开始出现首条裂缝,裂缝迅速延伸,以致与纵向裂缝很快相接,随着外加荷载的继续增大,板边缘部分混凝土已开始出现剥落现象,板抗弯刚度明显减

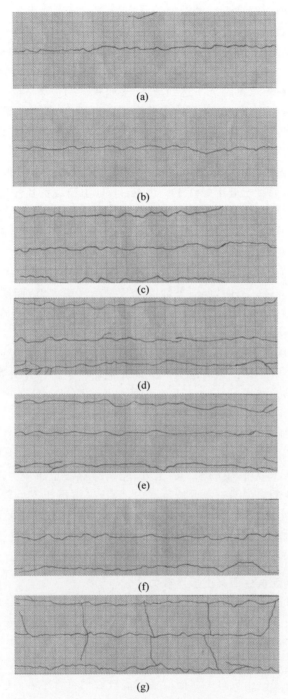

图 4-53　加速锈蚀后板底顺筋裂缝分布

(a) B4；(b) B5；(c) B6；(d) B7；(e) B8；(f) B9；(g) B10

弱,此时裂缝宽度也明显增大,钢筋屈服提前达到。由于钢筋的严重锈蚀导致了钢筋截面的较大损失以及钢筋与混凝土黏结的削弱,相对于锈蚀率较低的再生混凝土板,再生混凝土板 B5 和 B9 的极限承载力开始出现明显下降。

综上所述,在钢筋锈蚀较小时,锈蚀板的受力裂缝与未锈蚀板的裂缝分布特征一致,破坏形态也与未锈蚀板也大致相同。破坏始于受拉区钢筋的屈服,随着裂缝的开展,中和轴上移,进而板跨中挠度激增,达到跨度的 1/50,板宣告破坏。但随着钢筋锈蚀的增加,锈胀裂缝增大,钢筋和混凝土之间的黏结性能开始出现退化,整个截面的有效面积也开始削弱,以致再生混凝土板在荷载不大的情况下达到破坏,极限承载力显著下降。

由以上分析可知,各块试验板从开始加载到完全破坏,正截面的受力过程大致可以概括为如下三个阶段:

第一阶段——截面开裂前

当外加荷载较小时,由于板承受的弯矩很小,板截面的应变也很小,此时板的荷载-跨中挠度曲线呈线性变化,混凝土处于弹性工作状态;当外加荷载达到开裂荷载时,受拉区混凝土拉应变达到其极限拉应变,混凝土出现细微裂缝,产生较大的塑性变形,此时板的荷载-跨中挠度曲线出现明显的转折点,截面处于临界开裂状态。而此时由于受压区混凝土压应变远远小于其极限压应变,故受压区混凝土仍处于弹性工作状态。

第二阶段——截面开裂到受拉纵筋屈服

当截面处于临界开裂状态时,此时外加荷载只需稍许增大,截面便立即开裂,相继首批可见裂缝出现,裂缝细且短,位置靠近受拉区底部,与受拉纵筋的轴线垂直相交。受此影响,截面应力开始发生重新分布,由于开裂处的混凝土退出工作,导致钢筋的拉应力突然增大,受压区混凝土产生明显的塑性变形。随着外加荷载的继续增大,已有的裂缝逐渐加宽,并继续向上延伸,随之在间隔一定的距离范围内出现其他新的裂缝。当外加荷载增大到某一数值时,受拉区纵向钢筋开始屈服,应力达到其屈服强度。

第三阶段——受拉纵筋屈服到再生混凝土板破坏

受拉区纵向钢筋屈服以后,构件的承载力已基本保持不变,但塑性变形发展急速,裂缝也迅速开展,并向受压区快速延伸,此时在构件纯弯段内出现宽度较大并向受压区发展的主裂缝,受压区混凝土面积减小,中和轴不断上升,受压区混凝土压应力迅速增大。当外加荷载继续增大后,在板顶部主裂缝一定区域范围内,受压区混凝土产生较大的塑性变形,塑性区域周围出现细小的水平裂纹,此时板的跨中挠度激增,达到破坏标准,宣告破坏。

从这 3 个受力阶段可以看出,再生混凝土板的受力特性与普通混凝土板受力特性并无太大差异。加载试验后,各块板底面的最终破坏形态如图 4-54 所示。

4.3.2.4 锈蚀钢筋再生混凝土板承载力

1. 截面应变分布

加载过程中,选取 5 级具有代表性的荷载,在每一级荷载读取再生混凝土截面应变值,得到各块锈蚀钢筋再生混凝土板跨中截面应变分布如图 4-55 所示。

由于 B6 应变片在加载过程中损坏,跨中界面应变未得到数据,其余各板在外加荷载不是很大的情况下,再生混凝土板跨中截面应变均能较好地符合平截面假定。当荷载增大,裂缝逐渐变宽时,再生混凝土保护层开始脱落,整个截面应变不再满足平截面假定。但是,除了已经基本脱落的混凝土保护层不能与板共同受力,剩余部分截面的应变仍可近似地看作符合平截面假定。

2. 承载力分析

根据《混凝土结构设计规范》[37]第 7 章的有关公式,对于受弯构件正截面理论承载力可采用公式(4-27)进行计算:

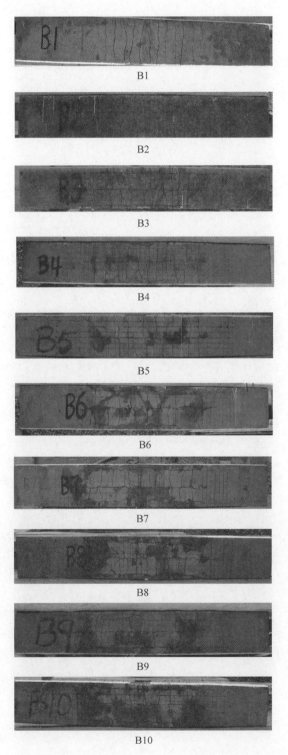

图 4-54　再生混凝土板底面的最终破坏形态

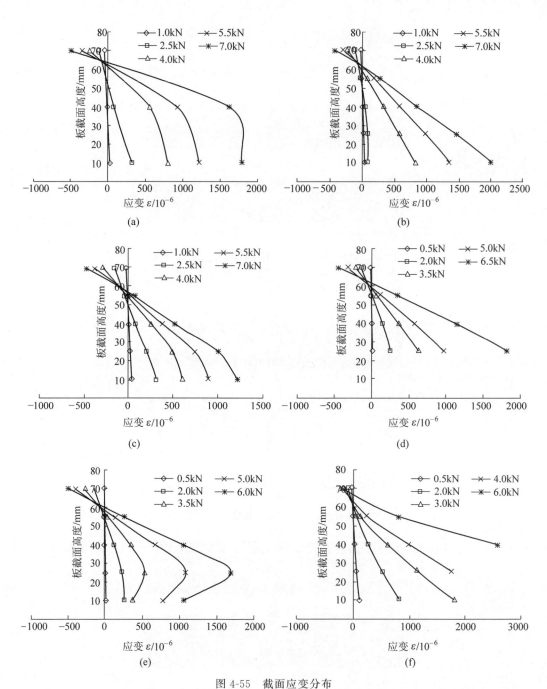

图 4-55　截面应变分布

(a) B1；(b) B2；(c) B3；(d) B4；(e) B5；(f) B7；(g) B8；(h) B9；(i) B10

注：因 B6 应变片在加载过程中损坏，跨中界面应变未得到数据。

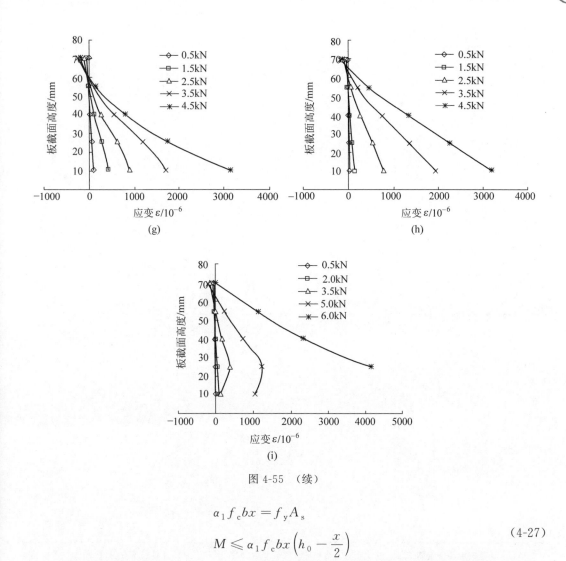

图 4-55　（续）

$$\alpha_1 f_c b x = f_y A_s$$

$$M \leqslant \alpha_1 f_c b x \left(h_0 - \frac{x}{2} \right) \tag{4-27}$$

式中，b 为构件截面宽度，mm；h_0 为构件截面有效高度，mm；f_c 为混凝土轴心抗压强度，MPa；f_y 为钢筋屈服强度，MPa；A_s 为纵向受拉钢筋截面面积，mm^2；x 为构件截面混凝土受压区高度，mm；α_1 为相关系数（混凝土强度不超过 C50 时，α_1 取 1.0；混凝土强度为 C80 时，α_1 取 0.94；其间按线性内差法取用）。

其中再生混凝土轴心抗压强度计算方法参考南京航空航天大学王浩[43]的试验结果进行计算，公式如下所示：

$$f_c = 0.79 f_{cu} \tag{4-28}$$

式中，f_c 为再生混凝土轴心抗压强度，MPa；f_{cu} 为再生混凝土立方体抗压强度，MPa。

根据测得的再生混凝土立方体抗压强度（表 4-23），利用式（4-27）及式（4-28）可近似计算出各块再生混凝土板的理论承载力。参照《混凝土结构试验方法标准》[40]中承载力的确定方法，结合试验板的破坏形态，取板跨中挠度达到跨度的 1/50（即 42mm）时，再生混凝土板所承受的弯矩值 M 为极限承载力。试验测得的实际抗弯承载力与理论抗弯承载力比较如表 4-24 所示。

表 4-23 再生混凝土板基本参数

构件编号	板的平均宽度 b/mm	板的平均高度 h/mm	板的有效高度 h_0/mm	立方体抗压强度 f_{cu}/MPa	轴心抗压强度 f_c/MPa
B1	304	79	60	35.0	27.7
B2	299	80	61	37.6	29.7
B3	303	80	61	34.8	27.5
B6	302	81	62	36.5	28.8
B7	302	84	65	40.8	32.2
B10	306	87	68	26.5	20.9
B4	301	84	65	20.1	15.9
B8	300	85	66	36.4	28.8
B5	303	82	63	36.8	29.1
B9	304	80	61	41.8	33.0

表 4-24 再生混凝土板抗弯承载力比较

构件编号	钢筋实测锈蚀率 λ/%	理论承载力 M_0/(kN·m)	实际承载力 M/(kN·m)	M/M_0
B1	0	2.632	2.674	1.016
B2	4.1	2.685	2.809	1.046
B3	6.2	2.677	2.915	1.089
B6	10.0	2.728	2.728	1.000
B7	12.3	2.879	2.652	0.921
B10	14.4	2.960	2.596	0.877
B4	15.4	2.767	2.557	0.924
B8	16.2	2.911	2.585	0.888
B5	17.4	2.776	2.415	0.870
B9	18.2	2.699	2.329	0.863

注：M_0 是按混凝土实测抗压强度计算的原始理论极限承载力(即按钢筋未锈蚀计算的承载力)；M 为试验实测的实际极限承载力。

从表 4-24 中可以看出，M/M_0 随着钢筋锈蚀率的增加，基本上呈递减趋势，这表明再生混凝土板随着钢筋锈蚀率的增加，承载力逐渐下降。

由于试验制作的再生混凝土板各自强度有一定差距，故以各板实际极限承载力与钢筋锈蚀率建立关系意义不大。故先求得实测承载力与理论承载力的比值，即承载力的下降程度(表 4-24)，再与钢筋锈蚀率建立关系，较为合理，如图 4-56 所示。

由图 4-56 曲线回归得到锈蚀环境下再生混凝土板实际承载力公式：

$$M = (-0.0008\lambda^2 + 0.0038\lambda + 1.0389)M_0 \qquad (4-29)$$

式中，M 为再生混凝土板的实际承载力，kN·m；M_0 为再生混凝土板的理论承载力(采用式(4-27)进行计算)，kN·m；λ 为再生混凝土板的实测钢筋锈蚀率，%。

当钢筋锈蚀率较小(6% 左右)时，再生混凝土板的承载力较未锈蚀板有所提高，这是因为虽然锈蚀降低了钢筋的有效截面面积，但同时由于钢筋的微小锈蚀，钢筋表面更加粗糙，反而增加了钢筋与再生混凝土的黏结性能[44]。所以承载力在这一范围内反而有所提高。

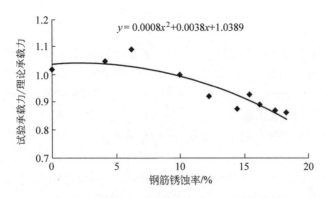

图 4-56　再生混凝土板极限承载力与钢筋锈蚀率关系

随着钢筋的进一步锈蚀,钢筋截面的损失逐渐增大,钢筋表面也形成很多不均匀的锈坑,受力以后缺口处产生应力集中,使锈蚀钢筋的强度降低,加之再生混凝土板在钢筋发生较大的锈蚀后,在钢筋与混凝土的接触面上会生成疏松的锈层,导致再生混凝土保护层锈胀开裂甚至脱落,钢筋与混凝土之间的黏结性能也大大减弱,这些因素共同起作用,使得再生混凝土板的承载力开始下降。

4.3.2.5　锈蚀钢筋再生混凝土板跨中变形

跨中挠度由位移计读数经过计算调整得到,图 4-57 给出了再生混凝土板的荷载-跨中挠度曲线(括号中所标为各板实际锈蚀率)。

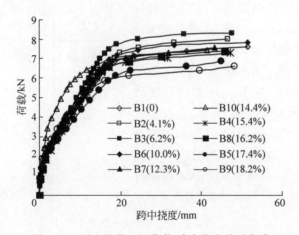

图 4-57　再生混凝土板荷载-跨中挠度关系曲线

由图 4-57 可以看出:

(1) 同普通混凝土板一样,再生混凝土板的跨中挠度曲线大致也由 3 段近似的直线组成,即在混凝土开裂前、混凝土开裂后至钢筋屈服以及钢筋屈服后 3 个阶段。

第一阶段:在加载初期,弯矩尚小,混凝土未出现开裂,板表现出弹性变形特征,此时荷载增长稳定,跨中挠度曲线近似为直线上升。在这个阶段板的刚度不变,但当临近开裂荷载时,板表现出一定的塑性变性特征,跨中挠度有增长加快的趋势。

第二阶段:当外加荷载达到开裂荷载时,在板纯弯段附近开始出现一条或多条垂直裂缝。此时板跨中挠度增长较快,曲线斜率变小,但随即便趋于稳定,其增长速度比第一阶段快,跨中挠度曲线近似为曲线上升。

第三阶段:当外加荷载进一步增大,纵向受拉钢筋的应变增长表现出塑性变形特征,钢筋开始发生屈服。此时板跨中挠度增长迅速加快,荷载-跨中挠度曲线上出现明显的转折点,由于板跨中挠度急剧增大而荷载增长基本保持不变,跨中挠度曲线近似为水平发展。

(2)在相同混凝土立方体强度和相同配筋率下,同一级荷载再生混凝土板的跨中挠度要略大于普通混凝土板的跨中挠度。分析认为,在混凝土强度相同时,再生混凝土弹性模量要比普通混凝土弹性模量低。因此,同一级荷载下,再生混凝土板受压区混凝土变形相对普通混凝土板要大,因而受压区高度也相对更大,而内力臂则相对较小,为了抵抗相同的内力,再生混凝土板受拉主筋的应变则会更大。因此,再生混凝土板纯弯段的曲率则更大。故相同荷载条件下,再生混凝土板的跨中挠度比普通混凝土板跨中挠度更大。

(3)在同一级荷载下,再生混凝土板的跨中挠度随着钢筋锈蚀的增大而逐渐加大,其抗弯刚度出现了一定程度的退化,但当钢筋达到屈服后,与未锈蚀板相比,锈蚀钢筋再生混凝土板延性仍然很好。

4.4 氯盐环境下再生混凝土柱性能

4.4.1 试验设计

实验室制作 7 根锈蚀钢筋再生混凝土柱,柱尺寸为 150mm×150mm×1000mm,构件布置 4 根直径为 12mm 的 HRB 335 钢筋,纵向钢筋配筋率为 2.01%;直径为 8mm 的 HPB 235 级圆钢箍筋,间距为 100mm。混凝土保护层厚度为 25mm。构件配筋情况如图 4-58 所示。

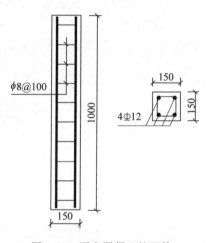

图 4-58 再生混凝土柱配筋

7 根锈蚀钢筋再生混凝土柱采用相同的配合比,再生粗骨料取代率 100%。每根柱子一锅浇筑完成,预留 150mm×150mm×150mm 的立方体试块,测得其立方体抗压强度如表 4-25 所示。

表 4-25 立方体抗压强度   MPa

编号	Z1	Z2	Z3	Z4	Z5	Z6	Z7
抗压强度	54.21	54.12	55.84	52.62	47.53	38.31	48.85

为防止再生混凝土柱端头压碎提前破坏,在两端头用宽为 10cm 的碳纤维布加固。具体做法如下:用打磨机打磨柱端头 10cm 混凝土,除掉表面浮灰,用环氧树脂打底粘贴碳纤维布。加固后的再生混凝土柱如图 4-59 所示。

采用以氯化钠溶液为介质对构件纵向钢筋进行通电法加速锈蚀。钢筋加速锈蚀电路示意图如图 4-60 和图 4-61 所示。

图 4-59　柱端头碳纤维布加固

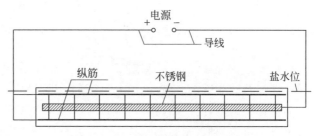

图 4-60　钢筋加速锈蚀电路示意图

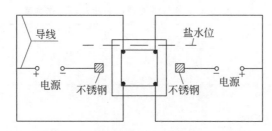

图 4-61　钢筋加速锈蚀电路横截面示意图

　　浇筑混凝土时,在混凝土中掺盐。将一定的工业盐与拌和水搅拌均匀,一起倒入混凝土搅拌机内。用工业盐配制 3.5% 左右的盐水作为回路的介质,把浇筑完成的再生混凝土柱平放在盐水中。为了使不同位置的 4 根钢筋在电路中处于基本相同的情况,选择使用两台同型号的恒压恒流源对同一根再生混凝土柱的 4 根钢筋同时进行锈蚀的方法,每台恒压恒流源与一侧的两根钢筋形成回路。一侧的两根纵向钢筋分别与恒压恒流源的正极相连,同一侧的不锈钢与恒压恒流源的负极相连,浸入盐水的再生混凝土、盐水以及导线形成加速锈蚀电路的回路。

　　再生混凝土柱加速锈蚀之后,进行正截面轴心受压静载试验。每个侧面沿柱子长度方向粘贴 5 片混凝土应变片,测量混凝土的轴向应变。另外在这两个侧面从上到下各均匀布置 5 个位移计观测侧向变形,沿柱长度方向设置 1 个位移计观测轴向变形。再生混凝土柱上下底面均垫有钢板,可使构件受力更均匀。加载装置如图 4-62 所示。本试验采用最大量程为 100t 的液压千斤顶进行加压,荷载通过压力传感器控制,压力传感器能承受的最大荷载为 1000kN。连接静态应变测试仪,标定压力传感器的系数为 $3.16\text{kN}/(\varepsilon \cdot 10^{-6})$。加载前调整液压千斤顶、再生混凝土柱、压力传感器之间的位置,使液压千斤顶与再生混凝土柱、再生混凝土柱与压力传感器中心尽量重合。正式加载之前,进行预加载,预加载力为 16kN。调整位移计位置,使其水平

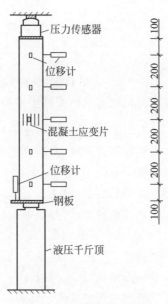

图 4-62　加载装置示意图

或竖直；位移计及应变片读数调零。之后分级加载，各级荷载增量不超过极限荷载的20%，加载后期减小每级荷载增量。

4.4.2　试验结果与分析

4.4.2.1　钢筋锈蚀率的测定

构件加载破坏后，人工破碎混凝土，每根纵筋截取10cm左右的锈蚀钢筋，用砂轮机将钢筋端头打磨平整，便于准确测定钢筋的长度。将截下的钢筋浸泡在事先配制好的12%的盐酸中直至出现气泡，先后用氢氧化钙溶液和蒸馏水进行清洗，最后放在烘箱中烘干。测得其他各柱钢筋锈蚀率如表4-26所示。

表 4-26　各梁通电锈蚀理论时间及实测锈蚀率　　　　　　　%

梁编号	Z1	Z2	Z3	Z4	Z5	Z6	Z7
设计锈蚀率	0	2	4	6	8	10	12
实测锈蚀率	0	1.50	4.83	1.54	3.42	4.06	9.56

4.4.2.2　钢筋锈蚀电位

用钢筋锈蚀检测仪SW-3C测试已锈蚀构件电位值，预测钢筋锈蚀率与实测锈蚀率如表4-27所示。

表 4-27　钢筋电位、实测锈蚀率、预测锈蚀率对比

柱编号	电位值/mV	锈蚀率预测值/%	锈蚀率实测值/%	误差/%
Z2	−353.583	1.38	1.50	8.0
Z3	−500.333	4.98	4.83	3.1
Z4	−377.667	1.70	1.54	10.4
Z5	−437.792	3.25	3.42	5.0
Z6	−489.167	4.48	4.06	10.3
Z7	−565.000	9.12	9.56	4.6

由表4-27可以看出，预测值与实测值误差均在15%以下，用钢筋锈蚀检测仪测试钢筋锈蚀电位可初步判断构件中钢筋锈蚀程度。

4.4.2.3　锈蚀钢筋再生混凝土柱破坏形态

当钢筋锈蚀率较小时，再生混凝土柱的破坏形态与普通混凝土柱相似。在加载的初期，小于极限荷载的30%~50%时，混凝土轴向变形随荷载加大而缓慢增加。虽然再生混凝土内部存在初始裂缝，但在该范围荷载内，柱子没有发生明显的变化，混凝土表面未见裂缝产生。随着荷载的增加，在极限荷载的60%~80%时，再生混凝土内裂缝发展较多，轴向变形继续增大，柱子靠近端头的部分出现细微的竖向裂缝，并伴随有少量的横向微裂缝。此阶段为裂缝的稳定发展阶段，如果荷载不增加，裂缝将不发展，裂缝形态基本保持稳定。随着荷载的进一步增加，再生混凝土内部裂缝逐渐相连，轴向变形的增长加快，端头已出现的竖向微裂缝缓慢向跨中发展。此阶段为裂缝发展的不稳定阶段，即使荷载不增长，裂缝长度和宽度也会继续增长，最后混凝土保护层脱落，构件发生破坏。

当钢筋锈蚀率较大时,再生混凝土柱 Z7,锈蚀率达到 9.56%,属于中重度锈蚀。此时的再生混凝土柱的破坏形态与普通混凝土柱有所不同,即锈蚀裂缝在荷载作用下的迅速扩展导致混凝土保护层提前剥落。钢筋锈蚀率较高时,钢筋锈蚀膨胀使混凝土开裂,如图 4-63(g)所示。从图中可以看出,由于钢筋锈蚀产生的裂缝大多顺钢筋长度方向分布,即沿再生混凝土柱长度方向。裂缝数量较多,长短不一,最长的可达到 70cm 以上;裂缝宽度也各不一样,此根柱子最大的裂缝宽度为 0.6mm。加载过程同样可分为 3 个阶段。在加载的初期,小于极限荷载的 20%～40% 时,与其他柱相似,混凝土轴向变形随荷载加大缓慢增加。随着荷载的增加,在极限荷载的 50%～70% 时,随着内部微裂缝的发展,混凝土变形继续增大,柱子靠近端头的部分出现细微的竖向裂缝,并伴随有少量的横向微裂缝;柱子原有裂缝开始发展,裂缝长度和宽度随荷载的增加都有所增加。此阶段为裂缝的稳定发展阶段,如果荷载不增加,裂缝将不发展,裂缝形态基本保持稳定。随着荷载的进一步增加,混凝土变形的增长加快,端头已出现的竖向微裂缝慢慢向跨中发展。此阶段为裂缝发展的不稳定阶段,即使荷载不增长,裂缝长度和宽度也会继续增长。由于钢筋锈蚀产生的锈蚀裂缝在这一阶段发展较快,锈蚀裂缝长度和宽度迅速增长,最后导致混凝土保护层脱落,构件发生破坏。

再生混凝土柱 Z7 破坏后的裂缝如图 4-63(g)所示。通过比较可以发现,破坏后的裂缝形态与破坏前基本相似,由于荷载产生的新裂缝一般出现在端头附近,并与锈蚀裂缝相连。加载后与加载前相比,原有裂缝宽度普遍增加,最大裂缝宽度达到 4mm。

试验制作的 7 根锈蚀钢筋再生混凝土柱均以混凝土保护层的脱落为破坏形态,与钢筋未锈蚀的再生混凝土柱类似;荷载加剧了锈蚀裂缝的扩展,使混凝土保护层提前剥落,这是与钢筋未锈蚀的再生混凝土柱破坏形态不同的地方。各柱子破坏后的形态如图 4-63 所示。

4.4.2.4　锈蚀钢筋再生混凝土柱承载力分析

1. 截面应变分析

锈蚀钢筋再生混凝土柱靠近跨中贴有混凝土应变片,加载过程中,每一级荷载读取再生混凝土应变值,得到 7 根锈蚀钢筋再生混凝土柱跨中截面应变分布如图 4-64～图 4-70 所示。

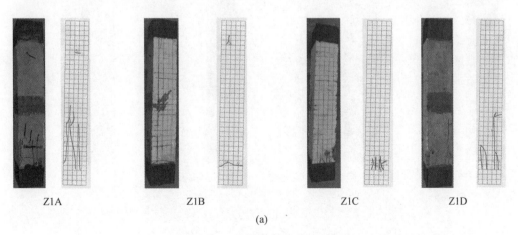

Z1A　　　　Z1B　　　　　Z1C　　　　Z1D

(a)

图 4-63　各柱子破坏后的形态

(a) 柱 Z1 加载后裂缝;(b) 柱 Z2 加载后裂缝;(c) 柱 Z3 加载前后裂缝;
(d) 柱 Z4 加载前后裂缝;(e) 柱 Z5 加载前后裂缝;(f) 柱 Z6 加载前后裂缝;(g) 柱 Z7 加载前后裂缝

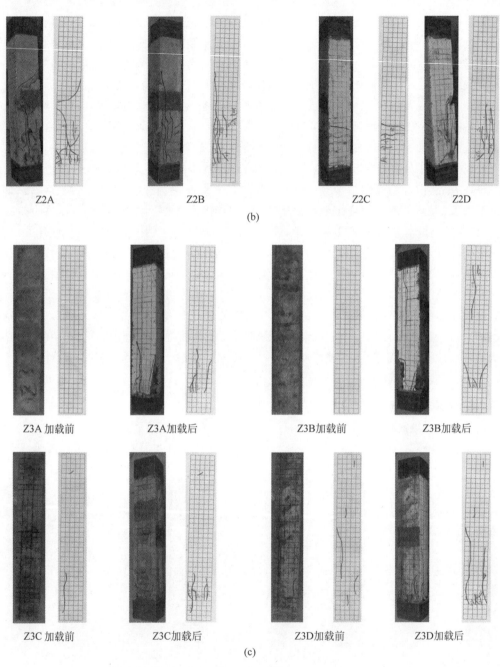

Z2A　　　　　　Z2B　　　　　　Z2C　　　　　Z2D

(b)

Z3A 加载前　　　Z3A加载后　　　Z3B加载前　　　Z3B加载后

Z3C 加载前　　　Z3C加载后　　　Z3D加载前　　　Z3D加载后

(c)

图 4-63　（续）

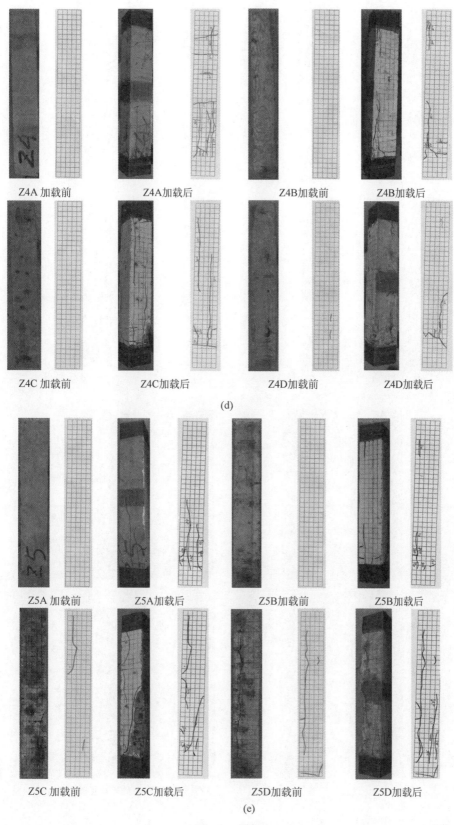

Z4A 加载前　Z4A加载后　Z4B加载前　Z4B加载后

Z4C 加载前　Z4C加载后　Z4D加载前　Z4D加载后

(d)

Z5A 加载前　Z5A加载后　Z5B加载前　Z5B加载后

Z5C 加载前　Z5C加载后　Z5D加载前　Z5D加载后

(e)

图 4-63 （续）

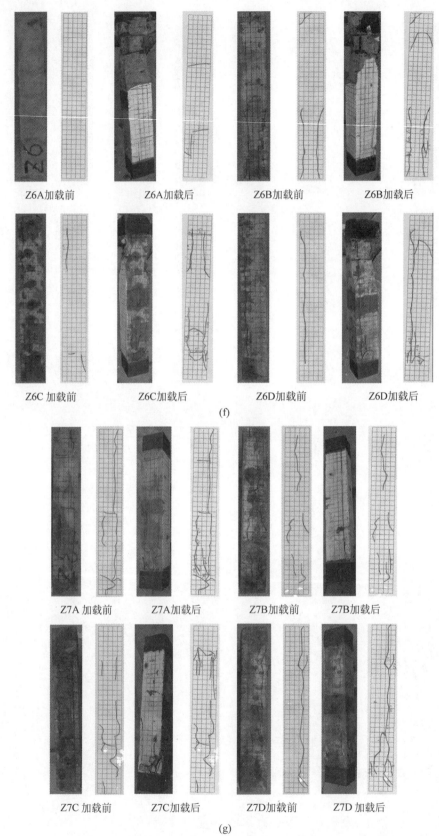

Z6A加载前　　　　Z6A加载后　　　　Z6B加载前　　　　Z6B加载后

Z6C 加载前　　　　Z6C加载后　　　　Z6D加载前　　　　Z6D加载后

(f)

Z7A 加载前　　　　Z7A加载后　　　　Z7B加载前　　　　Z7B加载后

Z7C 加载前　　　　Z7C加载后　　　　Z7D加载前　　　　Z7D加载后

(g)

图 4-63　（续）

从图 4-64～图 4-70 中可以看出,应变片读数不完全相同,但可近似认为锈蚀钢筋再生混凝土柱受到的是正截面轴心压力。

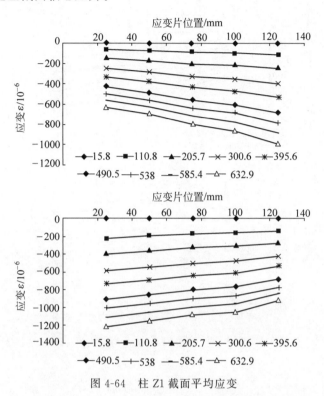

图 4-64　柱 Z1 截面平均应变

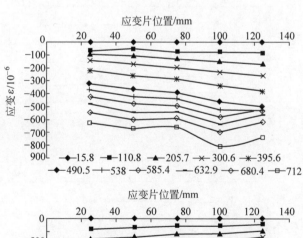

图 4-65　柱 Z2 截面平均应变

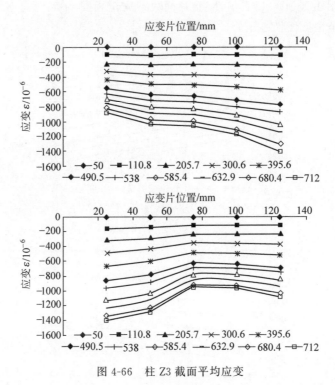

图 4-66　柱 Z3 截面平均应变

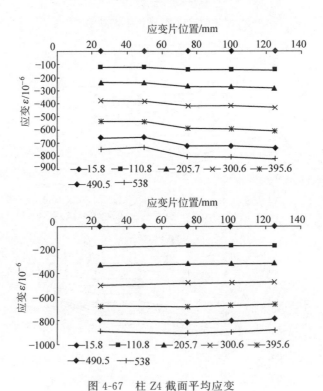

图 4-67　柱 Z4 截面平均应变

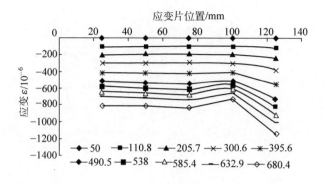

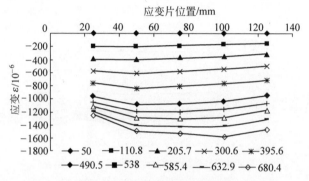

图 4-68　柱 Z5 截面平均应变

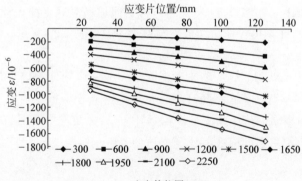

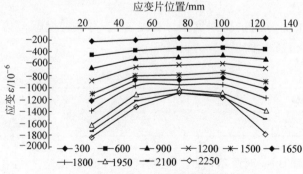

图 4-69　柱 Z6 截面平均应变

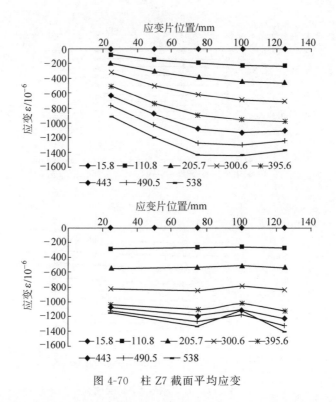

图 4-70　柱 Z7 截面平均应变

2. 实测/名义极限承载力与锈蚀率关系

根据测得的混凝土立方体强度(表 4-24),再参照钢筋混凝土柱正截面轴心受压承载力计算公式(式(4-30)),计算得各柱名义极限承载力 N_0 如表 4-28 所示。

$$N_0 = 0.9\varphi(f_{ck}A + f'_{yk}A'_s) \tag{4-30}$$

式中,N_0 为名义极限承载力,N;φ 为钢筋混凝土轴心受压构件的稳定系数,本试验柱长细比为 6.7,为短柱,取值为 1;f_{ck} 为混凝土轴心抗压强度标准值,MPa;A 混凝土横截面面积,mm^2;f'_{yk} 为纵向钢筋的抗压强度标准值,MPa;A'_s 为全部纵向钢筋的截面面积,mm^2。

其中混凝土轴心抗压强度标准值计算方法参考南京航空航天大学王浩[43]的试验结果,如式(4-31)所示:

$$f_{ck} = 0.8 \times 0.79 f_{cu} \tag{4-31}$$

式中,f_{cu} 为实测标准立方体抗压强度值,MPa;由于构件柱横截面边长为 150mm,小于 300mm,故轴心抗压值还需乘以 0.8 的折减系数。

表 4-28　名义极限承载力　　　　　　　　　　　　　　　　　　　　　　　　　N

编号	Z1	Z2	Z3	Z4	Z5	Z6	Z7
名义承载力 N_0	830.7	829.5	851.5	810.3	745.2	627.2	762.1

配有液压千斤顶的设备对受压构件加荷载,取整个破坏试验过程中所达到的最大荷载值作为极限荷载值(根据《混凝土结构试验方法标准》)[40],如表 4-29 所示。

表 4-29　实测极限承载力　　　　　　　　　　　N

编号	Z1	Z2	Z3	Z4	Z5	Z6	Z7
实测承载力 N	677.5	705.5	729.1	701.9	699.1	728.2	543.4

由于试验制作再生混凝土柱各自强度有一定差距,以各柱极限承载力与钢筋锈蚀率建立关系意义不大。故先求得实测承载力与名义承载力的比值,相当于承载力的下降程度,再与锈蚀率建立关系,较为合理,如图 4-71 所示。

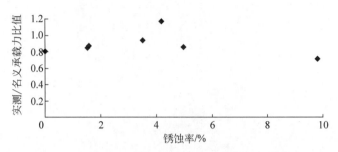

图 4-71　实测/名义极限承载力比值与钢筋锈蚀率的关系

由图 4-71 可知,钢筋未发生锈蚀时,即再生混凝土柱 Z1 与普通混凝土柱相比,极限承载力有所下降。这主要是由于再生混凝土中存在较多的微裂缝,这些微裂缝在加载过程中逐渐相连,使构件迅速破坏。

当钢筋锈蚀率较小,在 4% 以下时,实测/名义极限承载力比值随锈蚀率的增大稍有增加。当钢筋锈蚀率较小时,钢筋横截面积降低不多,而体积较大的锈蚀产物增加了钢筋表面粗糙度,从而增强了钢筋与混凝土之间的黏结力,使钢筋与混凝土能更好协调工作,故钢筋锈蚀率在较小的范围内可使实测/名义极限承载力比值有所提高。

钢筋的进一步锈蚀,钢筋的截面积降低较多,造成了再生混凝土柱承载力的下降。锈蚀产物的增加、锈蚀层的增厚,使得钢筋与再生混凝土之间的黏结力退化,进一步对柱子极限承载力造成不利影响。锈蚀产物继续增加,混凝土保护层开裂;加载过程中已开裂截面较为薄弱,锈蚀产生的裂缝不断扩展,使构件提前发生破坏,严重影响柱子的极限承载能力。故当钢筋锈蚀率较大时,实测/名义极限承载力比值随锈蚀率的增加而减小。

综上所述,再生混凝土柱实测/名义极限承载力比值随着钢筋锈蚀率的增加,在钢筋锈蚀率较小时会出现一定程度的增大,随后一直呈下降趋势。

3. 承载力表达式

根据文献[45],再生混凝土柱轴心受压承载力可按普通混凝土柱承载力公式计算,为保证安全,取普通混凝土柱承载力乘以 0.9。再生混凝土柱中钢筋锈蚀后,对构件轴心受压承载能力产生影响。综合再生混凝土、钢筋锈蚀两个因素,得到锈蚀钢筋再生混凝土柱轴心受压承载力表达式:

$$N_{cal} = \alpha \cdot 0.9 \cdot 0.9\varphi(f_{ck}A + f'_{yk}A'_s) = 0.81\alpha\varphi(f_{ck}A + f'_{yk}A'_s) \qquad (4\text{-}32)$$

式中,N_{cal} 为锈蚀钢筋再生混凝土柱轴心受压承载力,kN;α 为承载力系数,与钢筋锈蚀率有关。

通过数据回归得到 α 取值如式(4-33)所示。

$$当 0 < \eta_s \leqslant 4\% \text{ 时,} \qquad \alpha = 0.040\eta_s + 0.794$$
$$当 4\% < \eta_s \leqslant 10\% \text{ 时,} \quad \alpha = -0.044\eta_s + 1.135 \tag{4-33}$$

其中,η_s 为弯矩增加系数。

4.4.2.5 锈蚀钢筋再生混凝土柱轴向变形分析

轴向变形由竖向设置的位移计读数得到,位移计设置细节如图 4-72 所示。位移计布置在下端的钢板,由于钢板的刚度不是无限大,所以位移计应尽量靠近加载柱布置,并保持竖直。

图 4-72 位移计布置细节

图 4-73 给出了锈蚀钢筋再生混凝土柱荷载与轴向变形曲线(括号中所标为各柱实际锈蚀率)。由图 4-73 可知,在加载的初期,柱轴向变形与荷载基本成正比增加;当再生混凝土柱表面出现裂缝后,轴向变形增长加快;随着裂缝的发展,轴向变形继续增长,达到一定荷载之后迅速破坏。

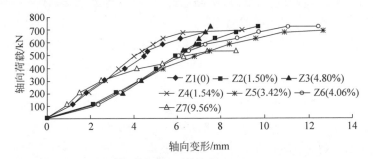

图 4-73 锈蚀钢筋再生混凝土柱荷载与轴向变形曲线

取各锈蚀率下钢筋再生混凝土柱加载过程中荷载与轴向变形曲线线弹性部分进行直线回归(线弹性部分为通过直线回归得到的相关系数绝对值在 0.95 以上的部分),如图 4-74~图 4-80 所示。各锈蚀钢筋再生混凝土柱荷载与轴向变形曲线线弹性部分线性回归得到的直线方程及相关系数绝对值如表 4-30 所示。

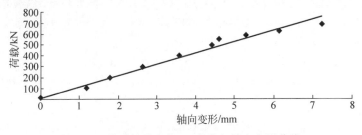

图 4-74 线弹性阶段柱 Z1 荷载与轴向变形曲线

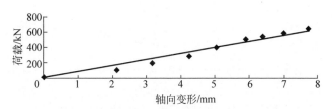

图 4-75 线弹性阶段柱 Z2 荷载与轴向变形曲线

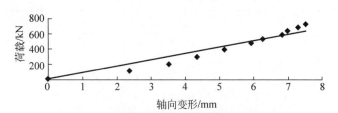

图 4-76 线弹性阶段柱 Z3 荷载与轴向变形曲线

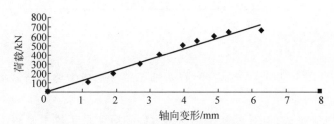

图 4-77 线弹性阶段柱 Z4 荷载与轴向变形曲线

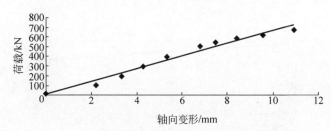

图 4-78 线弹性阶段柱 Z5 荷载与轴向变形曲线

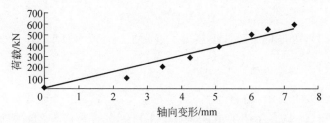

图 4-79 线弹性阶段柱 Z6 荷载与轴向变形曲线

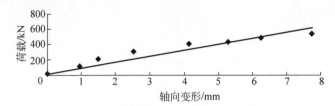

图 4-80　线弹性阶段柱 Z7 荷载与轴向变形曲线

表 4-30　荷载与变形曲线弹性部分直线回归

柱编号	直线方程	相关系数绝对值
Z1	$F = 101.730\omega + 15.8$	0.989
Z2	$F = 77.580\omega + 15.8$	0.984
Z3	$F = 83.354\omega + 15.8$	0.964
Z4	$F = 112.920\omega + 15.8$	0.993
Z5	$F = 68.127\omega + 15.8$	0.989
Z6	$F = 74.634\omega + 15.8$	0.975
Z7	$F = 78.918\omega + 15.8$	0.959

直线方程的形式为：

$$F = A\omega + 15.8 \tag{4-34}$$

式中，F 为施加的轴向力，kN；A 为直线斜率，即单位变形所需要的荷载值，kN/mm；ω 为轴向变形值，mm。

加载前对构件预加 15.8kN 的初始轴向力后静态应变采集仪平衡调零，故荷载-轴向变形曲线必经过点(0,15.8)。建立各直线方程斜率与锈蚀率的关系，得到结果如图 4-81 所示。

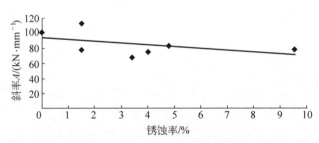

图 4-81　直线方程斜率与锈蚀率关系

$$A = -2.415\eta_s + 93.907 \tag{4-35}$$

再根据式(4-35)，可以得出锈蚀钢筋再生混凝土柱轴心受压时轴向变形表达式：

$$\omega = \frac{F-15.8}{A} = \frac{F-15.8}{-2.415\eta_s + 93.907} \tag{4-36}$$

荷载与轴向变形曲线中，斜率越大，则单位变形所需要的轴向力就越大，即刚度越大。由图 4-81 可以看出，随着钢筋锈蚀率的增加，斜率有减小的趋势，即构件刚度有减小的趋势。其原因是钢筋的锈蚀，使其自身横截面面积减小；锈蚀产物的增加，一方面削弱了钢筋与再生混凝土之间的黏结，另一方面使混凝土保护层开裂导致混凝土有效截面积减小；钢筋的锈蚀,使钢筋横截面积的减小,也会导致钢筋与再生混凝土黏结性能的退化,使再生混凝土柱的整体刚度下降。构件整体刚度随锈蚀率的增加而下降,则锈蚀钢筋再生混凝土柱轴向变形随钢筋锈蚀率的增加有增大的趋势。

参考文献

[1] 中华人民共和国住房和城乡建设部.普通混凝土用砂、石质量及检验方法标准:JGJ 52—2006[S].北京:中国建筑工业出版社,2006.

[2] 中华人民共和国住房和城乡建设部.混凝土用再生粗骨料:GB/T 25177—2010[S].北京:中国标准出版社,2011.

[3] 全国水泥标准化技术委员会.通用硅酸盐水泥:GB 175—2007[S].北京:中国标准出版社,2007.

[4] 中华人民共和国住房和城乡建设部.普通混凝土配合比设计规程:JGJ 55—2011[S].北京:中国建筑工业出版社,2011.

[5] 全国弹簧标准化技术委员会.碟形弹簧:GB/T 1972—2005[S].北京:中国标准出版社,2005.

[6] 易先中,张传友,严泽生.碟形弹簧的力学特性参数研究[J].长江大学学报(自然科学版),2007,4(4):99-101.

[7] 苏军,吴建国.碟形弹簧特性曲线非线性有限元计算[J].力学与实践,1997,19(4):49-50.

[8] 姜福田.混凝土抗拉强度测定中的几个问题[J].水力发电,1986(9):25-30.

[9] NT Build 492-1999. Concrete, Mortar and Cement-based Repair Materials: Chloride Migration Coefficient from Non-steady-state Migration Experiments[S]. Nordtest,1999.

[10] 肖建庄,李佳彬,孙振平,等.再生混凝土的抗压强度研究[J].同济大学学报,2004,32(12):1558-1561.

[11] 肖建庄.再生混凝土单轴受压应力-应变全曲线试验研究[J].同济大学学报,2007,35(11):1445-1449.

[12] 王志元.用聚合物乳液改善废弃混凝土作集料的砂浆强度[J].混凝土,1999(2):44-47.

[13] 胡玉珊,邢振贤.粉煤灰掺入方式对再生混凝土强度的影响[J].新型建筑材料,2003(5):26-27.

[14] OLORUNSOGO F T,PADAYACHEE N. Performance of recycled aggregate concrete monitored by durability indexes[J]. Cement and Concrete Research,2002,32(2):179-185.

[15] RASHEEDUZZAFAR,KHAN A. Recycled concrete-a source of new aggregate[J]. Cement,Concrete and Aggregates(ASTM),1984,69(1):17-27.

[16] 袁承斌,张德峰,刘荣桂,等.不同应力状态下混凝土抗氯离子侵蚀的研究[J].河海大学学报(自然科学版),2003,31(1):50-54.

[17] WANG H,LU C,JIN W,et al. Effect of external loads on chloride transport in concrete[J]. Journal of Materials in Civil Engineering,2011,23(7):1043-1049.

[18] LI H,JIN W,SONG Y,et al. Effect of external loads on chloride diffusion coefficient of concrete with fly ash and blast furnace slag[J]. Journal of Materials in Civil Engineering,2014,26(9):309-314.

[19] 孙继成,姚燕,王玲,等.应力作用下混凝土的氯离子渗透性[J].低温建筑技术,2011,33(3):1-3.

[20] MANGAT P S,MOLLOY B T. Prediction of long term chloride concentration in concrete[J]. Materials and Structures,1994,27(6):338-346.

[21] 周胜兵,周剑,张俊芝,等.混凝土氯离子扩散性能与时间关系的试验研究[J].混凝土,2011(4):46-47.

[22] VÁZQUEZ E,BARRA M,APONTE D,et al. Improvement of the durability of concrete with recycled aggregates in chloride exposed environment[J]. Construction and Building Materials,2014,

67：61-67.

[23] KIM K,SHIN M,CHA S. Combined effects of recycled aggregate and fly ash towards concrete sustainability[J]. Construction and Building Materials,2013,48：499-507.

[24] 施珂文,周欣竹,郑建军. 养护龄期对混凝土氯离子扩散系数的影响[J]. 建材世界,2014,35(2)：23-26.

[25] 李超,李士伟,周毅,等. 非稳态快速电迁移试验方法测试混凝土氯离子扩散系数变化规律及相关性研究[J]. 施工技术,2013,42(18)：58-61.

[26] ZHAO J,CAI G,GAO D,et al. Influences of freeze-thaw cycle and curing time on chloride ion penetration resistance of sulphoaluminate cement concrete[J]. Construction and Building Materials,2014,53(2)：305-311.

[27] 周栋梁,周伟玲,林玮. 再生骨料混凝土耐久性能试验研究[J]. 中外公路,2011,31(1)：188-190.

[28] 王军伟,赵柯,王文雷. 含气量和养护龄期对混凝土抗氯离子渗透性能影响的试验研究[J]. 铁道技术监督,2009,37(2)：20-22.

[29] 罗素蓉,郑欣,黄海生. 再生粗骨料预处理及再生混凝土徐变试验研究[J]. 建筑材料学报,2016,19(2)：242-247.

[30] HONG L,DUO R M. Influence of curing age and water-binder ratio on chloride permeability under freeze-thaw and load[J]. Applied Mechanics and Materials,2013,405：2610-2615.

[31] WANG W,WU J,WANG Z,et al. Chloride ion diffusion coefficient of recycled aggregate concrete under compressive loading[J]. Materials and Structures,2016,49(11)：4729-4736.

[32] 宋永吉. 荷载作用下大掺量矿物掺合料混凝土氯离子扩散系数研究[D]. 南京：南京航空航天大学,2013.

[33] YING J,XIAO J,TAM V W Y. On the variability of chloride diffusion in modelled recycled aggregate concrete[J]. Construction and Building Materials,2013,41(2)：732-741.

[34] AL-KUTTI W. Enhancement in chloride diffusivity due to flexural damage in reinforced concrete beams[J]. Journal of Materials in Civil Engineering,2014,26(4)：658-667.

[35] 任心波. 荷载作用下混凝土中氯离子扩散性能研究及寿命预测[D]. 青岛：青岛理工大学,2012.

[36] 孙继成. 应力及干湿循环作用下氯离子在混凝土中的渗透性研究[D]. 北京：中国建筑材料科学研究总院,2013.

[37] 中华人民共和国住房和城乡建设部. 混凝土结构设计规范：GB 50010—2010[S]. 北京：中国建筑工业出版社,2011.

[38] 宋永吉,杨成凡,陆明松. 南京航空航天大学大学生创新训练计划项目：腐蚀环境下再生混凝土梁强度和刚度退化实验研究[R]. 南京：南京航空航天大学,2010.

[39] 沈德建. 大气环境锈蚀钢筋混凝土梁试验研究[D]. 南京：河海大学,2003.

[40] 中华人民共和国住房和城乡建设部. 混凝土结构试验方法标准：GB/T 50152—2012[S]. 北京：中国建筑工业出版社,2012.

[41] 金伟良. 腐蚀混凝土结构学[M]. 北京：科学出版社,2011.

[42] 全国仪表功能材料标准化技术委员会. 金属材料实验室均匀腐蚀全浸试验方法：JB/T 7901—2001[S]. 北京：机械工业出版社,2000.

[43] 王浩. 再生混凝土强度指标及单轴受压本构关系研究[D]. 南京：南京航空航天大学,2009.

[44] XIAO J Z,FALKNER H. Bond behavior between recycled aggregate concrete and steel rebars[J]. Construction and Building Materials,2007,21(2)：395-401.

[45] 胡小柱. 再生混凝土柱静力性能研究[D]. 南京：南京航空航天大学,2008.

第 5 章

疲劳荷载下再生混凝土梁抗弯性能

国内外对于普通混凝土梁疲劳性能及寿命评估已取得较为丰富的研究成果。关于再生混凝土材料的疲劳性能也有多项研究,并取得了一些实用的结论。但是对于再生混凝土结构构件疲劳性能、锈蚀钢筋再生混凝土梁疲劳性能及寿命评估研究还很少。

5.1 疲劳荷载下未锈蚀钢筋再生混凝土梁抗弯性能

5.1.1 试验概况

5.1.1.1 试验材料

再生粗骨料堆积密度、含水率(气干状态)、吸水率、压碎指标及颗粒级配等试验,试验结果见表 5-1 和表 5-2。

表 5-1 再生粗骨料的基本性能

堆积密度/(kg·m⁻³)	含水率/%	吸水率/%		压碎指标值/%
		10min	30min	
1368	1.63	4.20	4.40	21.1

表 5-2 再生粗骨料筛分析试验结果

筛孔尺寸/mm	骨料质量/g	分计筛余/%	累计筛余/%
40.0	470	5.9	6
31.5	2010	25.1	31
25.0	2530	31.6	63
20.0	1290	16.1	79
16.0	685	8.6	87
10.0	855	10.7	98
5.0	160	2.0	100

本试验设计了 4 个混凝土强度等级,分别为 C15、C20、C30、C40。它们的配合比见表 5-3。

表 5-3　再生混凝土最终配合比及 28d 强度

组号	设计强度等级	配合比（C∶S∶G∶W）	立方体试块 28d 抗压强度/MPa
1	C15	1∶2.52∶4.48∶0.84	16.8
2	C20	1∶1.80∶3.20∶0.63	23.1
3	C30	1∶1.40∶2.58∶0.52	32.8
4	C40	1∶1.08∶1.92∶0.42	40.3
5	C30	1∶1.54∶2.99∶0.46	33.7

注：组号 1～4 表示再生混凝土，组号 5 表示用于性能比较的普通混凝土。

纵向受拉钢筋采用 HRB 335 级热轧钢筋，直径 14mm；纵向架立钢筋采用 HRB 335 级热轧钢筋，直径 8mm；采用 8mm 箍筋。纵向受拉钢筋实测抗拉屈服强度 340MPa，抗拉极限强度 520MPa。

5.1.1.2　试件设计

设计制作了 10 根钢筋混凝土梁，其中 1 根普通钢筋混凝土梁（简称基准梁 L_0），9 根再生粗骨料钢筋混凝土梁 L_1、L_{21}、L_{22}、L_{23}、L_{31}、L_{32}、L_{33}、L_{34}、L_4。均依据《混凝土结构设计规范》（GB 50010—2010）[1]中普通钢筋混凝土适筋梁的设计方法进行设计，梁的尺寸及配筋情况见图 5-1～图 5-5。梁浇注前预先在跨中位置的每一根纵向受力钢筋表面粘贴电阻应变计，该应变计产自浙江黄岩双立工程传感器厂，型号为 120-10AA。在南京航空航天大学土木工程实验室，混凝土经人工搅拌后浇注木模，用振捣棒振捣成型，自然养护 7d。设计强度等级、配筋率、配合比等资料见表 5-4。

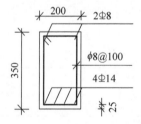

图 5-1　梁 L_0、L_{31}、L_{32}、L_{33}、L_{34}、L_4 的横剖面配筋

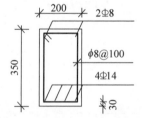

图 5-2　梁 L_1、L_{23} 的横剖面配筋

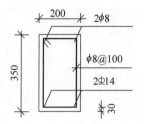

图 5-3　梁 L_{21} 的横剖面配筋

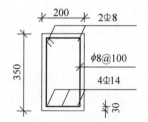

图 5-4　梁 L_{22} 的横剖面配筋

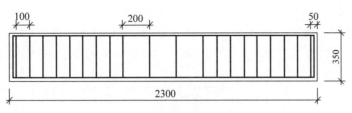

图 5-5　梁的纵剖面配筋

表 5-4　试件基本资料

试件编号	设计强度等级	纵筋 HRB 335 配筋率/%	粗骨料	配合比 $(C_0 : S_0 : G_0 : W_0)$	疲劳循环特征值 ρ^f
L_0	C30	0.88	天然碎石	1 : 1.54 : 2.99 : 0.46	0.3
L_1	C15	0.88	再生骨料	1 : 2.52 : 4.48 : 0.84	0.3
L_{21}	C20	0.44	再生骨料	1 : 1.80 : 3.20 : 0.63	0.3
L_{22}	C20	0.66	再生骨料	1 : 1.80 : 3.20 : 0.63	0.3
L_{23}	C20	0.88	再生骨料	1 : 1.80 : 3.20 : 0.63	0.3
L_{31}	C30	0.88	再生骨料	1 : 1.40 : 2.58 : 0.52	0.3
L_{32}	C30	0.88	再生骨料	1 : 1.40 : 2.58 : 0.52	0.4
L_{33}	C30	0.88	再生骨料	1 : 1.40 : 2.58 : 0.52	0.5
L_{34}	C30	0.88	再生骨料	1 : 1.40 : 2.58 : 0.52	0.6
L_4	C40	0.88	再生骨料	1 : 1.08 : 1.92 : 0.42	0.3

5.1.1.3　加载及测试方案

试件采用四点对称加载,简支,梁跨 1950mm,试件加载布置形式如图 5-6 所示。疲劳荷载采用等幅正弦波形式,疲劳荷载上限 $M_{max}=0.6M_u$,疲劳荷载下限 $M_{min}=\rho^f \times M_{max}$,加载频率为 6Hz。对试件施加不大于上限荷载 20% 的荷载 2 次,消除松动及接触不良,压牢试件并使仪表运转正常。设定试验机参数,进行疲劳试验。当荷载循环次数 N 分别达到 1 万、5 万、10 万、20 万、50 万、100 万、150 万、200 万时,先卸载至零,测量混凝土和钢筋的残余应变、残余挠度和残余裂缝宽度,再加载至疲劳荷载上限,测量混凝土和钢筋的应变、梁的挠度和裂缝宽度等。当试件产生疲劳破坏的特征时,停止试验,记录承受循环荷载的次数及疲劳破坏特征。定义混凝土受弯构件疲劳破坏的标志如下:

(1) 正截面疲劳破坏的标志是某一根纵向受拉钢筋疲劳断裂,或受压区混凝土疲劳破坏;

(2) 斜截面疲劳破坏的标志是某一根与临界斜裂缝相交的腹筋(箍筋或弯筋)疲劳断裂,或混凝土剪压疲劳破坏,或与临界斜裂缝相交的纵向钢筋疲劳断裂;

(3) 在锚固区钢筋与混凝土的黏结锚固疲劳破坏;

(4) 在停机进行下一个循环的静载试验时,出现受拉主钢筋应力达到屈服强度且受拉应变达到 0.01、受拉主钢筋拉断、受拉主钢筋处最大垂直裂缝宽度达到 1.5mm 或挠度达到跨度的 1/50 标志之一。

本试验主要关心受拉主钢筋处最大垂直裂缝宽度是否达到 1.5mm,挠度是否达到跨度的 1/50(即 39mm)。

加载系统采用 MTS 322.41 TESTFRAME,其主要技术参数为:控制系统为多通道

FlexTestGT 控制器；试验机频率 $0.01 \sim 15\,\mathrm{Hz}$，闭环控制频率最高达 $6\,\mathrm{MHz}$；作动器行程 $\pm 75\,\mathrm{mm}$，最大动静态荷载 $\pm 500\,\mathrm{kN}$；可实现位移、荷载和测量参数（应变等）控制；在实验过程中自动完成控制模式的切换。试件加载布置及加载系统见图 5-6 和图 5-7。

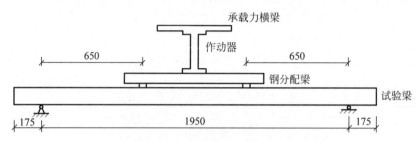

图 5-6　试件加载布置

图 5-7　试件及加载系统

5.1.2　试验结果与分析

5.1.2.1　疲劳试验前静载试验结果及分析

1. 钢筋应变

由图 5-8 可以看出，随静载分级施加，纵向受拉钢筋的应变逐渐增加。同普通混凝土梁一样，再生混凝土梁配筋率越低，其钢筋应变增加速度越快。这是因为梁受力开裂后，截面处拉力由混凝土转移至钢筋，配筋较少时钢筋受力较大，从而钢筋应变增加速度较快。混凝土种类及混凝土强度等级对钢筋应变增加速度的影响不明显。

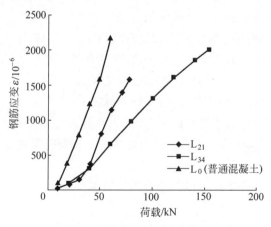

图 5-8　荷载-钢筋应变曲线

2. 跨中挠度

由图 5-9 可以看出,梁 L_0、L_{21}、L_{34} 的跨中挠度随荷载变化规律基本一致,与一般钢筋混凝土适筋梁正截面工作的"三阶段"模式中前两个阶段相吻合,两个阶段之间存在明显的转折点;对于梁 L_0,曲线存在两个转折点,第三阶段已初步形成,荷载基本不变的情况下,变形继续迅速增加。

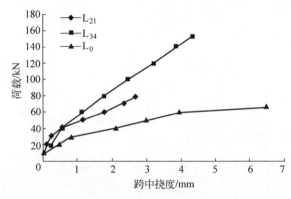

图 5-9　荷载-跨中挠度曲线

3. 平截面假定

分级加载过程中测量了跨中沿截面高度的混凝土应变,梁 L_{34} 各荷载等级下沿截面高度的应变变化规律如图 5-10 所示。结果表明,再生混凝土梁开裂前后均能较好的符合平截面假定。

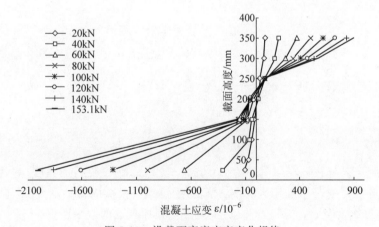

图 5-10　沿截面高度应变变化规律

4. 开裂荷载

计算试件的开裂荷载,采用了如下的混凝土受拉本构模型[2](图 5-11):

当 $0 \leqslant \varepsilon < \varepsilon_{t,p}$ 时,混凝土拉应力线性增长;当 $\varepsilon_{t,p} \leqslant \varepsilon \leqslant \varepsilon_{t,u}$ 时,混凝土拉应力为一常数,取混凝土轴心抗拉强度 f_t。$\varepsilon_{t,p}$ 称为峰值应变,表示混凝土试件达到轴心抗拉强度时的应变,它随抗拉强度的增大而增大,回归计算式为[3]:

$$\varepsilon_{t,p} = 65 \times 10^{-6} f_t^{0.54} \tag{5-1}$$

同时,混凝土的轴心抗拉强度与立方体强度存在关系,随立方体强度单调增长,但增长

幅度渐减,经验公式为[4]

$$f_t = 0.26 \times f_{cu}^{2/3} \tag{5-2}$$

将式(5-2)代入式(5-1)得混凝土受拉峰值应变与立方体抗压强度的关系为

$$\varepsilon_{t,p} = 3.14 \times 10^{-6} f_{cu}^{0.36} \tag{5-3}$$

取混凝土极限拉应变 $\varepsilon_{t,u} = 0.0001$,临界开裂时截面应变、应力分布及对应力分布进行简化后的情况分别如图 5-12(a)～(c)所示。

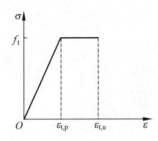

图 5-11　混凝土受拉本构模型

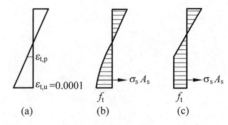

图 5-12　临界开裂时截面应变、应力分布

临界开裂时,钢筋与受拉区混凝土都处于弹塑性工作阶段,可认为钢筋与混凝土之间没有相对滑移,取此时钢筋应变等于混凝土的极限拉应变 0.0001,则截面处纵向钢筋的拉力为

$$A_s \cdot \sigma_s = A_s \cdot E_s \cdot \varepsilon_{t,u} = A_s \times 2 \times 10^5 \times 0.0001 = 20A_s \tag{5-4}$$

建立平衡方程,

$$\begin{aligned}
\sum N &= 0 \\
\sum M &= 0
\end{aligned} \tag{5-5}$$

即

$$\begin{cases}
(1-\alpha)^2 x^2 + \left[2h(2\alpha - \alpha^2) + \dfrac{40A_s}{f_t b}\alpha\right]x - \left[(2\alpha - \alpha^2)h^2 + \dfrac{40A_s}{f_t b}\alpha h\right] = 0 \\
P = \left\{\left[\dfrac{2x^3}{\alpha(h-x)} + (3-\alpha^2)(h-x)^2\right]f_t b + 120A_s\left(h-x-c-\dfrac{d}{2}\right)\right\}\Big/3l
\end{cases} \tag{5-6}$$

式中,P 为试件开裂荷载;$\alpha = \varepsilon_{t,p}/\varepsilon_{t,u} = 0.0314 f_{cu}^{0.36}$;$h$ 为试件截面高度;b 为试件截面宽度;x 为临界开裂时混凝土受压区高度;A_s 为受拉钢筋横截面积;c 为混凝土保护层厚度,随混凝土强度等级变化;d 为钢筋直径;l 为支座到加载点的水平距离。

解方程组(5-6),得到试件开裂荷载理论值。正式做疲劳试验前,对部分试件进行了静载试验,分级加载至疲劳荷载上限,记录了梁的开裂荷载值,并与计算值进行比较,见表 5-5。比较发现,计算值较实测值低,且相差较大。再生混凝土梁开裂荷载计算值偏高的原因可能在于采用了普通混凝土构件的计算模型,而这种材料本身由于制备过程产生大量的微裂缝,内部损伤较大,实际上影响了构件的抗裂能力,从而导致了计算值与实测值相差较大。

表 5-5　试件开裂荷载计算值与实测值

试件编号	计算值/kN	实测值/kN	误差/%
L_{21}	64.7	40.7	37.1
L_{33}	84.0	60.0	28.6
L_{34}	84.0	60.0	28.6

注：当在加载过程中第一次出现裂缝时，应取前一级荷载值作为开裂荷载实测值；当在规定的荷载持续时间内第一次出现裂缝时，应取本级荷载值与前一级荷载的平均值作为开裂荷载实测值；当在规定的荷载持续时间结束后第一次出现裂缝时，应取本级荷载值作为开裂荷载实测值。

5.1.2.2　疲劳试验结果及分析

1. 疲劳破坏特征及疲劳寿命

疲劳破坏特征是构件疲劳性能的一个组成部分，它能间接地反映构件承受疲劳荷载的能力。本试验共有 7 个试件，出现了 4 个破坏特征（包括没有破坏的情况），见表 5-6。

（1）正截面裂缝宽度达到限值。正截面裂缝宽度达到裂缝宽度的限值，即裂缝宽度到达 1.5mm，此类破坏出现在基准梁 L_0 中。

（2）斜截面裂缝宽度达到限值。斜截面裂缝宽度达到裂缝宽度的限值，即裂缝宽度到达 1.5mm，此类破坏出现在梁 L_{31} 及 L_{32} 中。对于梁 L_{31}，受某些因素的影响，斜截面裂缝宽度达 1.05mm 时停止疲劳试验。

（3）钢筋疲劳断裂。随重复荷载作用次数的增加，受力集中部位（裂缝处）的钢筋变形和损伤不断积累，当钢筋变形和损伤积累到一定程度时，钢筋发生疲劳拉断。此类破坏出现在梁 L_{33} 及 L_{34} 中。

（4）没有发生疲劳破坏。本试验中，梁 L_1 由于应力水平取得比较低（0.47），经历了 180 万次荷载循环没有出现疲劳破坏的特征，认为在该应力水平及应力比的情况下，梁 L_1 疲劳寿命无限大；梁 L_{21} 没有发生疲劳破坏是由于试验经费及实验室计划安排的原因，人为指定循环荷载施加至 50 万次即停止试验。

表 5-6　疲劳试验结果

试件编号	混凝土实际抗压强度/MPa	配筋率/%	应力比	应力水平	疲劳寿命/($\times 10^4$)	破坏特征
L_0	33.7	0.51	0.1	0.8	5	正截面裂缝达 1.5mm
L_1	16.8	0.88	0.3	0.47	180	无
L_{21}	23.1	0.44	0.3	0.8	50	无
L_{31}	32.8	0.88	0.1	0.8	1.5	斜截面裂缝达 1.05mm
L_{32}	32.7	0.88	0.2	0.8	3.5	斜截面裂缝达 1.5mm
L_{33}	32.8	0.88	0.3	0.8	21.9	钢筋疲劳断裂
L_{34}	32.7	0.88	0.4	0.8	41.1	钢筋疲劳断裂

注：应力水平＝疲劳荷载上限/静载极限承载力。

通过对梁 L_0 和 L_{31} 的比较发现，虽然材料一个为普通混凝土，一个为再生混凝土，但实际混凝土抗压强度基本相同，且应力水平、应力比相同，在此情况下，配筋率相对较低的梁

L_0 为正截面破坏,而配筋率相对较高的梁 L_{31} 为斜截面破坏。

通过对梁 L_{21} 和 L_{33} 的比较发现,尽管前者混凝土强度比后者低,但由于其配筋率仅为后者的一半,其疲劳寿命超过了后者的 2 倍多。

通过对梁 L_{31} 和 L_{32}、L_{33}、L_{34} 的比较发现,在其他条件相同的情况下,较小的应力比情况下发生斜截面疲劳破坏,较大的应力比情况下发生钢筋疲劳断裂破坏,且应力比越小,疲劳寿命越短。

通过对梁 L_1 和 L_{33} 的比较发现,尽管前者混凝土强度较低,但其低应力水平决定了它的疲劳寿命要远远高于后者。

因此可以看出,应力水平、应力比、配筋率、材料特性均对构件的疲劳破坏特征和疲劳寿命有影响。

2. 疲劳曲线(*S-N* 曲线)

在交变应力作用下,材料抵抗疲劳破坏的能力可以用疲劳曲线来衡量。表示应力振幅 S 与疲劳寿命 N 之间关系的曲线称为疲劳曲线或 S-N 曲线[5]。

对于钢筋混凝土梁这种由两种材料组成的复合材料,也可以描述其 S-N 曲线。本试验中梁 L_{31}、L_{32}、L_{33}、L_{34} 除疲劳荷载应力比不同外,其他设计因素完全相同,可研究疲劳荷载幅值 S(钢筋应变量测不够准确,故用荷载幅值代替应力幅值)与疲劳寿命 N 之间的关系。取这 4 根再生混凝土梁的疲劳荷载幅值 S 为纵坐标,试件疲劳破坏时的荷载循环次数 N 为横坐标,作图即得再生混凝土梁的 S-N 曲线(图 5-13)。

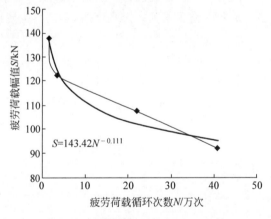

$$S=143.42N^{-0.111}$$

图 5-13 再生混凝土梁 S-N 曲线

对 S-N 图上所有数据点采用幂函数形式进行拟合,得到再生混凝土梁的 S-N 曲线为:

$$S = 143.42 \times N^{-0.1105} \tag{5-7}$$

以构件承受 200 万次疲劳荷载而不发生疲劳破坏作为判断其疲劳寿命无限大的标准,将 $N=200$ 代入上式即得疲劳极限为 $S=79.86\text{kN}$。

3. 跨中挠度

梁的跨中挠度是其刚度的一种反映,跨中挠度随疲劳荷载循环次数的变化反映了疲劳荷载作用对构件刚度的影响。

疲劳荷载循环一定次数后,对试件施加疲劳上限荷载,测量此时试件跨中挠度值。挠度随疲劳荷载循环次数的变化规律见图 5-14 及表 5-7。通过对试验结果的比较分析发现,不论试件的设计因素如何,挠度均随荷载循环次数增加而增加,且增加的幅度较小,本试验中试件挠度的增量介于 $5.0\%\sim22.1\%$。挠度随疲劳荷载循环次数的变化趋势,梁 L_0 与 L_{31}、L_{32} 相似,梁 L_{21} 与 L_{33}、L_{34} 相似。

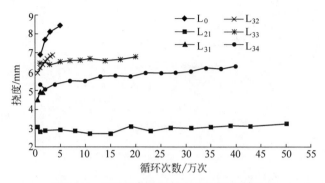

图 5-14　上限荷载作用下跨中挠度-循环次数

表 5-7　上限荷载作用下跨中挠度随循环次数增加情况

试件编号	L_0	L_{21}	L_{31}	L_{32}	L_{33}	L_{34}
初始挠度/mm	6.92	3.06	4.53	5.93	6.45	5.32
终止挠度/mm	8.45	3.25	4.89	6.89	6.77	6.26
挠度增量/mm	1.53	0.19	0.36	0.96	0.32	0.94
增量占比/%	22.1	6.2	7.9	16.2	5.0	17.7

应力比也对挠度有着影响。总体上看,随应力比的增大,构件疲劳过程的初始阶段挠度呈递增的趋势,且应力比越小,递增的速度越快,挠度随循环次数的发展越不平稳。

材料特性对挠度的影响很明显。再生混凝土的挠度普遍比普通混凝土梁的挠度低,其原因可能在于再生混凝土所用的粗骨料为再生粗骨料,在再生粗骨料的生产中产生了相当数量的微裂缝。由于大量微裂缝的存在,再生混凝土梁受拉区存在受力变形的缓冲区,成为一个"柔性界面",更能有效地降低裂缝开展的程度,延缓构件刚度的损失,从而使得挠度较小。

疲劳荷载循环一定次数后卸载,测量此时试件残余挠度值。残余挠度随疲劳荷载循环次数的变化规律见图 5-15 及表 5-8。结果表明,残余挠度随荷载循环次数的变化规律与上限荷载作用下挠度随荷载循环次数的变化规律基本一致,且各因素对其规律的影响也与上限荷载作用下相同,但残余挠度随疲劳荷载循环次数增加的幅度较大,本试验中试件残余挠度的增量介于 $12.3\%\sim66.7\%$。

表 5-8　跨中残余挠度随循环次数增加情况

试件编号	L_0	L_{21}	L_{31}	L_{32}	L_{33}	L_{34}
初始挠度/mm	3.67	0.53	0.39	2.00	2.27	1.32
终止挠度/mm	5.09	0.67	0.65	2.60	2.55	1.93
挠度增量/mm	1.42	0.14	0.26	0.60	0.28	0.61
增量占比/%	38.7	26.4	66.7	30.0	12.3	46.2

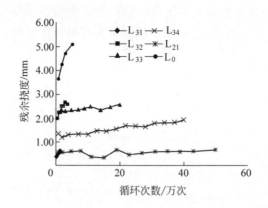

图 5-15　残余挠度-循环次数

4. 截面抗弯刚度

对于试件承受静载的情况,其截面抗弯刚度不仅随荷载增大而减小,而且随荷载作用时间的增长而减小。下面探讨受弯构件在疲劳荷载作用下截面抗弯刚度变化规律。

构件截面刚度计算的常用方法有"有效惯性矩法""刚度解析法""受拉刚化效应修正法"等,本节从试验的实际情况出发,根据实测的跨中挠度及作动器位移,采用近似几何方法计算构件的截面疲劳抗弯刚度。本计算方法假定:荷载分配钢梁的刚度无限大,在荷载作用下分配梁跨中挠度为零,试件加载点的位移等于作动器位移。试件纯弯段在弯矩作用下出现裂缝,各截面的实际应变分布不再符合平截面假定,但裂缝间距范围内截面平均应变沿试件截面高度的变化仍符合平截面假定。

如图 5-16 所示,取纯弯段中和轴平均高度为 x,加载点距离的一半长度为 d,试件跨中实测挠度与作动器位移差值为 Δ,则与平均中和轴相应的截面平均曲率半径为

$$R = r + x = \frac{d^2 + \Delta^2 + 2\Delta x}{2\Delta}$$

由于 $d = 325\text{mm}, \Delta \ll d, x \ll d$,则

$$R \approx \frac{d^2}{2\Delta} = \frac{105\ 625}{2\Delta}$$

截面平均曲率为

$$\phi = \frac{1}{R} = \frac{2\Delta}{105\ 625}$$

截面抗弯刚度为

$$B = \frac{M}{\phi} = \frac{105\ 625M}{2\Delta}$$

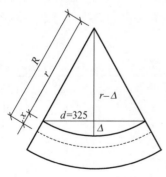

图 5-16　曲率计算示意

梁 L_{32} 刚度随疲劳上限荷载作用次数的变化情况见表 5-9 及图 5-17。可见,随荷载循环次数的增加,试件的刚度逐渐减小,这与试件挠度随荷载循环次数的增加而增加的规律是一致的。这里仅列举了梁 L_{32} 的相关数据,某些客观因素比如试验中位移计受到意外

的碰撞、试件表面不够平整、调整支座、仪器意外断电后数据零点丢失、没有连续试验可能引起刚度的恢复等的影响,使其他试件的刚度变化规律表现得不够理想,所以这里没有列举。

表 5-9　疲劳荷载作用下梁 L_{32} 的刚度

荷载循环次数 /万次	实测跨中挠度 /mm	作动器位移 /mm	位移差值 Δ /mm	刚度 B /(kN·m²)
1.5	6.37	6.17	0.20	13 139.1
2.0	6.53	6.30	0.23	11 425.3
2.5	6.69	6.36	0.33	7963.1
3.0	6.84	6.47	0.37	7102.2
3.5	6.89	6.53	0.36	7299.5

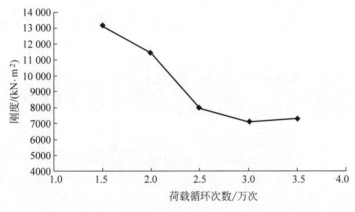

图 5-17　疲劳荷载作用下梁 L_{32} 的刚度

5. 裂缝开展及裂缝宽度

所有试件均在正式疲劳试验前的静载试验中出现裂缝,且该过程中裂缝发展已比较充分。荷载达到试件的开裂荷载时便产生了裂缝,这时的裂缝较少,主要分布在纯弯段,随着荷载加大裂缝向梁顶部发展,同时出现斜截面裂缝。施加疲劳荷载后,随循环次数增加裂缝进一步发展,图 5-18 描述了所有试件疲劳破坏后的最终裂缝分布情况。可以看出,梁 L_0、L_1、L_{21} 裂缝相对较少,平均裂缝间距较大,这是因为梁 L_0、L_{21} 具有较低的配筋率,梁 L_1 的应力水平较低。比较梁 L_{31}、L_{32}、L_{33}、L_{34} 可以发现,随疲劳循环特征值减小即疲劳荷载应力幅的增大,裂缝数量增加、平均裂缝间距减小、裂缝发展更充分。

循环荷载作用下的裂缝包括纯弯段正截面裂缝和弯剪段斜截面裂缝,它们有着不同的特征。由图 5-19、图 5-20 可知,对于正截面裂缝,应力水平越低,裂缝宽度越小,发展越稳定;应力比越大,裂缝宽度越小,发展越稳定;再生混凝土梁的裂缝宽度均比普通混凝土梁的小。对于斜截面裂缝,在裂缝初始发展阶段,应力比较小的梁裂缝宽度发展较快,在相同循环次数下裂缝宽度较大;在裂缝平稳发展阶段,梁 L_{33} 与 L_{34} 裂缝宽度随循环次数变化的趋势一致,但应力比较大的梁 L_{34} 裂缝宽度较大,且有更大的变形能力。

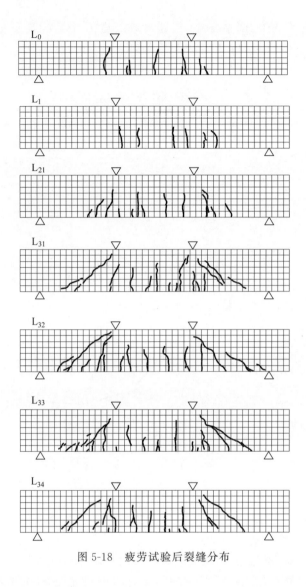

图 5-18 疲劳试验后裂缝分布

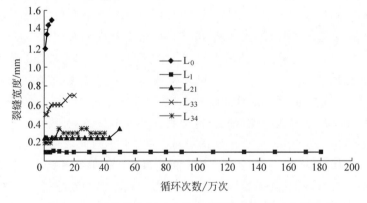

图 5-19 上限荷载作用下正截面裂缝宽度与循环次数关系

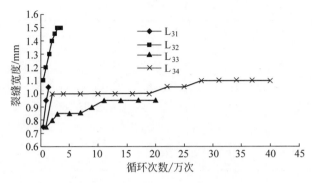

图 5-20 上限荷载作用下斜截面裂缝宽度与循环次数关系

5.2 疲劳荷载下锈蚀钢筋再生混凝土梁抗弯性能

5.2.1 试验设计

5.2.1.1 试验材料

水泥为 P.O 42.5 硅酸盐水泥,其物理及力学性能符合《通用硅酸盐水泥》(GB 175—2007)[6]中的要求。其性能指标见表 5-10。

表 5-10 水泥的物理性能及力学性能

比表面积 /(cm² · g⁻¹)	初凝时间 /min	终凝时间 /min	安定性	3d 强度/MPa		28d 强度/MPa	
				抗折	抗压	抗折	抗压
372	198	248	合格	5.9	31.5	8.8	52.8

采用南京地区天然河砂,按照《普通混凝土用砂、石质量及检验方法标准》(JGJ 52—2006)[7]中规定的要求检测其各项指标,符合规范要求。砂的细度模数为 2.78,属中砂,筛分结果见表 5-11。

表 5-11 砂的筛分结果

筛孔直径/mm	分计筛余/%	累计筛余/%	规范累计筛余要求/%
5.00	4.18	4.18	10~0
2.50	8.92	13.10	25~0
1.25	16.08	29.18	50~10
0.630	22.67	51.85	70~41
0.315	41.96	93.81	92~70
0.160	6.01	99.82	100~90

再生粗骨料由南京首佳再生资源利用有限公司提供,其筛分结果见表 5-12,其物理性能见表 5-13。根据《混凝土用再生粗骨料》(GB/T 25177—2010)[8],本次试验使用的再生粗骨料属于二类。

表 5-12　再生粗骨料的筛分结果

筛孔直径/mm	分计筛余/%	累计筛余/%	规范连续粒级/%
31.5	2.26	2.26	5～0
25.0	18.22	20.48	
20.0	15.78	36.26	45～15
16.0	14.30	50.56	
10.0	32.50	83.06	90～70
5.0	10.40	93.46	100～90
2.5	6.33	99.79	100～95

表 5-13　再生粗骨料物理性能

类别	表观密度/(kg·m⁻³)	堆积密度/(kg·m⁻³)	压碎指标/% 实测值	吸水率/% 实测值	含泥量/% 实测值	泥块含量/% 实测值
RCA	2356	1286	16.1	4.7	3.03	1.3

　　再生混凝土净水灰比 0.45,再生粗骨料吸水率 4.7%,水泥、砂、再生粗骨料和总用水质量比为 1∶1.419∶2.417∶0.564。相对应每根梁同时浇筑 9 个尺寸为 100mm×100mm×100mm 混凝土立方体试块,将立方体试块与试件梁在相同养护条件下养护 28d。待养护结束后,对立方体试块进行抗压试验,测其强度值为 29.5MPa。

　　试验梁内纵向受力钢筋和架立筋均采用直径为 12mm 的 HRB 400 级热轧月牙纹钢筋,防止再生钢筋混凝土梁发生剪切破坏,箍筋采用直径为 8mm 的 HRB 400 级热轧月牙纹钢筋。实测钢筋力学性能指标如表 5-14 所示。

表 5-14　钢筋力学性能指标

直径/mm	屈服强度/MPa	极限强度/MPa	伸长率/%
12	547.0	644.5	22.8
8	559.8	621.1	23.5

5.2.1.2　试件设计

　　设计并制作 14 根再生混凝土梁和 1 根普通混凝土梁,再生粗骨料的取代率为 100%,普通混凝土梁与再生混凝土梁的尺寸均为 200mm×300mm×2500mm,计算跨度 2300mm,且采用相同的配筋样式。图 5-21 为试件梁具体的尺寸与配筋,梁内纵向受力钢筋为 2 ⌽ 12,箍筋为 ⌽ 8@150mm,架立筋为 2 ⌽ 10,混凝土保护层厚度为 25mm。再生混凝土梁疲劳试验设计两组不同的应力幅:240MPa 和 312MPa,每组 7 根再生混凝土梁,并设计 7 种不同的钢筋锈蚀率:0～15%,研究各应力幅下锈蚀钢筋再生混凝土梁的疲劳性能。

5.2.1.3　疲劳验算

　　为探究不同疲劳强度对再生混凝土疲劳寿命的影响,将 14 根再生混凝土梁分为 A、B 两组(各 7 根),对两组再生混凝土梁进行疲劳验算,通电锈蚀后根据验算结果对两组再生混凝土梁施加不同的疲劳荷载进行疲劳试验。A 组试件应力幅 $\Delta\sigma = 312\text{MPa}$,B 组试件应力幅 $\Delta\sigma = 240\text{MPa}$。

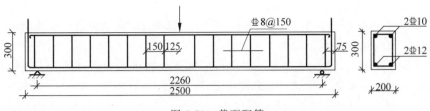

图 5-21　截面配筋

5.2.1.4　试件加速腐蚀方法

待试件梁 28d 养护结束后,采用电化学方法对再生混凝土梁内的钢筋进行加速锈蚀。为达到试件梁底部纵向钢筋锈蚀目标,将试件梁进行倒置并在底部上面覆盖海绵。用事先配制好的 5‰ NaCl 溶液渗透海绵使得梁底湿润,同时将不锈钢条放置海绵底部。通电装置采用稳压稳流电源,电源的阳极连接试件梁内的纵向钢筋,阴极连接不锈钢条,通过持续定期倒入盐水保持电路畅通。通上电源后并设置通电时间及所需的电流大小。同时将试件梁底部覆盖塑料薄膜维持周围环境长期处于湿润状态。通电腐蚀如图 5-22 所示。依据法拉第定律,本试验梁内的钢筋预期锈蚀程度可通过控制通电时间及电流大小计算获得。

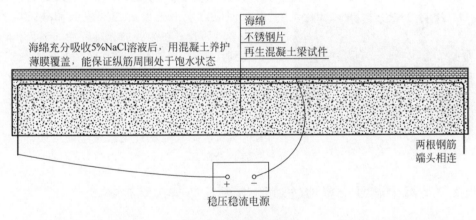

图 5-22　通电腐蚀示意

本试验中每组混凝土梁均设计 7 个不同的钢筋锈蚀率。电化学锈蚀过程中保持电压电流稳定,通过设置不同的通电时间来达到预计的锈蚀率。每根梁的设计锈蚀率与对应的通电时间如表 5-15 所示。

表 5-15　锈蚀率对应的通电时间

梁编号	A0/B0	A1/B1	A2/B2	A3/B3	A4/B4	A5/B5	A6/B6
设计纵筋锈蚀率/%	0	2	4	6	8	10	12
通电时间/h	0	48	96	144	192	240	288

5.2.1.5　加载系统

混凝土梁的疲劳试验采用跨中等幅加载方式,加载系统为 MTS 液压伺服机,如图 5-23 所示。由普通钢筋混凝土梁的疲劳静力数据得出极限荷载参考值为 53.54kN。

A 组取疲劳荷载应力水平 $\sigma_{max}/\sigma_u = 0.65$,应力比 $\sigma_{max}/\sigma_{min} = 0.16$,应力幅 $\Delta\sigma = 312MPa$。考虑在施加疲劳荷载过程中试验梁的自重影响,最终试验装置所施加的疲劳荷载上限值为 38.5kN,疲劳荷载下限值为 9.2kN。

待试验装置准备结束后,对 A 组试件梁按照如下步骤进行疲劳试验:①施加一组静力荷载至疲劳上限值,加载顺序按照荷载等级从小到大依次为 4.5kN、6.8kN、9.2kN、12.9kN、16.6kN、20.3kN、24kN、27.7kN、31.4kN、35.1kN、38.5kN,然后卸载至 0kN。②按照应力水平施加正弦式疲劳荷载,总循环次数为 200 万次;在疲劳加载过程中,当循环次数分别达到 1 万、5 万、10 万、20 万、50 万、100 万、150 万、200 万次时,停止疲劳试验并施加一组静力荷载至疲劳上限,加载顺序为 9.2kN、16.6kN、24kN、31.4kN、38.5kN。若 200 万次疲劳荷载试验结束后试件梁未发生疲劳破坏,施加静力荷载至破坏。

B 组取疲劳荷载应力水平 $\sigma_{max}/\sigma_u = 0.5$,应力比 $\sigma_{max}/\sigma_{min} = 0.16$,应力幅 $\Delta\sigma = 240MPa$。考虑在施加疲劳荷载过程中试验梁的自重影响,最终试验装置所施加的疲劳荷载上限值为 30.4kN,疲劳荷载下限值为 8.0kN。

待试验装置准备结束后,对 B 组试件梁按照如下步骤进行疲劳试验:①施加一组静力荷载至疲劳上限值,加载顺序按照荷载等级从小到大依次为 3.67kN、4.5kN、8.0kN、10.8kN、13.6kN、16.4kN、19.2kN、22.0kN、24.8kN、27.6kN、30.4kN,然后卸载至 0kN。

图 5-23　疲劳试验装置

②按照应力水平施加正弦式疲劳荷载,总循环次数为 200 万次;在疲劳加载过程中,当循环次数分别达到 1 万次、5 万次、10 万次、20 万次、50 万次、100 万次、150 万次、200 万次时,停止疲劳试验并施加一组静力荷载至疲劳上限,加载顺序为 8.0kN、13.6kN、19.2kN、24.8kN、30.4kN。若 200 万次疲劳荷载试验结束后试件梁未发生疲劳破坏,施加静力荷载至破坏。

5.2.2　再生混凝土梁腐蚀试验结果及疲劳破坏形态

5.2.2.1　腐蚀试验结果

1. 钢筋锈蚀率

试验梁内纵筋的实际锈蚀率由称重法确定。在加载试验结束后,测量钢筋锈蚀率结果见表 5-16。

表 5-16　钢筋锈蚀率

编号	A0	A1	A2	A3	A4	A5	A6
疲劳强度/MPa	312	312	312	312	312	312	312
锈蚀率/%	0.00	2.10	4.10	5.88	10.58	18.02	23.20
编号	B0	B1	B2	B3	B4	B5	B6
疲劳强度/MPa	240	240	240	240	240	240	240
锈蚀率/%	0.00	4.48	7.26	9.30	11.91	15.40	22.30

2. 疲劳锈蚀钢筋力学性能

试验研究发现,疲劳荷载作用后的钢筋力学性能发生改变[9],主要体现在以下两个方面:

屈服强度与极限强度降低,屈服平台逐渐消失。因此,钢筋的锈蚀程度对疲劳荷载作用下锈蚀钢筋混凝土构件的使用寿命具有一定的影响。通过将疲劳破坏后混凝土梁内的锈蚀钢筋取出进行静力拉伸试验,研究其力学性能的变化。不同锈蚀率各分段钢筋的荷载-位移曲线,见图5-24。

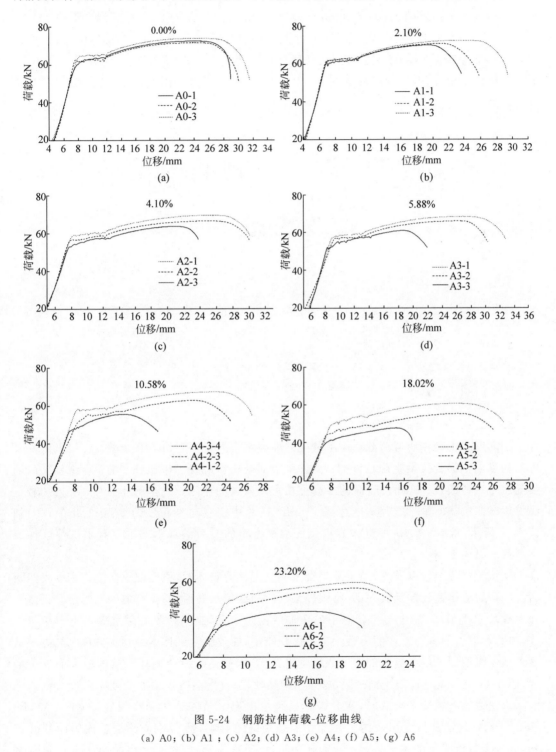

图 5-24 钢筋拉伸荷载-位移曲线

(a) A0;(b) A1;(c) A2;(d) A3;(e) A4;(f) A5;(g) A6

根据试验数据,对钢筋强度与锈蚀率 x 之间关系进行拟合,拟合公式如式(5-8):

$$\sigma = ab^{-x} + c \tag{5-8}$$

拟合结果如图 5-25 所示,屈服强度公式拟合取 $a=260$,$c=300$,按 1~3 距跨中距离由近及远拟合得到 b 的取值分别为 855.3、47.8 和 10.6;极限强度公式拟合取 $a=340$,$c=300$,按 1~3 距跨中距离由近及远拟合得到 b 的取值分别为 301.6、19.9 和 5.8。距跨中越远,b 值取值越小,距跨中越远,强度降低越平缓。因为距跨中越远,疲劳强度越小,钢筋疲劳损伤越小,使得强度降低越不明显。相反,分段 1 号跨中附近钢筋强度随锈蚀率增大而急剧降低。

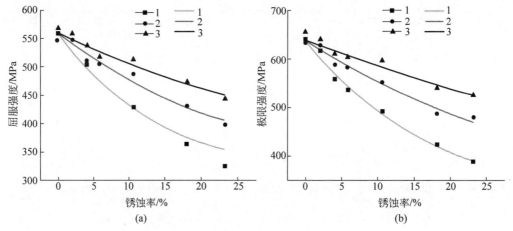

图 5-25 各分段钢筋强度随锈蚀率变化曲线
(a)屈服强度-锈蚀率;(b)极限强度-锈蚀率

5.2.2.2 梁疲劳破坏形态

钢筋混凝土梁在疲劳荷载作用下的正截面破坏模式主要有以下几个方面:位于试件梁底部的纵向钢筋受拉发生脆性断裂;试件梁上部受压区混凝土被压碎并脱落;试件梁内的箍筋发生疲劳断裂;试件梁表面的混凝土在重复荷载的作用下发生剪压破坏;静力加载下试件梁纵向钢筋处垂直裂缝宽度达到 1.5mm 或跨中挠度达到跨度的 1/50。如图 5-26 和图 5-27 所示,从本试验中 A 组和 B 组钢筋混凝土梁的疲劳破坏形态可以看出试件梁均发生典型的纵向钢筋疲劳断裂破坏。

从试验过程中可以发现,当钢筋混凝土梁临近疲劳破坏时,梁底部纵向受力钢筋突然断裂。底部裂缝迅速延伸至梁顶部,与试件梁顶部裂缝相互贯通,并伴有混凝土脱落。正截面疲劳破坏发生瞬间,处于弯拉状态下的钢筋混凝土中和轴上移,梁底部混凝土不再参与工作,中和轴以上的参与工作的混凝土受力面积较小,导致整个试件梁瞬间丧失承载能力。从疲劳试验机控制屏幕上显示的滞回曲线可以看出,位移在随疲劳循环次数的增大而迅速增大(图 5-28 位移走向),当达到极限位移时,钢筋断裂,再生混凝土梁疲劳破坏。

未锈蚀或者锈蚀率较低时,疲劳破坏梁跨中出现一条完整的断裂裂缝,如 A0、A1、B0 和 B1,锈蚀率较大时,受初始锈胀裂缝和加载裂缝的影响,疲劳钢筋断裂造成跨中裂缝扩张,部分混凝土脱离梁体,如 A4。疲劳破坏时,仅出现钢筋断裂,受压区混凝土有少量砂浆

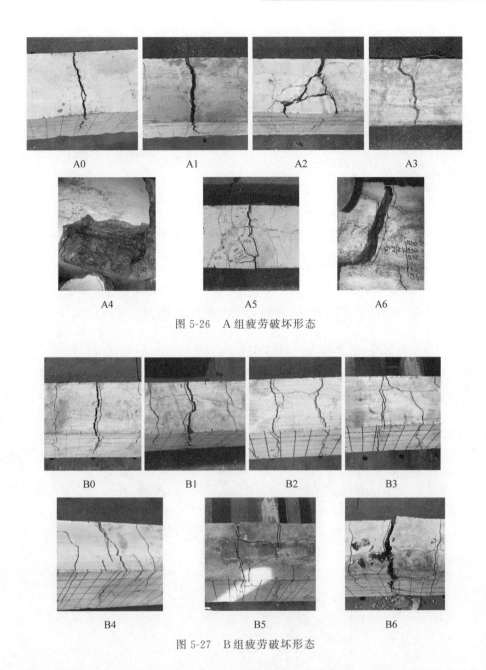

图 5-26　A 组疲劳破坏形态

图 5-27　B 组疲劳破坏形态

脱落,并没有完全破坏。B6 由于试验机位移阈值失控,疲劳破坏达到位移限值时试验机未停止,位移继续增大,导致试验梁完全破坏,受压区混凝土压碎。

图 5-29 为本试验普通混凝土梁 NC 疲劳破坏图,NC 为未锈蚀普通混凝土梁,疲劳强度与 A0 相同,与 A0 破坏形态相比较,疲劳破坏时两者均在跨中出现一条横向裂缝,A0 梁破坏时的裂缝宽度较小且较均匀;NC 梁破坏时的裂缝宽度较大,裂缝已向外侧两边发展,梁边缘即将掉角。

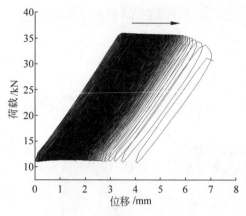

图 5-28 疲劳破坏前滞回曲线

图 5-29 普通混凝土梁 NC 疲劳破坏

5.2.3 疲劳荷载下锈蚀钢筋再生混凝土梁挠度

5.2.3.1 A 组试件(应力幅 $\Delta\sigma = 312\text{MPa}$)

在 A 组试件梁疲劳加载过程中,当达到一定循环次数时停止疲劳试验并按照试验方案对试件梁进行分级静力加载。A0 是锈蚀率为 0 的再生混凝土梁,疲劳循环次数达到 45 万次。不同疲劳荷载循环次数后分级静力荷载与跨中挠度关系如图 5-30 所示,不同分级静载下试件梁跨中位移随疲劳循环次数变化如图 5-31 所示。

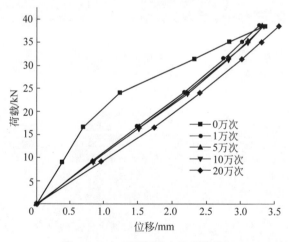

图 5-30 A0 荷载-跨中挠度曲线

图 5-30 为不同循环次数下 A0 梁荷载-跨中挠度曲线,在循环次数为 0 万次时,A0 梁承受初次静载,静载进行分级加载并测得开裂荷载为 22kN,从图 5-30 中可以看出,在开裂荷载之前挠度增长速度较慢,随着混凝土受拉区开裂,再生混凝土梁的初始刚度减小,挠度随荷载变化速率加快,直到加载到 38.5kN,即极限荷载的 65%。接着开始进行循环荷载,在1 万次、5 万次、10 万次和 20 万次时停机再次分级加载,它们的跨中挠度-位移曲线大致相同,基本呈线性增长。A0 最大循环次数为 45 万次,在 20 万次之前,A0 并没有出现破坏特征,

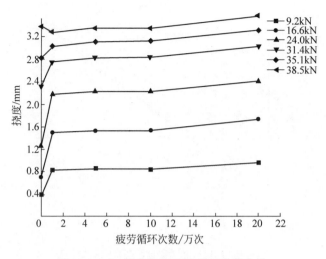

图 5-31　A0 跨中挠度-疲劳循环次数曲线

由于最大荷载为极限荷载的 65％，在初次静载开裂之后 A0 一直处于弹性阶段，从图 5-30 中可以明显看出，20 万次疲劳荷载之前随着静力荷载的增大，A0 跨中挠度近似呈线性增长。图 5-31 为各级荷载下跨中挠度-疲劳循环次数曲线，9.2kN 和 16.6kN 荷载下的变化趋势相同，1 万次疲劳循环时挠度迅速增大，随后小幅度降低，10 万次循环后挠度又开始增大，最大最小挠度差分别为 0.575mm 和 1.038mm；24kN，31.4kN 和 35.1kN 荷载下的变化趋势相同，在 1 万次时挠度突然增大，随后增长速率降低，10 万次以后速率继续加快，最大最小挠度差分别为：1.152mm、0.698mm 和 0.485mm；38.5kN 荷载下，挠度在 1 万次突然减小，随后持续增大，最大最小挠度差为 0.190mm。从图 5-31 上可以看出，0～1 万次疲劳循环荷载下，挠度的变化并无明显规律，但在 1 万次疲劳循环荷载之后，A0 梁挠度开始稳定，不同荷载等级下挠度均有增大的趋势。疲劳循环 1 万次稳定后的挠度差分别为 0.131mm、0.236mm、0.227mm、0.271mm、0.276mm 和 0.278mm，数据显示：随着荷载等级的增大，挠度差随疲劳循环次数的增大而有逐渐增长的趋势。因为随着疲劳循环次数的增加，再生混凝土内部损伤逐渐发展，再生混凝土与钢筋的黏结滑移性能下降，导致挠度差的增大。

　　试验梁 A1 到 A5 是设计为不同锈蚀率的锈蚀再生混凝土梁，分别对 5 根梁进行疲劳试验。梁 A1 锈蚀率为 2.10％，疲劳荷载循环次数达到 35 万次，当达到一定循环次数时停止疲劳试验并按照试验方案对试件梁进行分级静力加载，所测得的跨中挠度见图 5-32 和图 5-33。A1 梁的开裂荷载同样为 22kN，首次静载挠度在梁试件受拉开裂后增长速度加快，其余荷载循环次数下荷载-挠度曲线近似呈线性增大。由于静载施加荷载为极限荷载的 65％，在 20 万次荷载循环之后并无明显破坏特征，与 A0 未锈蚀梁结果相似，说明低锈蚀率对再生混凝土梁的挠度影响不大。同样，A1 梁各级荷载的跨中挠度-疲劳循环次数曲线图发展趋势与 A0 梁相同，在荷载循环 1 万次之后挠度开始处于稳定状态，随后随着疲劳循环次数的增大，挠度逐渐增大。稳定后（1 万次疲劳循环后）各级荷载下的最大、最小挠度差分别为 0.006mm、0.011mm、0.071mm、0.136mm、0.141mm 和 0.151mm，结果显示：随着荷载等级的提高，挠度差也随之增大。

　　梁 A2 锈蚀率为 4.10％，疲劳荷载循环次数达到 41.7 万次，大于 A1 梁但小于 A0 梁。

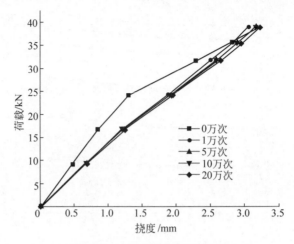

图 5-32　A1 荷载-跨中挠度曲线

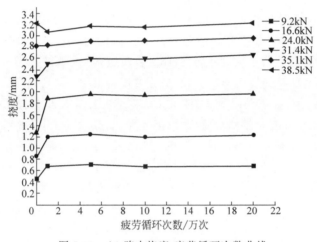

图 5-33　A1 跨中挠度-疲劳循环次数曲线

当达到一定循环次数时停止疲劳试验并按照试验方案对试件梁进行分级静力加载,所测得的跨中挠度见图 5-34 和图 5-35。首次静载,A2 梁的开裂荷载为 20.3kN,随着受拉区开裂,挠度增长加快;其余疲劳荷载循环作用后静载作用下挠度随着荷载的增大近似呈线性增加。对于低锈蚀率再生混凝土梁施加初次静载后其挠度值变化较为稳定,因为锈蚀率较低对再生混凝土梁的强度影响还不是很大,荷载上限为极限荷载的 65%,静载下再生混凝土梁基本处于弹性阶段,所以挠度随荷载呈线性增长。不同于 A0 与 A1 梁,A2 梁的跨中挠度-疲劳循环次数曲线图(图 5-35)中,各级荷载挠度在 1 万次荷载循环后均有增大,5 万次疲劳循环次数时突然降低,之后各荷载等级下跨中挠度均随疲劳循环次数的增大而增大。5 万次与 20 万次的挠度差分别为 0.115mm、0.207mm、0.215mm、0.205m、0.185mm 和 0.192mm,挠度差先增大后减小。各级荷载等级下,跨中挠度随疲劳循环次数基本呈增大的趋势。

　　A3 梁锈蚀率为 5.88%,疲劳荷载循环次数为 34.3 万次,图 5-36 和图 5-37 分别为荷载-跨中挠度曲线和跨中挠度-疲劳循环次数曲线。A3 梁的开裂荷载为 20.3kN,首次静载

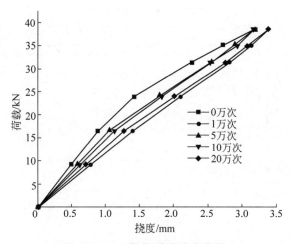

图 5-34 A2 荷载-跨中挠度曲线

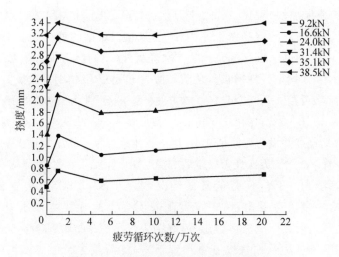

图 5-35 A2 跨中挠度-疲劳循环次数曲线

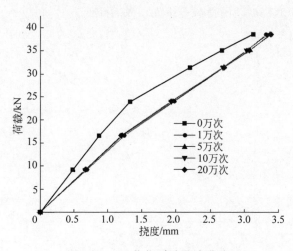

图 5-36 A3 荷载-跨中挠度曲线

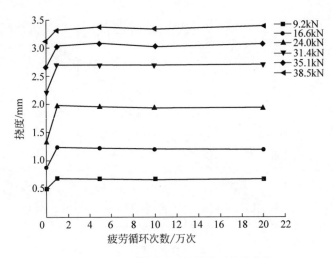

图 5-37　A3 跨中挠度-疲劳循环次数曲线

开裂之后挠度增长速度加快,见图 5-36。1 万次、5 万次、10 万次和 20 万次的荷载-挠度曲线近似呈线性增长,5.88％的钢筋锈蚀率对 20 万次前 A3 梁的疲劳强度影响不大,未出现明显破坏现象,不同于上述 3 根梁的是:除首次静载外,不同疲劳循环次数下 A3 梁的荷载-跨中挠度曲线近似重合,均呈线性增长。从图 5-37 中也可以看出,1 万次疲劳循环后挠度趋于稳定,随后各级荷载下 20 万次与 1 万次的挠度差分别为 −0.025mm、−0.045mm、−0.047mm、0.003mm、0.033mm 和 0.070mm。数据显示:9.2kN,16.6kN 和 24kN 荷载等级下,1 万次疲劳循环后挠度并没增大而是减小,其余各荷载等级下跨中挠度差均随疲劳循环次数而增大。从总体上看,A3 梁 1 万次疲劳稳定后的挠度变化幅度并不大,差额均在 0.1mm 以内。

　　A4 梁锈蚀率为 10.58％,疲劳荷载循环次数为 6.67 万次,初次静载下开裂荷载为 16.6kN,从图 5-38 中也可以看出,跨中挠度随着混凝土的开裂增长速率加快。1 万次和 5 万次疲劳循环荷载之后无严重破坏标志,静载结果显示跨中挠度随荷载仍呈线性增长。从图 5-39 中可以看出,在 1 万次时挠度基本稳定下来,各荷载等级下挠度均随疲劳循环次数的增大而增大,最大、最小挠度差分别为 0.277mm、0.499mm、0.737mm、0.672mm、0.652mm 和 0.624mm,挠度差随荷载等级先增大后降低。

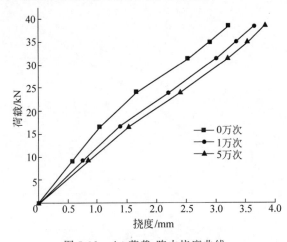

图 5-38　A4 荷载-跨中挠度曲线

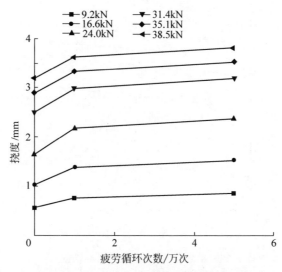

图 5-39　A4 跨中挠度-疲劳循环次数曲线

　　A5 梁锈蚀率为 18.02%,疲劳荷载循环次数为 6.08 万次,初次静载下开裂荷载为 17.7kN(图 5-40)。虽然初次静载出现开裂,但荷载-跨中挠度曲线没有加快的趋势,而是 0 次、1 万次和 5 万次静载跨中挠度变化趋势大体相同,均呈线性增大,可能是由于锈蚀率过大,梁底部在加载之前就出现了横向的腐蚀裂缝,混凝土受拉区一开始就退出工作,拉应力主要由钢筋承受。最大荷载为极限荷载的 65%,在疲劳破坏之前腐蚀梁在各级静力荷载作用下其跨中位移近似与疲劳荷载循环次数呈线性增长,此时可认为该锈蚀钢筋混凝土梁处于弹性状态,最大、最小挠度差分别为 0.298mm、0.538mm、0.590mm、0.460mm、0.439mm 和 0.441mm,A5 梁与锈蚀率为 10.58% 的 A4 梁变化趋势相似,在 24kN 之前挠度差增大,随后降低(图 5-41)。

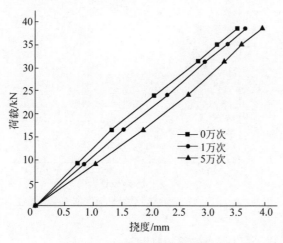

图 5-40　A5 荷载-跨中挠度曲线

　　A6 梁锈蚀率为 23.20%,图 5-42 为 A6 梁初次静载的荷载-跨中挠度曲线,初次静载下开裂荷载为 18kN。从图 5-42 中得知,挠度在 12.9kN 时开始加速增大,此时并没有出现静载下的开裂裂缝,但是 A6 梁锈蚀率过大,再生混凝土在腐蚀结束后出现严重的锈胀开裂裂

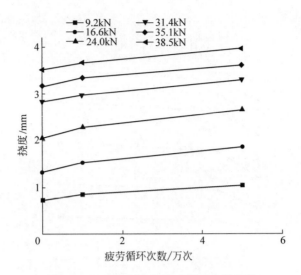

图 5-41　A5 跨中挠度-疲劳循环次数曲线

缝,其中包括纵向和横向受胀裂缝,横向裂缝使部分混凝土受拉区过早退出工作,所以挠度会突然增大,18kN 时形成新的开裂裂缝,开裂后受拉应力由锈蚀钢筋承受。计算未锈蚀再生混凝土梁的承载能力为 53.54kN,由于锈蚀的不均匀性,钢筋锈坑严重,截面积减小,实际加载 31.4kN 时梁就达到屈服,强度降低 41.4%。随后继续加载到疲劳荷载上限 38.4kN,挠度迅速增大,已达到塑性阶段。A5 梁出现明显的破坏特征,最大挠度达到 6.5mm。接着开始施加疲劳荷载,上、下限分别为 9.2kN 和 38.5kN,在 435 次疲劳循环作用后,再生混凝土梁钢筋疲劳断裂。

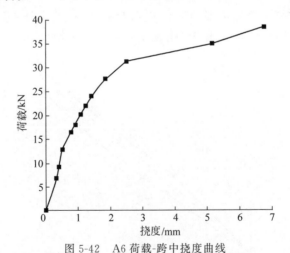

图 5-42　A6 荷载-跨中挠度曲线

5.2.3.2　B 组试件(应力幅 $\Delta\sigma = 240$MPa)

B 组试验梁 B0 为未锈蚀再生混凝土梁,B1 到 B6 是设计为不同锈蚀率的锈蚀再生混凝土梁,分别对 6 根梁进行疲劳试验。按照试验方案当达到一定循环次数时停止疲劳试验对试件梁进行分级静力加载。不同锈蚀率下钢筋混凝土梁的荷载-跨中挠度曲线、跨中挠度-疲劳荷载循环次数曲线如图 5-43～图 5-56 所示。从图中可以看出,不同锈蚀率的再生混凝

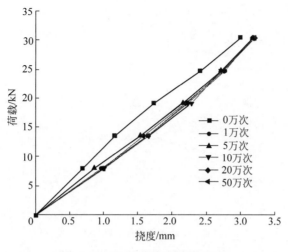

图 5-43　B0 荷载-跨中挠度曲线

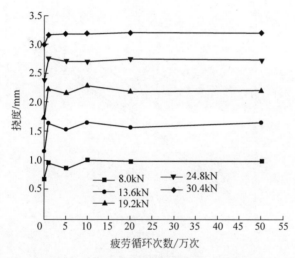

图 5-44　B0 跨中挠度-疲劳循环次数曲线

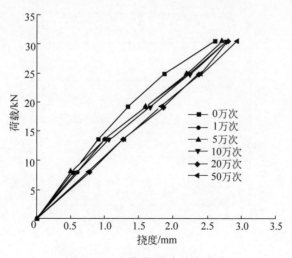

图 5-45　B1 荷载-跨中挠度曲线

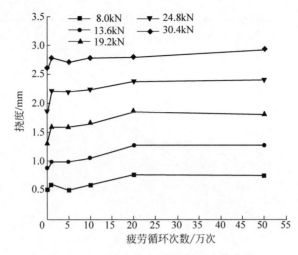

图 5-46　B1 跨中挠度-疲劳循环次数曲线

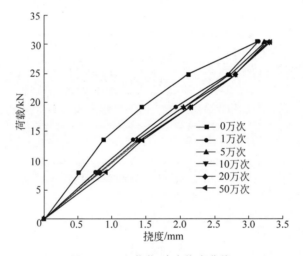

图 5-47　B2 荷载-跨中挠度曲线

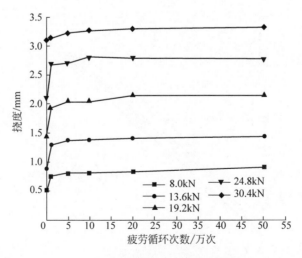

图 5-48　B2 跨中挠度-疲劳循环次数曲线

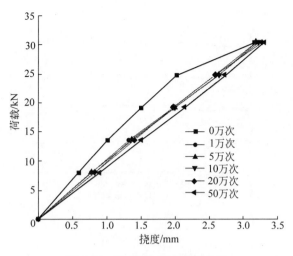

图 5-49　B3 荷载-跨中挠度曲线

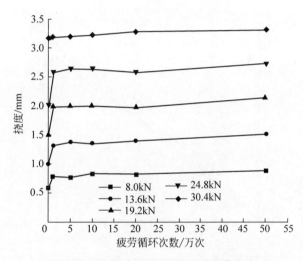

图 5-50　B3 跨中挠度-疲劳循环次数曲线

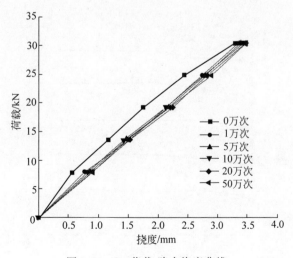

图 5-51　B4 荷载-跨中挠度曲线

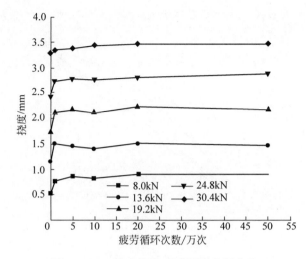

图 5-52　B4 跨中挠度-疲劳循环次数曲线

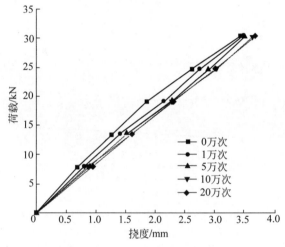

图 5-53　B5 荷载-跨中挠度曲线

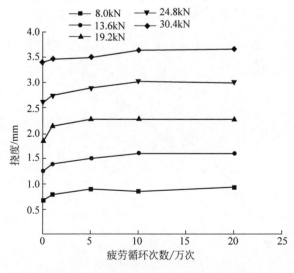

图 5-54　B5 跨中挠度-疲劳循环次数曲线

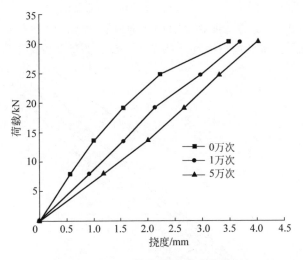

图 5-55　B6 荷载-跨中挠度曲线

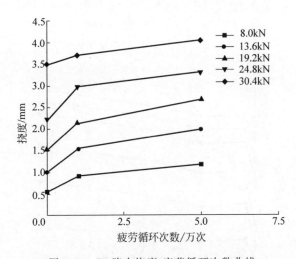

图 5-56　B6 跨中挠度-疲劳循环次数曲线

土梁跨中挠度随荷载和疲劳循环次数变化趋势相似,对于荷载-跨中挠度曲线,初次静载在
达到开裂荷载前挠度随荷载呈线性增长,梁底部开裂后挠度增长加快。由于疲劳破坏发生
在疲劳试验阶段,在疲劳破坏之前的静载结果显示,挠度基本都是随荷载呈线性增大,说明
在疲劳破坏前,再生混凝土梁基本处于弹性阶段。疲劳循环荷载对于挠度的影响可以从跨
中挠度-疲劳循环次数图中看出,各再生混凝土梁均在 1 万次疲劳循环时达到稳定,随后挠
度随着疲劳循环次数的增大而呈现增大的趋势。

5.2.3.3　NC 组试件($\Delta\sigma=312$MPa)

　　NC 普通混凝土梁(简称 NC 梁)与 A0 再生混凝土梁(简称 A0 梁)均未腐蚀,其荷载-跨
中挠度曲线和跨中挠度-疲劳循环次数曲线见图 5-57 和图 5-58。对比两者挠度变化规律可
以看出 NC 梁初次静载挠度随荷载变化与 A0 梁相似,不同疲劳循环次数下的挠度随荷载
均呈线性增长。但在 1 万次疲劳循环之后,静载达到最大荷载 38.5kN 时 NC 梁挠度明显

增大,而 A0 梁挠度基本保持不变。A0 梁在疲劳循环次数达到 20 万次时挠度才有明显增大,NC 梁则在 10 万次与 20 万次时挠度有明显的梯度变化。由 NC 梁与 A0 梁对比试验结果可以看出,再生混凝土梁在疲劳循环荷载作用下挠度的稳定性优于普通混凝土梁。

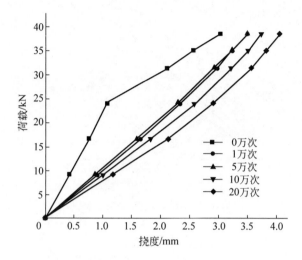

图 5-57　NC 梁荷载-跨中挠度曲线

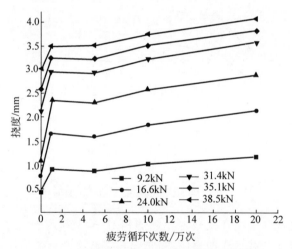

图 5-58　NC 梁跨中挠度-疲劳循环次数曲线

5.2.4　疲劳强度和疲劳寿命

本研究通过疲劳试验测得试验梁不同疲劳强度下的疲劳寿命值,结合已有研究成果,回归得到再生混凝土梁疲劳 $S\text{-}N$ 曲线,并收集整理普通混凝土梁的疲劳数据,回归得到普通混凝土梁疲劳 $S\text{-}N$ 曲线,对比两者差异。不同锈蚀率再生混凝土梁疲劳寿命有所降低,疲劳寿命降低系数与钢筋锈蚀率之间存在定量关系,对本试验两组再生混凝土梁的疲劳寿命与锈蚀率的关系进行拟合分析,并与普通混凝土梁疲劳寿命数据进行对比。

5.2.4.1　普通混凝土梁疲劳寿命分析

国内外对于未锈蚀钢筋混凝土梁疲劳试验已有较多研究,通过收集各学者普通混凝土梁疲劳试验数据,拟合得到未锈蚀普通混凝土梁的 S-N 曲线,各研究学者的数据见表 5-17。

表 5-17　未锈蚀普通混凝土梁实验数据

疲劳寿命 N/万次	疲劳强度 S/MPa	lg$S$	lg$N$	数据来源
60.3	249.9	2.398	1.780	王海超等[10]
42.7	287.0	2.458	1.630	日本 Oyado M 等[11]
33.7	313.1	2.496	1.528	加拿大 Masoud S 等[12]
71.3	259.6	2.414	1.853	日本中田泰広等[13]
43.1	311.9	2.494	1.634	本试验
200	174	2.241	2.301	易伟健等[14]
200	204	2.310	2.301	日本中田泰広等[13]

如图 5-59 所示,由数据拟合得到未锈蚀普通混凝土梁 S-N 曲线为:

$$\lg N = 9.545\,01 - 3.199\,74\lg S \tag{5-9}$$

式(5-9)拟合结果中,对数坐标下疲劳荷载作用次数的均方差 $m_s = 0.970\,77$,相关系数 $r^2 = 0.911\,42$。为使曲线达到 95% 的保证率,对式(5-9)进行修正得到修正后的未锈蚀普通混凝土梁 S-N 曲线:

$$\lg N = 9.069\,73 - 3.199\,74\lg S \tag{5-10}$$

利用式(5-10)计算出钢筋混凝土梁未锈蚀情况下的疲劳,称为计算疲劳寿命 N_{cal}。不同锈蚀程度的钢筋混凝土梁疲劳寿命试验值与计算疲劳寿命之比 $\beta = N_{exp}/N_{cal}$,定义为疲劳寿命降低系数。

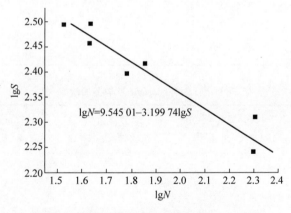

图 5-59　拟合未锈蚀普通混凝土梁 S-N 曲线

5.2.4.2　锈蚀钢筋混凝土梁疲劳寿命分析

钢筋锈蚀会对结构的疲劳寿命产生不利的影响。从锈蚀损伤处引起的疲劳裂纹,在许多情况下是从蚀坑处开始[14-15]。钢筋锈蚀损伤由于出现在动态加载的钢筋表面,锈蚀疲劳可能成为一个严重的问题,可能发生突然的脆性的破坏。研究显示,锈蚀疲劳过程中的损伤累积是由相互影响的疲劳和锈蚀的联合作用造成的。盐对钢筋锈蚀的影响十分明显,在较低的应力水平下,疲劳裂纹有可能起始。在裂纹起始以后,腐蚀环境可以进入裂纹、到达裂纹尖端并加速裂纹扩展。在钢筋表面,锈蚀将有助于裂纹形成并产生最早的微裂纹。一旦裂纹出现,腐蚀介质就进入裂纹。在循环荷载的作用下,由于裂纹不断张开与闭合,腐蚀介质不断吸入裂纹之中,显著提高了裂纹扩展速度。锈蚀对疲劳 S-N 曲线有显著影响,疲劳寿命和疲劳强度显著下降,尤其是疲劳极限的大幅降低。

国内外研究者关于锈蚀普通钢筋混凝土梁疲劳试验数据及疲劳寿命降低系数如表 5-18～表 5-21 所示。

表 5-18 大连理工大王海超试验梁[10]

应力比	钢筋锈蚀率/%	疲劳强度试验值/(N·mm^{-2})	疲劳寿命试验值/万次	计算疲劳寿命/万次	疲劳寿命降低系数
	0.00		60.3	74.6	0.808
0.205	2.73	249.9	46.5	74.6	0.623
	3.65		47.7	74.6	0.639

表 5-19 日本 Oyado 等学者试验梁[11]

应力比	钢筋锈蚀率/%	疲劳强度试验值/(N·mm^{-2})	疲劳寿命试验值/万次	计算疲劳寿命/万次	疲劳寿命降低系数
0.144	0.0	287	42.7	47.9	0.891
0.194	0.0	291	72.1	45.8	1.573
0.194	7.1	215	162.7	120.7	1.348
0.172	8.7	213	194.3	124.4	1.562
0.194	9.7	204	75.2	142.8	0.527
0.146	15.9	236	3.6	89.6	0.040
0.186	17.5	178	200.0	220.9	0.905
0.187	18.7	204	73.3	142.8	0.513
0.187	20.9	213	5.6	124.4	0.045

表 5-20 加拿大 Masoud 等学者试验梁[12]

应力比	钢筋锈蚀率/%	疲劳强度试验值/(N·mm^{-2})	疲劳寿命试验值/万次	计算疲劳寿命/万次	疲劳寿命降低系数
	0.0		33.7	36.3	0.929
0.145	5.5	313.1	10.9	36.3	0.301
	9.2		8.3	36.3	0.229
	12.5		7.5	36.3	0.207

表 5-21 日本中田泰広等学者试验梁[13]

应力比	钢筋锈蚀率/%	疲劳强度试验值/(N·mm^{-2})	疲劳寿命试验值/万次	计算疲劳寿命/万次	疲劳寿命降低系数
0.078	0.0	259.6	71.3	66.0	0.108
0.097	0.0	204.0	200.0	142.8	0.140

续表

应力比	钢筋锈蚀率/%	疲劳强度试验值/(N·mm^{-2})	疲劳寿命试验值/万次	计算疲劳寿命/万次	疲劳寿命降低系数
0.078	1.7	259.6	52.4	66.0	0.793
0.097	1.7	204.0	133.0	142.8	0.931
0.116	1.7	166.9	200.0	271.5	0.737
0.145	1.7	129.8	200.0	606.8	0.330
0.078	5.2	259.6	41.2	66.0	0.624
0.097	5.2	204.0	105.5	142.8	0.739
0.116	5.2	166.9	176.0	271.5	0.648
0.145	5.2	129.8	200.0	606.8	0.330

由图 5-60(a)可以看出,计算得到的数据点有一定的离散。离散的原因:一是因为疲劳破坏的随机性;二是因为锈蚀,尤其是锈坑的随机性。所以在拟合之前剔除离散性较大的数据,最终得到图 5-60(b)中的拟合曲线,式(5-11):

$$\beta_{NC} = (1 - 1.3739\eta)^{8.4756} \tag{5-11}$$

相关性系数 $r^2 = 0.80$,拟合程度较好。由图 5-60(b)可以看出,随着钢筋锈蚀率的增加,疲劳寿命降低系数呈下降趋势,随着锈蚀率的增大,疲劳寿命降低系数趋于平缓。

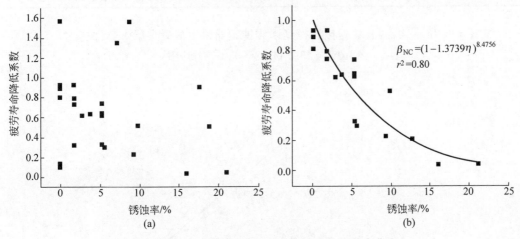

图 5-60　普通混凝土梁疲劳寿命降低系数-锈蚀率曲线

(a) 原始数据;(b) 拟合曲线

5.2.4.3　再生混凝土梁疲劳寿命分析

为了得到再生混凝土梁的疲劳 S-N 曲线,收集其他研究者的试验数据与本试验数据进行拟合分析,对于未锈蚀钢筋再生混凝土疲劳性能试验数据见表 5-22。

表 5-22　未锈蚀钢筋再生混凝土梁试验数据

疲劳寿命 N/万次	疲劳强度 S/MPa	lg$S$	lg$N$	数据来源
42.0	311.9	2.494	1.623	本试验
163.1	240.0	2.380	2.212	本试验

续表

疲劳寿命 N/万次	疲劳强度 S/MPa	lg$S$	lg$N$	数据来源
1.5	395.0	2.597	0.176	
3.5	351.1	2.545	0.544	郭兴陈[16]
21.9	307.3	2.487	1.340	
41.1	263.1	2.420	1.614	

通过有限元模拟[17]，得到的未锈蚀钢筋再生混凝土梁数值模拟数据，见表 5-23。

表 5-23 未锈蚀钢筋再生混凝土梁有限元模拟数据

疲劳寿命 N/万次	疲劳强度 S/MPa	lg$S$	lg$N$	数据来源
249.815	230.6	2.362 86	2.397 62	
191.6981	240.0	2.380 21	2.282 62	
72.3072	259.6	2.414 30	1.859 18	
72.3072	276.0	2.440 91	1.859 18	
50.3303	292.0	2.465 38	1.701 83	有限元数值模拟[17]
35.7380	311.0	2.492 76	1.553 13	
21.2864	335.0	2.525 04	1.328 10	
14.8998	355.0	2.550 23	1.173 18	
9.3413	384.0	2.584 33	0.970 41	

如图 5-61 所示，由试验数据拟合得到未锈蚀钢筋再生混凝土梁 S-N 曲线为：

$$\lg N = 23.744\,72 - 9.043\,05\lg S \tag{5-12}$$

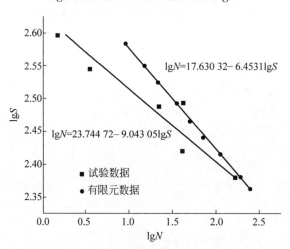

图 5-61 拟合未锈蚀钢筋再生混凝土梁 S-N 曲线

由有限元数据拟合得到的未锈蚀钢筋再生混凝土梁 S-N 曲线为：

$$\lg N = 17.630\,32 - 6.4531\lg S \tag{5-13}$$

对比试验数据拟合公式和有限元数据拟合公式发现，有限元拟合 S-N 曲线中，随着疲劳强度的增大，疲劳寿命降低较为缓慢，说明有限元分析疲劳寿命结果偏于保守。可能是因为有限元计算时没有考虑钢筋和再生混凝土的黏结滑移性能，其次有限元模拟时无法体现再生混凝土内部薄弱的界面过渡区。因此,用试验数据拟合得到的再生混凝土梁疲劳 S-N 曲线来进行分析更为合理。

式(5-12)拟合结果中,$m_s = 3.826\,66$,$r^2 = 0.8704$,为使曲线达到 95% 的保证率,对式(5-12)进行修正得到修正后的未锈蚀钢筋再生混凝土梁 S-N 曲线:

$$\lg N = 21.478\,57 - 9.043\,05\lg S \tag{5-14}$$

本试验锈蚀钢筋再生混凝土梁疲劳寿命数据见表 5-24,计算疲劳寿命以该组锈蚀率为 0.00 的再生混凝土梁为准,计算其疲劳寿命降低系数。

表 5-24　锈蚀钢筋再生混凝土梁疲劳寿命试验数据

编号	钢筋锈蚀率/%	疲劳强度试验值/(N·mm^{-2})	疲劳寿命试验值/万次	计算疲劳寿命/万次	疲劳寿命降低系数
A0	0.00	311.9	45.00	45.00	1.000
A1	2.10	311.9	35.00	45.00	0.778
A2	4.10	311.9	41.70	45.00	0.921
A3	5.88	311.9	34.30	45.00	0.756
A4	10.58	311.9	6.70	45.00	0.149
A5	18.02	311.9	6.10	45.00	0.136
A6	23.20	311.9	0.10	45.00	0.002
B0	0.00	240.04	163.11	163.11	1.000
B1	4.48	240.04	115.60	163.11	0.709
B2	7.26	240.04	60.11	163.11	0.368
B3	9.30	240.04	78.24	163.11	0.480
B4	11.91	240.04	58.58	163.11	0.359
B5	15.40	240.04	32.59	163.11	0.200
B6	22.30	240.04	5.78	163.11	0.035

图 5-62 为再生混凝土梁疲劳寿命降低系数与锈蚀率曲线,拟合得到再生混凝土疲劳寿命降低系数 β_{RAC} 与锈蚀率 η 的关系式:

$$\beta_{\text{RAC}} = (1 - 3.9341\eta)^{1.8607} \tag{5-15}$$

相关性系数 $r^2 = 0.91$,拟合程度很好,再生混凝土梁的疲劳寿命降低系数随锈蚀率的增大而逐渐减小。实际工程中钢筋锈蚀对混凝土结构疲劳性能影响要比静态性能的影响严重很多,比如沿海环境,海岸与近海工程的结构物实际使用寿命大多比预计的要小。沿海恶劣的腐蚀环境使得混凝土中的钢筋持续锈蚀,行车产生的疲劳荷载作用下混凝土结构内钢筋的有效受力截面积逐渐减小,同时锈坑的存在使得钢筋在受力变形过程中容易出现应力集中现象。荷载反复作用下混凝土内部疲劳损伤逐渐积累,极大降低钢筋混凝土结构的耐久性能即使用寿命。从图 5-62 中可以看出,再生混凝土梁的疲劳寿命随锈蚀率的增大降低显著,所以在对再生混凝土梁进行寿命评估时需要充分考虑锈蚀对其寿命的影响。

5.2.4.4　再生混凝土梁与普通混凝土梁疲劳寿命对比分析

从图 5-63 普通混凝土梁与再生混凝土梁疲劳 S-N 曲线对比可以看出,疲劳应力幅较高时,普通混凝土梁的疲劳寿命大于再生混凝土梁的;当疲劳应力幅低于 269MPa 时,再生混凝土梁的疲劳寿命大于普通混凝土梁的。这说明疲劳应力幅较大时,普通混凝土梁的疲劳稳定性较强,而当疲劳应力幅较小时,再生混凝土梁的疲劳稳定性更优。

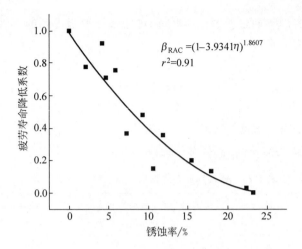

图 5-62　再生混凝土梁疲劳寿命降低系数-锈蚀率曲线

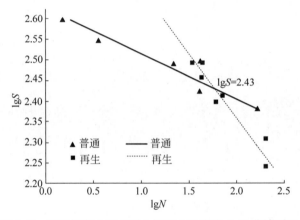

图 5-63　普通混凝土梁与再生混凝土梁疲劳 S-N 曲线对比

　　图 5-64 为普通混凝土梁与再生混凝土梁疲劳寿命降低系数对比,两者均随着锈蚀率的增大而逐渐降低,但降低程度有所差异。锈蚀率小于 19% 时,相同锈蚀率下再生钢筋混凝土梁的疲劳寿命降低系数明显大于普通钢筋混凝土梁,即锈蚀与疲劳荷载共同作用下再生钢筋混凝土梁的疲劳寿命值大于普通钢筋混凝土梁。因此可认为在相同腐蚀环境下,再生钢筋混凝土的抗疲劳荷载性能优于普通钢筋混凝土梁。张金喜等[18] 研究表明再生混凝土孔隙率高于普通混凝土,取代率越高,再生混凝土中的孔隙率越高,钢筋锈蚀产物不仅在钢筋和混凝土界面累积,还会填充到钢筋周围混凝土的孔隙中。原本再生混凝土中的孔隙会降低其自身强度,可能是由于锈蚀产物对再生混凝土孔隙的填充作用,使再生混凝土变得密实,从而提高了再生混凝土的强度及抗疲劳性能,而普通混凝土中孔隙较少,锈蚀产物更快达到饱和,随后产生的锈胀力使普通混凝土内部产生微裂纹,在疲劳循环荷载作用下裂纹逐渐扩展,降低了其抗疲劳性能。当锈蚀率大于 19% 后,相同锈蚀率下再生混凝土梁的疲劳寿命降低系数小于普通混凝土的,而处于高锈蚀率下的再生及普通混凝土梁的疲劳寿命降低系数均大大降低,其抗疲劳性能也急剧降低,钢筋锈蚀率较大时对钢筋混凝土梁的力学性能影响较大,需要及时修复。

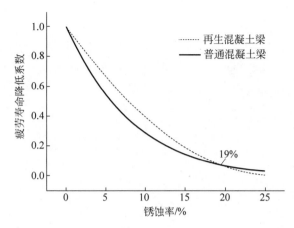

图 5-64 普通混凝土梁与再生混凝土梁疲劳寿命降低系数对比

参考文献

[1] 中华人民共和国住房和城乡建设部.混凝土结构设计规范：GB 50010—2010 [S].北京：中国建筑工业出版社,2011.

[2] 过镇海,时旭东.钢筋混凝土原理和分析[M].北京：清华大学出版社,2003：33.

[3] 过镇海.混凝土的强度和变形：试验基础和本构关系[M].北京：清华大学出版社,1997：78.

[4] 滕智明,罗福午,施岚青.钢筋混凝土基本构件[M].2 版.北京：清华大学出版社,1987：15.

[5] 曾春华.疲劳分析方法及应用[M].邹十践,译.北京：国防工业出版社,1991：8.

[6] 中华人民共和国质量监督检验检疫总局.通用硅酸盐水泥：GB 175—2007[S],北京：中国标准出版社,2007.

[7] 中华人民共和国住房和城乡建设部.普通混凝土用砂、石质量及检验方法标准：JGJ 52—2006 [S].北京：中国建筑工业出版社,2007.

[8] 中华人民共和国质量监督检验检疫总局,混凝土用再生粗骨料：GB/T 25177—2010[S].北京：中国标准出版社,2010.

[9] 曹芙波,王晨霞,刘龙刚,等.腐蚀钢筋再生混凝土梁试验研究及刚度分析[J].建筑结构,2015(10)：49-55.

[10] 王海超,贡金鑫,曲秀华.钢筋混凝土梁腐蚀后疲劳性能的试验研究[J].土木工程学报,2005,38(11)：32-37.

[11] OYADO M,HASEGAWA M,SATO T. Characteristics of fatigue and evaluation of RC beam damaged by accelerated corrosion[J]. Quarterly Report of RTRI,2003,44(2)：72-77.

[12] MASOUD S,SOUDKI K,TOPPER T. CFRP-strengthened and corroded RC beams under monotonic and fatigue loads[J]. Journal of Composites for Construction,2001,5(4)：228-236.

[13] 中田泰広,等.鉄筋腐食によるひびわれが梁供試体の耐荷性状に及ぼす影響[J].コンクリート工学年次論文報告集,1990：551-555.

[14] 易伟建,孙晓东.腐蚀钢筋混凝土梁疲劳性能试验研究[J].土木工程学报,2007,40(3)：6-10.

[15] JAAP SCHIJVE. Fatigue of structure and material[M]. Berlin：Springer Science and Business Media,2009.

[16] 郭兴陈.再生粗骨料钢筋混凝土梁抗弯疲劳性能试验研究[D].南京：南京航空航天大学,2006.

[17] 唐金芝.腐蚀钢筋混凝土梁疲劳损伤与寿命评估方法研究[D].南京：南京航空航天大学,2020.

[18] 张金喜,张建华,邬长森.再生混凝土性能和孔结构的研究[J].建筑材料学报,2006,9(2)：142-147.